气候变化融资

中国清洁发展机制基金管理中心　编著

经济科学出版社

图书在版编目（CIP）数据

气候变化融资／中国清洁发展机制基金管理中心
编著 . —北京：经济科学出版社，2011.3
ISBN 978 - 7 - 5141 - 0446 - 2

Ⅰ . ①气… Ⅱ . ①中… Ⅲ . ①气候变化 - 融资 -
研究 Ⅳ . ①P467②F830.45

中国版本图书馆 CIP 数据核字（2011）第 030986 号

责任编辑：吕亚亮 凌 敏
责任校对：徐领柱
版式设计：齐 杰
技术编辑：李 鹏

气候变化融资

中国清洁发展机制基金管理中心 编著
经济科学出版社出版、发行 新华书店经销
社址：北京市海淀区阜成路甲 28 号 邮编：100142
教材编辑中心电话：88191307 发行部电话：88191540
网址：www. esp. com. cn
电子邮件：lyl@ esp. com. cn
北京中科印刷有限公司印装
787×1092 16 开 19.5 印张 330000 字
2011 年 3 月第 1 版 2011 年 3 月第 1 次印刷
ISBN 978 - 7 - 5141 - 0446 - 2 定价：42.00 元

前　言

国际社会的主流观点认为，以全球变暖为主要特征的气候变化已是不争的事实，人类活动是导致气候变化的原因。国际社会已经达成共识，因为气候变化正在给人类的生存和发展带来诸多不利影响，所以人类必须采取无悔行动，来减缓气候变化和适应气候变化，保障和实现人类的可持续发展。

一、气候变化问题归根到底是一个发展问题

胡锦涛总书记指出："气候变化既是环境问题，也是发展问题，归根到底是发展问题。这个问题是在发展进程中出现的，应该在可持续发展框架下解决。"胡锦涛总书记的讲话，科学地论证了气候变化问题作为环境问题和发展问题的内在辩证关系，鲜明地指出了气候变化问题的本质是发展问题。

发展，是指事物由小到大，由简单到复杂，由低级到高级的变化。我们对发展的理解，已经从经济增长、经济发展上升到经济社会的可持续发展。这种发展观念的改变不仅是"以人为本"的需要，而且是因为经济发展受到环境问题的制约，人类的经济和社会系统与地球环境提供给人类的生存和发展支撑系统全面连接在一起。低碳发展是应对气候变化的重要手段，是可持续发展的组成部分。

回顾我国改革开放的伟大历程，可以看到，我们坚持了"中国解决所有问题的关键要靠自己发展"和"发展才是硬道理"，积极推进了经济快速发展，关于发展的指导思想从"快速发展"、"和谐发展"、"又快又好"发展，定位到"又好又快"发展。党的十七大全面阐述了"科学发展观"，使之成为实现我国"又好又快"发展的指导思想。从发展观的转变可以看出，把应对气候变化纳入国家发展主流和走低碳发展之路，是我国的自主选择。

气候变化问题涉及到国家经济社会发展的全局性和系统性问题。为切实加强应对气候变化工作，中国政府成立了国家应对气候变化及节能减排工作领导小组，制定了《中国应对气候变化国家方案》，其中依据"十一五"计

划的相关要求，强调到 2010 年，实现单位国内生产总值能源消耗比 2005 年降低 20% 左右，相应减缓二氧化碳排放。2009 年 11 月，我国政府宣布，在 2005 年的基础上，我国将通过一系列努力，到 2020 年实现碳强度减排 40% 到 45% 的目标。

毋庸讳言，尽管我们在减少温室气体排放方面作出了巨大努力，但中国作为世界温室气体排放大国，正面临着巨大的国际减排压力；包括气候变化不利影响在内的一系列重大问题，也正威胁着国家的可持续发展。因此，加强应对气候变化行动，既满足了实现国民经济又好又快发展的需要，又顺应了气候变化国际合作和经济全球化的国际潮流。我们要以应对气候变化为契机，把外在压力转变为内在动力，把挑战转化为机遇，开拓创新，强化能力建设，推动低碳发展，建设生态文明，提高国家可持续发展水平。

气候变化是全球性问题，要求世界各国开展积极的应对气候变化合作。应对气候变化是为了发展，所以在国际合作中，必须坚持作为基本人权的发展权，特别是发展中国家的发展权，各国都有权并应该促进自身的可持续发展。国际社会所有成员按照《联合国气候变化框架公约》（以下简称"气候公约"）要求，坚持可持续发展，才能有效解决气候变化问题。

"共同但有区别的责任"原则凝聚了国际社会共识，是必须坚持的应对气候变化国际合作基本原则。根据这一原则，气候公约要求发达国家率先减排，并向发展中国家提供必要的资金和技术，帮助发展中国家可持续发展，提高应对气候变化能力。

2009 年 12 月召开的哥本哈根气候变化大会聚焦了全世界的目光，原因在于全球气候变化深刻影响着人类生存和发展，是各国共同面临的重大挑战，国际社会需要构建 2012 年后国际气候制度，保障和促进经济与社会发展。这次会议不仅带来前所未有的气候变化问题知识普及，而且极大地推动了社会公众对低碳发展的关注。

气候变化国际谈判的目的是构建国际气候制度，而气候变化问题作为发展问题的本质决定了国际气候制度实际上是一种国际政治经济制度，服务于制定分配和重新分配全球环境资源的规则。

1945 年 6 月 26 日，国际社会在旧金山签订《联合国宪章》，并于 1945 年 10 月 24 日生效。它确定的联合国框架下的国际争端和平解决机制，基本固定下全球各国的疆土格局。为建立这个里程碑，从人类文明开始，人类走过了至少五千年。

1947 年 10 月 30 日，关税与贸易总协定在日内瓦签署，并于 1948 年临时生效，《1947 年关税与贸易总协定》历经近半个世纪的多轮修订，演变成为世界贸易组织的《1994 年关税与贸易总协定》。《关税与贸易总协定》确定的国际经济贸易规则，建立了经济全球化背景下的经济和资源价值分配格局。为建立这个里程碑，人类从工业革命开始，走过了 200 多年的发展时间。

从 1992 年开始，从《联合国气候变化框架公约》到《京都议定书》，从"巴厘岛路线图"再到哥本哈根气候变化会议，人类正试图用十几年的时间确立国际气候制度，最为关键的内容，是通过全球各国减排目标，确立全球环境容量的划分，以及相应规则，并通过对全球环境容量的占有，延伸到对各国发展空间和发展资源的控制。

因此，无论是在国内还是在国际，气候变化问题都是必须予以特别重视的发展问题，已经渗透到政治、经济和社会的每一个层面、每一个角落。

二、低碳发展是全球经济社会发展潮流

我们已经知道，当前以全球变暖为主要特征的气候变化，从人类活动原因上看，主要是工业革命以来人类大量使用煤、石油、天然气等化石能源，排放的二氧化碳等温室气体增强了大气温室效应造成的。显而易见，为减缓气候变化，必须在控制与减少温室气体排放方面建立和实施解决方案。低碳发展作为控制和减少温室气体排放的一个解决方案，作为可持续发展的重要组成部分，已经为世界各国所认同，成为世界发展潮流。我们应主动提高低碳发展意识，在各层面积极促进低碳发展行动。

气候变化问题的本质是发展问题，而发展是一个过程，因此，面对新的挑战，气候变化问题在过去发展的基础上，为传统意义的发展融合进了新的发展内容。气候变化问题带来发展观念、发展模式的转变，也引入了新的发展工具和新的发展资源。气候变化问题提出了政府和市场之间需要进一步考虑分工，在此基础上加强沟通与协同。气候变化问题的解决，既需要各国在本国国内的努力，又需要紧密协同的国际行动，由此需要加强国际国内两种资源链接，进一步发展务实合作。低碳发展全面体现了应对气候变化对发展实践及对国际合作的要求。

在低碳发展这个全球经济社会发展潮流中，我国面临机遇和挑战。我们既要为我国的发展营造一个良好的国际环境，又要创造有利条件，促进我国

以跨越式前进的步伐，努力实现经济社会又好又快发展，构建资源节约型、环境友好型社会。

无论是 1997 年应对东亚金融危机还是 2008 年至今应对全球金融危机，世界各国都对我国的发展满怀期待，我国也体现了一个屹立东方的发展中大国应发挥的作用。2010 年 1 月召开的达沃斯"世界经济发展论坛"对我国的全球经济地位和作用给予了进一步肯定。但这只是我国所处国际发展环境的一个方面。

气候变化问题展示了我国所处国际发展环境的另一个方面。2009 年 12 月哥本哈根气候变化大会上，以及在此前的一系列气候变化国际谈判中，我国作为一个温室气体排放大国还面临着巨大的国际压力。耐人寻味的是，施压者特别是发达国家，并没有在意他们在 2010 年 1 月达沃斯"世界经济发展论坛"上表达对中国带动全球经济发展的希望。同时，"世界经济发展论坛"也存在与气候变化有关的议题。

综合这两个貌似矛盾的方面，我们应深入思考国际社会为我国发展提供的国际环境，找到结合点，以争取继续营造对我国发展有利的国际环境。走低碳发展之路，就是结合点。

低碳发展是符合发展规律的选择、内涵非常丰富，但核心应是为适应发展需要而实现发展观念和发展方式转变，以及为此进行经济与社会发展结构调整。调整发展结构是非常复杂的问题，可以从不同角度和不同方面进行认识，但都会触及三点：

第一，能源结构调整。能源是国家发展的动力。受资源禀赋的制约，我国能源结构具有以煤为主的特征，同时，为满足不断增加的能源消耗，能源进口不断增加，能源供给的国际依存度已直接关系到我国能源安全。为此，我们首先要节约能源和提高能源利用效率，在此基础上，一要根据能源禀赋特征发展清洁煤技术和应用，二要发展替代能源，特别是可再生能源，促进低碳能源使用。

第二，产业结构调整。1990 年我国三次产业的产值构成为 26.9∶41.3∶31.8，2005 年为 12.6∶47.5∶39.9。我国通过实施一系列产业政策，第一产业的比重持续下降，第三产业有了很大发展，第二产业比例增加但内部结构发生了一些显著变化。第二产业比例高既有内需原因，也有作为"世界工厂"的外向原因，还有我国作为一个大国应保证产业齐全的国家安全需要。但是，为实现低碳发展，逐步降低过高的第二产业比例是我国需要迎接的巨大挑战。

第三，生活方式和消费模式调整。根据经济学的市场理论，消费需求拉动供给。所以，要使低碳发展服务于以人为本，就必须在"本"上强调低碳生活方式和消费模式，为此强调引导社会公众建立低碳意识，例如乘坐公共交通、接受包含环境因素的商品价格、节约粮食等等。有了广为接受的低碳生活方式和消费模式，才能够建立以低碳生产为基础的供给和服务。我国拥有13亿人口以上的巨大人口规模和巨大市场规模，生活方式和消费模式调整对低碳发展的作用也是巨大的。

三、应对挑战，抓住机遇

我国政府于2008年10月发布的《中国应对气候变化的政策与行动》白皮书指出：中国是一个发展中国家，人口众多、经济发展水平低、气候条件复杂、生态环境脆弱，易受气候变化的不利影响。气候变化给中国自然生态系统和经济社会发展带来了现实的威胁，主要体现在农牧业、林业、自然生态系统、水资源等领域以及沿海和生态脆弱地区，适应气候变化已成为中国的迫切任务。同时，中国正处于经济快速发展阶段，面临着发展经济、消除贫困和减缓温室气体排放的多重压力，应对气候变化的形势严峻，任务繁重。面对气候变化及其不利影响，我们应通过走可持续发展之路，促进低碳发展，积极地应对挑战。

同时可以看到，应对气候变化也给我们带来了发展机遇。气候变化问题的本质是发展问题。发展是一个过程，因此，气候变化问题在过去发展的基础上，为传统意义的发展融合进新的发展内容。低碳发展不仅带来发展观念、发展模式的转变，也在引入新的发展工具和新的发展资源。

例如，近年来，国际碳市场发展方兴未艾，发挥了产业减排行动和成果的集成作用，并且通过这种作用影响传统市场，对支持经济社会发展的各种资源和行动力量进行动员和集成，对它们的配置和组织方式进行优化，并从降低应对气候变化的综合行动成本方面，降低经济社会发展的综合成本。碳信用的金融属性以及它所具有的实体产业支撑，受到资本市场的青睐，使碳市场可以成为气候融资的一个重要渠道和工具，并有潜力成为资本市场中的活跃一员。

近年来，我国通过积极参与《京都议定书》下的清洁发展机制合作，同国际碳市场的发展建立了联系，不仅普及了碳市场的知识，而且初步培养了具有一定工作能力的技术队伍。而且，利用清洁发展机制国际合作成果，我国建立了中国清洁发展机制基金这样一个国家应对气候变化和低碳发展的创新机制。

更重要的是，应对气候变化要求进行经济结构调整，有利于我国加强对发展质量的重视，服务于构建"资源节约型、环境友好型社会"，实现跨越式发展，加快实现经济社会又好又快发展的步伐。

应对气候变化的国际合作还将给经济全球化带来深远影响，低碳发展已在推动世界经济进入新一轮增长。积极应对气候变化和促进低碳发展，将为我国发展营造有利的国际环境，支持我国"三步走"的发展目标。

四、利用国际国内两种资源，积极应对气候变化

资金问题在应对气候变化行动中处于极为关键的地位，我们要利用国际国内两种资源，积极支持和推动应对气候变化行动。

在国内，我们要发挥公共财政职能，并组织动员社会资源。近年来，财政部门采取切实行动，积极安排财政资金和开展税费改革，支持国家经济结构调整和落实《应对气候变化国家方案》具体行动的实施。有关措施如：制定和实施节能技改财政奖励政策；以专项转移支付方式支持淘汰落后产能；设立专项资金支持建筑节能；成品油价格和税费改革；调低小排量汽车购置税；开展节能产品惠民工程；鼓励汽车、家电"以旧换新"；推进可再生能源开发利用的"金太阳示范工程"，等等。

2008年以来，面对国际金融危机对全球和我国经济发展造成的不利影响，我国财政部门努力贯彻"科学发展观"，积极推动以人为本、全面协调可持续的发展，从财税政策、财政资金的分配与使用和对社会资金的引导等方面，切实支持《应对气候变化国家方案》的措施实施，为其成为我国促进科学发展的重要抓手，为扩内需、保增长、调结构发挥了重要作用。在我国应对金融危机一揽子计划的4万亿元投资中，有5 800亿元用于节能减排、生态工程、调整结构、技术改造等与应对气候变化相关的项目，有力地保证了我国"十一五"财政政策的实施及对应对气候变化行动的支持。

在国际，我们要依据"共同但有区别的责任"原则，要求发达国家按照《联合国气候变化框架公约》的规定，向发展中国家提供新的额外的充足的可预期的资金支持。在"哥本哈根协议"中，发达国家承诺在2010～2012年间提供300亿美元资金，到2020年每年动员1 000亿美元，以满足

发展中国家的资金需求。发达国家应切实履行资金承诺，特别是通过公共资金体现其应尽的资金义务。我们同时欢迎私营部门、碳市场融资、其他双多边资金作为发达国家公共资金出资的有益补充。我们应坚持气候公约资金机制主渠道地位，积极参与未来国际气候制度中资金机制的设计。

我国同气候公约资金机制开展了密切和富有成效的合作，成就显著。今后，我国将继续同气候公约资金机制发展合作，为我国履行气候公约规定的义务，为我国应对气候变化行动和可持续发展，发挥重要作用。

在发挥公共资金作用的同时，我们还要高度重视市场作用，推动国际国内金融机构的应对气候变化投资，拓展公共－私营部门合作伙伴关系，关注国际碳市场的发展和根据我国国情适时进行碳市场工作探索。为促进利用市场资源和社会力量开展应对气候变化活动，我们要积极发展创新机制。

财政部门作为国家的一个综合经济管理部门，应该在科学发展观的指导下，进一步完善公共财政职能，加强财政工作前瞻性，提高科学化、精细化管理水平，发挥综合优势，推动机制创新，利用国际国内两种资源，积极参与到应对气候变化和低碳发展的行动中，为努力实现国家经济社会又好又快发展，为构建资源节约型、环境友好型社会，不断作出新贡献。

五、关于本书

本书试图在深入理解气候变化问题作为发展问题本质的基础上，全面阐述气候变化融资问题，综合反映对国际与国内发展情况，使本书读者能够以更宽的视角去认识气候变化融资问题：既有基础，又有前沿；既有历程，又有趋势；既有公共资金角色，又有私营部门资金作用；既有传统方式，又有创新机制。通过这样的综合集成，帮助读者从一个方面更好地深入气候变化问题前沿和低碳发展前沿，全面认识气候变化融资问题，包括促进广大财政工作人员立足本职，积极投身到应对气候变化和低碳发展的具体行动中。

本书分为7章。第1章介绍有关气候变化和可持续发展的基本知识和前沿动态。第2章介绍应对气候变化国际合作的三个关键问题——资金、技术和能力建设。第3章介绍应对气候变化国际资金机制。第4章介绍公共财政和应对气候变化的关系。第5章介绍对我国应对气候变化的财税政策和措施的认识。第6章介绍市场机制投融资和应对气候变化。第7章在强调以科学发展观为统领，以加快经济发展方式为主线，充分认识和利用政府与市场的手段、国际与国内的资源，为我国实现经济社会又好又快的发展提供支持服务。

　　本书由中国清洁发展机制基金管理中心组织编写，反映了在基金工作中的相关知识积累。在写作过程中，财政部朱光耀副部长给予了指导。中国清洁发展机制基金管理中心参与本书编写的人员有：陈欢、焦小平、温刚、涂毅、傅平、李文杰、李静、华小婧、谢飞、孟祥明、王宁、夏颖哲、韩婧、黎蕾。参加编写工作的还有：中国社会科学院城市与环境研究所硕士研究生李晨曦、中国人民大学环境学院王克、博士研究生傅莎、周元春、财政部财政科学研究所张鹏、卢闯。中央财经大学硕士研究生张婧、王俊凯、博士研究生陈盈、中国工商银行总行李勇提供了帮助，在此表示感谢。

　　本书试图汇集大量来自各方的认识，以在资金问题方面反映应对气候变化工作的快速发展和认识水平的提高。但因素材收集广泛，在文献引用中可能存在引用缺失和其他不周之处，敬请谅解。

　　因写作仓促，也因应对气候融资问题高度综合，虽经努力，本书仍难以覆盖所涉及的应对气候变化和低碳发展所有方面，内容难免存在疏漏，欢迎读者指正。

中国清洁发展机制基金管理中心

2011 年 1 月

目 录

1

气候变化和可持续发展

科学研究不仅满足着人们对世界的好奇，揭示着自然现象和演变规律，而且服务于经济社会发展。由于气候变化科学认识的不断深入，人类认真思考着经济发展与自然环境之间的关系。通过这个过程，以科学问题切入的气候变化问题被定位为发展问题，也成为国际政治经济的一个焦点。

1.1 气候变化及其影响

1.1.1 气候变化科学认识

1.1.1.1 气候变化的概念和气候变化科学认识对国际合作的促进作用

在科学研究中，气候变化指气候系统的变化。一般来讲，自然界的气候系统包括大气、海洋和陆地的各种水体、土壤、冰雪、陆地和海洋里的各种生物，这些部分作为一个整体有着它自身的变化规律。人们进一步发现，自然界的气候系统为人类的生存和发展提供了支持环境，同时，人类活动正在对自然界的气候系统产生影响。这种密切的相互作用关系增加了气候系统的组成内容，人类活动成为气候系统的一个组成部分。因此，我们正在经历的气候变化是由自然和人类活动两方面因素共同驱动的气候系统变化。

但是，我们在发展问题范畴内讨论的气候变化则专指人类活动引起的气候变化。《联合国气候变化框架公约》（以下简称"气候公约"）把气候变化定义为"除在类似时期内所观测的气候的自然变异之外，由于直接或间

1

接的人类活动改变了地球大气的组成而造成的气候变化"。为此，气候公约的长期目标是"……将大气中温室气体的浓度稳定在防止气候系统受到危险的人为干扰的水平上"。

利用气候变化科学认识，人类正在对自身的发展方向进行引导，对发展进程进行安排，并正在采取主动行动。

1988年，联合国环境规划署和世界气象组织联合设立政府间气候变化专门委员会（IPCC），主要职责是评估有关气候变化问题的科学信息和评价气候变化的环境和社会经济后果，并提出现实的应对策略。IPCC下设三个工作组。第一、二、三工作组的主要任务分别针对气候变化的科学认识、气候变化的影响及适应、减缓气候变化的相关内容。

IPCC自成立以来，组织专家对全世界每年数千篇已出版并已通过细审的气候变化相关文献进行评估，撰写了一系列报告，分别在1990年、1995年、2001年和2007年发表了四份全球气候变化评估报告，每份报告都包括三个工作组的报告，以及在此基础上产生的综合报告和给决策者的摘要。此外，还有大量特别报告、技术文件、方法报告等。

IPCC的历次评估报告建立了一个明确导向：人类活动过量排放的温室气体导致了当前以全球变暖为主要特征的气候变化。而且，IPCC三个工作组的评估报告形成了一个逻辑，即：第一工作组报告认为以全球变暖为主要特征的气候变化是无可争辩的事实，第二工作组报告认为气候变化正在给人类和自然生态系统带来巨大影响特别是不利影响，第三工作组报告认为人类有减缓气候变化的手段。

IPCC的这些报告被广泛引用，产生了很大影响，除了体现最新科学进展外，对制定气候变化应对策略和国际谈判也具有重要的影响，促进了政府间的对话和国际气候制度的形成。第一次评估报告促使联合国大会作出了制定气候公约的决定，第二次评估报告为制定《京都议定书》的谈判提供了依据，第四次评估报告为制定"巴厘路线图"提供了支持。IPCC即将开始的第五次评估报告撰写工作将从一个方面为国际社会构建2012年后国际气候制度提供支持服务。

对IPCC评估报告的使用，集中体现了科学为发展服务的功能。但是，IPCC评估报告中一些分析和结论的可信性也受到一些质疑，认为受到某些政治因素引导。这两方面情况都体现了气候变化问题作为发展问题的本质，体现了气候变化国际合作对未来国际政治经济制度的影响。

1.1.1.2 IPCC 第四次评估报告提供的气候变化科学认识

IPCC 第四次评估报告中的第一工作组报告提供了关于气候变化的最新科学认识，代表了现在的主流观点，认为当前的气候变化以全球变暖为主要特征，主要有以下几个方面（IPCC，2007a）：

第一，人类活动造成大气温室气体浓度的增加。从工业化开始（时间大约 1750 年）至今，对比现有冰芯检测 42 万年以来的资料，现在大气中二氧化碳（CO_2）、甲烷、氮氧化物的浓度最高。

第二，气候变暖。从最后一个冰期以来，地球的气候保持在一个相对稳定的区间，但 20 世纪（1906 ~ 2005 年）以来，全球平均地表气温升高 0.74℃（0.56 ~ 0.92°C 区间）。北半球高纬度地区温度升幅较大。随之而来，海平面升高、世界范围内的冰川减退、北冰洋冰层变薄、在世界部分地区突发极端性气候事件时有发生，这些事实都与气候变暖有着直接或者间接的必然联系。

第三，未来人为温室气体排放和大气中 CO_2 的浓度将继续增加。据测算 2005 年全球大气 CO_2 浓度为 379ppm[1]，是 65 万年以来最高的。尽管不同的气候模式模拟出不同的温室气体排放，但许多预测结果均显示 21 世纪温室气体排放量和大气中的 CO_2 浓度将增加。

第四，2100 年前全球平均气温将继续上升。预测 21 世纪末全球平均地表气温可能升高 1.1 ~ 6.4℃。预测的地球平均气温变化大于其自然波动，也比过去 1 万年的变化快。

1.1.1.3 全球变暖的成因

全球变暖和大气温室效应有紧密关系。

地球表面接受太阳短波辐射，向宇宙空间发射长波辐射，通过这两个过程，地球表面实现能量平衡。大气对短波辐射的吸收力比较弱，因此，太阳短波辐射可以近乎无阻挡地透过大气，加热地面。大气对长波辐射的吸收力较强，大气中的 CO_2 等气体，可以部分吸收地球表面发射的长波辐射，并向各方向再次发射。返回地表的长波辐射增加了地表获得的能量，使地表和底层大气增温。由于 CO_2 等气体的这一作用与"温室"的作用类似，故称

---

1 ppm 是体积比单位，表示百万分之一的体积比。

之为"温室效应"，CO_2 等气体则被称为"温室气体"。水汽是大气中最多的温室气体，水汽在大气中的存在主要受自然过程控制。

人类活动产生最多、对气候变化影响最大的温室气体是 CO_2。在全球碳循环中，CO_2 分子在大气中的生命期（即更新周期）很长，最长可达 200 年时间。除了 CO_2 外，目前发现的人类活动排放的温室气体还有甲烷、氧化亚氮、氢氟碳化物、全氟化碳、六氟化硫等。

如果没有温室效应，地球表面平均温度会是 $-18℃$，将冷得不适合人类居住。正是有了温室效应，使地球平均温度维持在 $15℃$，人类和其他生物得以在适宜的温度范围内生存繁衍。因此，自然存在的温室效应并不是我们现在所说全球变暖的原因。人类活动产生的过量的温室气体显著改变了大气的自然组成成分，加强了大气温室效应，这才是导致当前全球变暖的原因，它可能使支持人类生存与发展的气候系统发生难以预期的变化，其中的不利变化可能危及人类的生存与发展。

1.1.1.4　气候变化科学认识的不确定性

IPCC 第一工作组 1990 年第一次评估报告，初步提供了全球变暖的科学基础。1995 年第二次评估报告第一次清晰地指出，人类活动已经对全球气候系统造成了"可以辨别"的影响。2001 年第三次评估报告指出，新的更强的证据显示，过去 50 年观察到的大部分变暖现象，可能要归因于人类活动造成的温室气体浓度上升。2007 年第四次评估报告指出，从 20 世纪中期至今观测到的大部分温度上升，很有可能与人类活动产生的温室气体排放有关，可能性超过 90%，这种变化至少在过去 1 300 年中都是很不寻常的。

但目前，人类关于气候系统现象和变化规律的认识有限，关于气候变化的观测分析仍然存在许多不足，预测结果给出的只是可能的变化趋势和方向，有相当大的不确定性。我们应谨慎地使用这些认识和预测。专栏1－1从一些方面介绍了气候变化预测存在不确定性的原因。

专栏 1－1

气候变化预测存在不确定性的原因

造成气候变化预测不确定性的原因很多，主要有：

第一，未来大气中温室气体浓度的估算存在不确定性。现在和未来大气

中的 CO_2 等温室气体浓度，直接影响今后气候变暖的幅度。只有弄清了碳循环过程中的各种"汇"和"源"[1]，尤其是通过陆地生态系统和海洋物理过程和生化过程，包括气候系统各部分之间的相互影响，到底吸收了多少排放进入大气的 CO_2，才能比较准确地辨明未来大气中的 CO_2 浓度将如何变化。但现在对温室气体"汇"和"源"的了解还很有限。同时，各国未来的温室气体和气溶胶排放量，取决于当时的人口、经济、社会等状况，使得现在难以准确地预测未来大气中温室气体浓度。

第二，可用于气候研究和模拟的气候系统资料不足。从全球范围看，需要建立一个提供气候变化有关数据的观测系统，人们可借助该系统建立一些可模仿大气环境中出现的气候现象，从而预测各种气候类型。我国现有的与气候系统观测相关的各种观测网，基本是围绕某一部门、某一学科的需要而独立建设和运行的。站网布局、观测内容等方面都不能满足气候系统与气候变化研究和模拟的要求。

第三，用于预测未来气候变化的气候模式系统不够完善。要比较准确地预测未来 50～100 年的全球和区域气候变化，必须依靠复杂的全球海气耦合模式和高分辨率的区域气候模式。但是，目前气候模式对云、海洋、极地冰盖等引起物理过程和化学过程的描述还很不完善，还不能处理好云和海洋环流的效应以及区域降水变化等。就预测我国未来气候变化而言，适合我国使用的气候模式仍处于发展之中，迄今所用的国外模式上不能准确地构筑我国未来气候变化的情景。

由于存在着一些科学上的限制和认识上的不足，目前还无法完全把观测到的变化归因于人为增暖。比如：现有的分析还存在着数量上的不足；区域尺度的变化还不能确定是否是由人类活动所导致；区域尺度的其他因素（如土地利用变化、污染和入侵物种）也发挥着作用。

资料来源：丁一汇. 气候变化问题的科学认识. http：//www. ccchina. gov. cn/cn/NewsInfo. asp？NewsId = 3746. 文字略有修改

因为气候变化问题的本质是发展问题，国际气候制度实际是国际政治经

------

[1] 碳循环过程中的"汇"和"源"，简称为碳汇和碳源。碳汇一般是指分解消除碳化合物如 CO_2 的过程、活动、机制，例如在林业中主要是指植物吸收大气中的 CO_2 并将其固定在植被或土壤中，从而减少 CO_2 的大气浓度。在气候公约中，碳源定义为向大气中释放 CO_2 等温室气体的过程、活动或机制。

济制度的一个重要组成部分，所以，国际社会成员将基于不同利益考虑，使用气候变化预测结果。我们应高度关注和警惕发达国家为政治经济需要，利用话语权优势，对气候变化数据分析进行的引导和对仍然具有不确定性的气候变化科学认识使用的引导。例如，虽然 IPCC 的历次评估报告建立了明确导向，并成为主流认识，但是一些对全球变暖的质疑包括发达国家的许多科学家的不同认识分析，并没有很好地反映进来。

气候变化科学认识的不确定性要求我们谨慎对待 IPCC 提供的信息，但这并不影响我们按照气候公约提出的"无悔原则"，对气候变化持积极的应对态度和采取积极的应对行动，毕竟积极应对气候变化有利于人类社会可持续发展。

1.1.2　气候变化的影响

1.1.2.1　气候变化不利影响

据世界气象组织公布的报告，1998 年至 2007 年是有记载以来最暖和的十年。IPCC 第二工作组第四次评估报告勾勒出气候变化给全人类带来的灾难性图景：极端天气、冰川消融、永久冻土层融化、珊瑚礁死亡、海平面上升、生态系统改变、旱涝灾害增加、致命热浪，人类已开始在全球气候变化的影响下挣扎着求生存。根据这份报告，专栏 1 - 2 介绍了气候变化不利影响的一些具体表现。

专栏 1 -2

气候变化不利影响的一些具体表现（IPCC，2007b）

地球温度上升导致喜马拉雅等高山的冰川消融、对淡水资源形成长期隐患。受水资源短缺影响的人数将从千百万上升到数十亿，到 2020 年，非洲面临水资源匮乏的人数将达到 7 500 万至 2.5 亿，在亚洲，受大江大河流域淡水资源减少影响的人数将超过 10 亿。

海平面上升，经济发达、人口密集的沿海地区面临咸潮破坏，甚至淹没之灾。如持续升温，数千年后，格陵兰冰盖可能会全部消失，全球海平面也将随之上升 7 米。即使目前大气中 CO_2 的浓度可以稳定下来，海平面持续上涨的趋势仍然会持续数百年之久。这对于伦敦、纽约、上海等沿海大都市而言，无疑意味着长期威胁。

冻土融化，日益威胁当地居民生计和道路工程设施。

热浪、干旱、暴雨、台风等极端天气、气候灾害等越来越频繁，导致当地居民生命财产损失加剧。每年将新增数百万人遭受洪水侵害。

粮食减产，上亿人面临饥饿威胁；每年全球因气候变化导致腹泻、疟疾、营养不良多发而死亡的人数高达 15 万，主要发生在非洲及其他发展中国家，到 2020 年，这个数字预期会增加一倍。

珊瑚礁、红树林、极地、高山生态系统、热带雨林、草原、湿地等自然生态系统受到严重的威胁，生物多样性受到损害。

由于全球自然生态系统适应能力有限，容易受到严重的、甚至不可恢复的破坏，随着气候变化频率和幅度的增加，遭受破坏的自然生态系统在数量上有所增加，空间范围也不断扩大，必然严重威胁着人类社会赖以生存的农业生产和水资源供应，严重威胁着人类社会发展。

1.1.2.2 发展中国家面对气候变化不利影响比发达国家更脆弱

由于人口、资源、环境和发展水平等方面的差异，不同国家和地区对气候变化的敏感性和脆弱性各有差异。不同区域的自然和社会系统具有不同的内在特征、资源和法规体系，因而对气候变化的脆弱性、敏感性和适应能力的表现程度各不相同。因为有了这些差异，就构成了全球每个主要区域所关注的问题的不同。然而，即便同一区域，气候变化造成的影响、各自的适应能力以及表现出来的脆弱性也不同。所有区域都可能遭受气候变化的一些不利影响。即便是适应能力强的区域如北美、澳大利亚和新西兰，仍有脆弱的群落存在，如土著居民区，其生态系统的适应能力非常有限。欧洲南部和北极区的脆弱性比欧洲其他地区要大得多。而相对于发达国家而言，发展中国家的脆弱性则表现得更为明显。一些区域由于其置身于气候变化灾害之中或其适应能力有限而极其脆弱。

无论气候变化的影响规模大小，发展中国家的人群将受害最深。这些国家因没有足够的能力来解决海平面上升、疾病传播及农作物减产等一系列的问题，受到气候变化所带来的影响将比发达国家更为严重。由于它们的经济对气候变化敏感，居民生活和自然资源利用均处于较低水平，并缺乏法规体系和技术能力，大多数欠发达区域表现出比较低的适应能力。例如，非洲、拉丁美洲以及亚洲等区域适应能力差，区域脆弱性主要表现为洪涝干旱加剧、食物保障受到威胁、人民健康水平降低以及生物多样性丧失等方面，更为当地国家和人群所关注。

对发展中国家而言，适应气候变化比减缓气候变化更具有现实性和迫切性。在坚持适应与减缓并重、适应优先的基础上，提高极端天气气候事件应对防范能力、保障粮食和水供给能力、实现可持续发展能力，应当作为发展中国家应对气候变化的重点。为消除各国家和地区在应对气候变化能力上的差距，帮助发展中国家适应气候变化的影响，消除贫困，实现可持续发展，必须坚持"共同但有区别的责任"原则，重视和加强国际合作，强调发达国家对发展中国家的技术和资金的支持，切实加强发展中国家应对气候变化的能力建设。

联合国开发计划署指出，虽然类似美国这样的发达国家也难以避免飓风等气候灾难的破坏，但气候灾难仍然主要集中在贫困国家。在发达经济体组成的经济合作与发展组织成员国，人们遭受气候灾难的可能性是1/1 500；而在发展中国家，这一比例却高达1/19，相差近80倍。尽管发展中国家在全球温室气体排放中占据的份额日益增多，但这份报告强调，富国仍然是造成这笔沉重的"气候遗产"的主体（UNDP，2007）。

1.1.2.3　气候变化对我国的可能影响

我国政府于2008年10月发布的《中国应对气候变化的政策与行动》白皮书指出：中国是一个发展中国家，人口众多、经济发展水平低、气候条件复杂、生态环境脆弱，易受气候变化的不利影响。气候变化给中国自然生态系统和经济社会发展带来了现实的威胁，是影响社会经济发展和人民生活的重要因素，主要体现在农牧业、林业、自然生态系统、水资源等领域以及沿海和生态脆弱地区。适应气候变化已成为中国的迫切任务。同时，中国正处于经济快速发展阶段，面临着发展经济、消除贫困和减缓温室气体排放的多重压力，应对气候变化的形势严峻，任务繁重。我们应当直面气候变化事实，积极采取应对措施，最大限度地降低由于气候变化所带来的一系列负面影响。专栏1-3介绍了气候变化对我国影响的一些方面。

专栏 1-3

气候变化对我国的可能影响

对农牧业的影响。气候变化对中国农牧业生产的负面影响已经显现，农业生产不稳定性增加；局部干旱高温危害严重；因气候变暖引起农作物发育期提前而加大早春冻害；草原产量和质量有所下降；气象灾害造成的农牧业损失增大。

未来气候变化对农牧业的影响仍以负面影响为主。小麦、水稻和玉米三大作物均可能以减产为主。农业生产布局和结构将出现变化；土壤有机质分解加快；农作物病虫害出现的范围可能扩大；草地潜在荒漠化趋势加剧；草原火灾发生频率将呈增加趋势；畜禽生产和繁殖能力可能受到影响，畜禽疫情发生风险加大。

对森林和其他自然生态系统的影响。气候变化对中国森林和其他生态系统的影响主要表现在：东部亚热带、温带北界北移，物候期提前；部分地区林带下限上升；山地冻土海拔下限升高，冻土面积减少；全国动植物病虫害发生频率上升，且分布变化显著；西北冰川面积减少，呈全面退缩的趋势，冰川和积雪的加速融化使绿洲生态系统受到威胁。

未来气候变化将使生态系统脆弱性进一步增加；主要造林树种和一些珍稀树种分布区缩小，森林病虫害的爆发范围扩大，森林火灾发生频率和受灾面积增加；内陆湖泊将进一步萎缩，湿地资源减少且功能退化；冰川和冻土面积加速缩减，青藏高原生态系统多年冻土空间分布格局将发生较大变化；生物多样性减少。

对水资源的影响。气候变化已经引起了中国水资源分布的变化。近20年来，北方黄河、淮河、海河、辽河水资源总量明显减少，南方河流水资源总量略有增加。洪涝灾害更加频繁，干旱灾害更加严重，极端气候现象明显增多。

预计未来气候变化将对中国水资源时空分布产生较大的影响，加大水资源年内和年际变化，增加洪涝和干旱等极端自然灾害发生的概率，特别是气候变暖将导致西部地区的冰川加速融化，冰川面积和冰储量将进一步减少，对以冰川融水为主要来源的河川径流将产生较大影响。气候变暖可能增加北方地区干旱化趋势，进一步加剧水资源短缺形势和水资源供需矛盾。

对海岸带的影响。近30年来，中国海平面上升趋势加剧。海平面上升引发海水入侵、土壤盐渍化、海岸侵蚀，损害了滨海湿地、红树林和珊瑚礁等典型生态系统，降低了海岸带生态系统的服务功能和海岸带生物多样性；气候变化引起的海温升高、海水酸化使局部海域形成贫氧区，海洋渔业资源和珍稀濒危生物资源衰退。

据预测，未来中国沿海海平面将继续升高。海平面上升还将造成沿海城市市政排水工程的排水能力降低，港口功能减弱。

对社会经济等其他领域的影响。气候变化对社会经济等其他领域也将产生深远影响，给国民经济带来巨大损失，应对气候变化需要付出相应的经济和社会成本。气候变化将增加疾病发生和传播的机会，危害人类健康；增加地质灾害和气象灾害的形成概率，对重大工程的安全造成威胁；影响自然保护区和国家公园的生态环境和物种多样性，对自然和人文旅游资源产生影响；增加对公众生命财产的威胁，影响社会正常生活秩序和安定。

资料来源：国务院新闻办公室．2008．中国应对气候变化的政策与行动

1.2　气候变化和发展

1.2.1　气候变化问题在发展中产生

1.2.1.1　发展的概念

发展，是指事物由小到大，由简单到复杂，由低级到高级的变化。狭义的发展概念是指经济发展，着眼于物质生产方面的问题（如产出、就业、生产的构成等）。广义的发展概念则针对经济和社会总体的发展，着眼于人类社会各方面的变化。因此，经济发展只是全面发展内容中的一部分。过去的实践经验表明，单纯考虑经济发展，特别是单纯考虑经济增长，往往会失之偏颇。但不可否认，经济发展仍是发展的一个最重要方面，从经济角度研究发展问题，仍然具有重要意义。

经济增长是以国民生产总值表示的产量的增加或人均产量的增加，可能是由于投入量的增加所导致的产业的增加，如劳动力投入和投资拉动等，也可能是生产效率提高的结果。经济发展不仅意味着产量的增加，而且意味着

产品种类的改变、生产和分配产品的技术和体制的改进。因此，经济发展注重整个经济系统的表现。

20 世纪 70 年代以后，全球包括发展中国家的发展战略开始转向经济、社会综合发展战略，并提出可持续发展。这种发展观念的改变不仅是"以人为本"的需要，而且是因为经济发展受到环境问题的制约，人类的经济和社会系统与地球环境提供给人类的生存和发展支撑系统全面连接在一起。

1.2.1.2 经济发展面临的环境问题和增长的极限

18 世纪兴起的工业革命，既给人类带来希望和欣喜，也埋下了人类生存和发展的潜在威胁。工业社会遵循的是"一味追求增长的逻辑"，即更多的生产、更多的消费、更多的就业，消费的膨胀带来工业生产的扩张，当人类对自然界的破坏性的开发和掠夺达到一定程度的时候，自然界的报复也随之而来。工业革命与科学技术的迅猛发展，在给人类带来巨大的物质成就的同时，也带来了区域和全球性的环境与生态危机，而且对自然资源无节制的开发利用不仅是寅吃卯粮甚至已经到了竭泽而渔的地步。

人类因此开始对发展的观念进行反思，一个典型代表是 20 世纪 70 年代初，罗马俱乐部发布了一个关于《增长的极限》的研究报告，此后，又先后发表了第二个报告《人类处于转折点》和第三个报告《重建国际秩序》。这三个报告的基本出发点是自然资源的稀缺性、不可再生性、不可替代性。面对自然资源日趋耗竭的威胁，人口的增长、经济的增长有自然界限，能够开采但不可能再生的资源存量的有限性、环境吸收污染的容量的有限性、可耕地的数量的有限性、每一单位可耕地的粮食产量的有限性，这些成为经济增长的自然界限。

1.2.1.3 气候变化问题在发展中产生

自 18 世纪 60 年代以来，人类社会经历了三次工业革命的洗礼，最主要标志就是机械生产代替传统的手工业生产，社会生产力向前大步迈进。工业革命给人类社会带来了技术进步，也改变了全球的能源系统。

19 世纪末至 20 世纪，世界能源的开发利用发生了重大的历史演变。1850 年前木材是主要能源，然后逐步为煤炭替代，到 1880 年煤炭成为主要能源。石油在 1880 年开始进入市场，天然气在 1900 年开始进入市场。到 1970 年石油已成为主要能源，占能源市场的 49%。到 1990 年石油、天然气合计占60%的能源市场份额。随着全球经济的快速发展，能源使用不断增加，引起了大量温室气体排放，1970年至2004年期间温室气体排放增加了70%，其中CO_2排放数量最大，增加了约80%，已成为最主要的人为温室气体。除能源因素外，人类从农业、人口增长、生活水平提高等方面，也增加了温室气体排放。对森林的砍伐，削弱了其对CO_2的吸收。这些因素导致了人类活动造成的全球变暖，对自然生态系统产生了明显影响，给人类社会的生存和发展带来严重挑战。

人类对能源的开发利用从一个重要方面表现了气候变化问题是在发展中产生，是不可持续的发展造成的，它的形成原因和相应的控制手段也在发展中，因此必须在发展过程中解决。

1.2.1.4 发达国家对气候变化问题的历史责任

世界资源研究所统计，大气中现存温室气体排放中，有70%～80%是由发达国家产生的。富裕国家在排放总量中占主要部分，从工业化时代开始所排放的每10吨CO_2中，约有7吨是发达国家排放的。英国和美国的人均历史排放量约达1100吨CO_2，而中国和印度的人均水平分别为66吨和23吨。表1-1提供了1850～2005年期间，世界部分国家能源利用造成的温室气体累积排放。

表1-1 1850～2005年世界部分国家能源利用造成的温室气体累积排放

国 别	累积排放量（百万吨CO_2）	占全球比重（%）	人均累积排放量（吨CO_2/人）
阿根廷	5 487.7	0.49	141.6
澳大利亚	12 251.2	1.09	600.6
巴西	9 112.3	0.81	48.8
加拿大	24 561.5	2.19	760.1
中国	92 950.0	8.28	71.3
法国	32 031.5	2.85	526.2
德国	79 032.8	7.04	958.3
印度	26 008.1	2.32	23.8
印度尼西亚	6 257.3	0.56	28.4
意大利	18 409.3	1.64	314.1
日本	42 742.0	3.81	334.5

国　别	累积排放量 （百万吨 CO_2）	占全球比重 （%）	人均累积排放量 （吨 CO_2/人）
韩国	9 253.6	0.82	191.6
墨西哥	11 320.4	1.01	109.8
俄罗斯	90 327.2	8.05	631
沙特阿拉伯	6 104.6	0.54	264.1
南非	12 443.8	1.11	265.4
土耳其	5 253.3	0.47	72.9
英国	67 776.8	6.04	1 125.4
美国	328 263.6	29.25	1 107.1
欧盟 27 国＋3 国	308 425.3	27.48	542.5
世界	1 122 192.8	100.00	173.7

注：3 国指：瑞士、挪威、冰岛。

资料来源：王伟光，郑国光主编. 应对气候变化报告（2009）：通向哥本哈根. 北京：社会科学文献出版社，2009

如果全球变暖与人类温室气体排放之间存在着必然的联系，从这组数字得出的结论是：发达国家的历史排放直接导致了地球气温的升高，对全球变暖负有主要责任，控制大气中温室气体的浓度就是发达国家必须承担的历史责任。同时，发达国家也应当因此承担相应的义务，为发展中国家应对气候变化提供资金和技术的支持，帮助发展中国家避免重蹈自己的覆辙。

1.2.1.5　气候变化问题中的发展中国家发展权

发展权是个人、民族和国家积极、自由和有意义地参与政治、经济、社会和文化的发展并公平享有发展所带来的利益的权利。在发展中国家的推动下，联合国成为"发展权"概念的积极倡导者。1970 年，联合国人权委员会委员卡巴·穆巴耶在一篇题为《作为一项人权的发展权》的演讲中，明确提出了"发展权"的概念。1979 年，第 34 届联合国大会在第 34/46 号决议中指出，发展权是一项人权，平等发展的机会是各个国家的天赋权利，也是个人的天赋权利。1986 年，联合国大会以第 41/128 号决议通过了《发展权利宣言》，对发展权的主体、内涵、地位、保护方式和实现途径等基本内容作了全面的阐释。1993 年的《维也纳宣言和行动纲领》再次重申发展权是一项不可剥夺的人权,从而使发展权的概念更加全面、系统。

在国际范围,实现国家或民族的发展权要依靠国际社会各成员和整体的共同努力。发展权是实现各项人权的必要条件,各国均有促进本国发展的责任。归根到底,发展是政治、经济、社会和文化全面发展的进程,只有在这一进程中,所有人权和基本自由的权利才能逐步得到实现。同时,为保障发展权,国际社会应进行积极努力:一是坚持各国主权平等、相互依存、互利与友好合作的原则;二是建立公正合理的国际政治经济新秩序,使发展中国家能够民主、平等、自由地参与国际事务,真正享有均等的发展机会;三是消除发展的各种国际性障碍。发达国家应采取行动,为发展中国家提供全面发展的便利条件。

发展中国家当前的首要任务依然是要发展经济,消除贫困。发展中国家历史累积排放量少,人均排放量低,仍然处于工业化进程中,发展需求尚未得到满足,这就决定了它是未来全球排放增长的主体。从发展阶段看,工业化、城市化阶段能源消费和温室气体排放的适度增长,是世界绝大多数国家(如果不是所有国家)实现现代化历程所呈现的共同也是不可逾越的规律,而且因处于不同发展阶段,各发展中国家的发展需求不同,现实排放特征有所差异。社会经济发展的历史经验表明,各国人均碳排放都经过了一个低收入低排放到高收入高排放,再到高收入低排放的过程。尽管发展中国家有一定的后发优势,但要发展就难免不排放。

虽然在科学上关于气候变化的认识仍然存在争论,但"人类活动导致全球变暖"观点被广泛宣传,气候变化问题特别是减排温室气体问题被推上国际谈判桌。一个重要原因是,发达国家可以利用气候变化问题,控制他国经济形态,限制发展中国家的发展,保持自己的优势地位,固化全球各国现有贫富格局,从而为本国谋求更多利益。发达国家在两百多年的时间里向大气排放了大量温室气体,导致了气候变暖的后果,现在要求发展中国家与其一起共同承担他们造成的历史责任,对发展中国家的发展构成限制。所以,发展中国家的排放问题本质上就是发展问题,排放权即发展权。只有争取更多的排放权,才能捍卫国家的发展权。

地球环境是人类生存和发展的公共支撑系统,大气是人人享有的公共资源,其中对任何物质的使用或分配属于天赋人权,包括向其中输入的成分,也应体现人人均等,方可体现世界的公平与正义。当前正值发展中国家经济快速发展时期,在应对气候变化的过程中,国际社会应充分考虑发展中国家的发展权和发展空间，发达国家应承担起自身的历史责任，率先减排和向发展中国家提供资金与技术援助，帮助发展中国家应对气候变化带来的影响和走上可持续发展道路，实现共同发展的权利。

1.2.2 坚持"共同但有区别的责任"原则

1.2.2.1 奢侈排放、生存排放和转移排放

现在，发达国家的工业化已经完成，基础设施的碳存量已经足够，人力资本积累达到一定的成熟阶段，且其经济发展水平要远远高于发展中国家。从全球来看，发达国家人口约占世界15%，但能耗占全球能耗总量的50%，其中发达国家民众消费领域占其总能耗的60%～65%，因此民众日常生活领域成了关键。在过去几十年中，欧美家庭耗能越来越大。以美国为例，2006年美国能源部门的CO_2排放总量为27 219.2百万吨，其中，电力和供热部门占46.6%，交通部门占31.4%，制造业和建筑业占11.0%，其他燃料燃烧占9.8%，工业过程的排放占0.9%，其他排放占0.3%。从上述数据可以看出，美国已完成工业化过程，因而工业过程的排放所占比例较少，但是交通和供热部门的排放是来自私人部门的排放，这说明，美国的排放多是为了提高所谓"生活质量"的奢侈排放。美国家用电器制造商协会的统计显示，美国有8 800万台电烘干机，平均每台每年消耗1 079度电，这基本上相当于一户普通中国人一年的用电量。根据美国住房与城市发展部报告统计，美国一幢房子每年每平方米耗电65度左右，按普通中产阶级家庭200平方米面积算，每户耗电量超过1万度。

2007年，英国的一个环保组织计算出，如果全人类都按照美国人的生活方式生活，需要5.6个地球，按照欧盟的生活方式，需要3.9个地球，按照日本的生活方式需要2.9个地球。

2006年亚洲各部门的CO_2排放比例，相对于美国来看，广大亚洲国家来自制造业、建筑业和工业过程的排放比例更大，尤其交通部门排放的CO_2占总排放量的10%，而美国为31.4%。这说明发展中国家更多的排放来自基础设施建设和满足基本的生存需要，这与发展中国家所处的发展阶段相符。

此外，从世界贸易格局来看，由于经济全球化，广大发展中国家处于世

界生产链的末端，扮演着"世界工厂"角色，发达国家将能源密集型、劳动密集型产业转移到发展中国家。发达国家从发展中国家进口商品替代生产，实际上减少了自身的直接能源需求和相应的温室气体排放，是主要受益方。中国等发展中国家是内涵能源及相应 CO_2 排放的出口国，承担了本应由进口国承担的碳排放量。换言之，发展中国家在获得一定贸易顺差的同时，却承受着巨大的"生态逆差"。面对需求拉动生产的市场规律，那些享受进口产品的发达国家及其消费者负有责任。因此，尽管发达国家和发展中国家的人均累计排放已经存在很大差距，但在发展中国家的排放中仍有一部分是在为发达国家提供商品和劳务。

1.2.2.2 气候公平问题

（1）减缓气候变化的公平问题

温室气体排放权的分配以及减排责任的分担，除了依据各国的具体国情外，最重要的是应用怎样的公平原则。公平原则包含了相当丰富而深刻的伦理学内涵。它不仅包括人与人的关系，也涉及人与自然的关系；不仅是一代人的代内公平，还有多代人的代际公平；不仅要实现结果的公平，也要保证过程的公平。尽管自启动国际气候谈判以来，国际上提出的温室气体排放权分配原则和分配方案不胜枚举，但由于公平原则实际上包含了人类的价值判断，至今人类社会对公平原则的理解仍难以找到一个普遍接受的标准。

国际学术界有研究从国际公平视角将各种公平原则划分为三类，并比较了不同公平原则的界定及其对温室气体排放权的分配或温室气体减排义务分担的经济含义，包括：基于分配的公平，注重排放权的初始分配；基于结果的公平，注重减排义务分担对福利的影响；基于过程的公平，注重排放权分配过程的公平特性、各种不同公平原则的基本定义及其具体操作规则。应用不同公平原则进行国家间温室气体排放权的分配，表现在国家间分配排放目标的结果将会大相径庭。不同排放目标意味着需要付出不同的减排经济成本，因此，公平原则背后隐含的经济含义是十分明显的。

各国基于不同的公平原则的考虑，就 2012 年后国际气候制度下的减缓问题提出了许多方案，其中多数是发达国家学者提出的。其中，即使是为发展中国家利益考虑的方案，也难以从根本上体现发展中国家的国情和根本利益。

中国学者在气候公平的概念上已达成广泛的共识。第一，强调人与人之间的公平。尽管当代国际社会以国家政治实体为单元，通过政府间的国际气候谈判来解决气候变化问题，但是伦理学上的公平本意，不是保障国家之间的"国际公平"，而是促进人与人之间的"人际公平"。在以化石能源为基础的能源体系未得以改变的情况下，温室气体排放权是保障人生存和发展的基本人权的重要组成部分。第二，促进人与人之间的公平，关键不是现实或未来的某个时点上流量（年排放量）的公平，而是包括历史、现实和未来全过程的存量公平，也就是"人均累计排放"公平的概念。

在 2008 年 12 月的气候公约第 14 次缔约方大会上，清华大学何建坤教授代表中国代表团提出了人均累计排放的概念。中国科学院丁仲礼院士认为，"人均累计排放指标"最能体现"共同但有区别的责任"原则和公平正义准则。中国社会科学院潘家华教授等提出了"碳预算方案"，并在公平原则的伦理学阐释和排放数据的相关分析基础上，就构建一个公平、可持续的国际气候制度的相关机制进行了深入研究，使得公平原则不只停留在概念层面，而是更具有可操作性。

（2）适应气候变化的公平问题

与减缓气候变化的公平问题类似，适应公平也存在基于分配的、基于过程中的或基于结果的各种不同公平原则。除此之外，适应公平的理论框架还包含更广泛的含义，大致包括以下三个方面（庄贵阳、陈迎，2005）：

基于分配或基于程序的公平原则。分配公平是指行动带来的利益或损失在不同时间、不同社会群体之间如何分配，其关注的焦点是公平。程序公平指采取行动的决策过程，其关注的焦点是各方的认同、参与以及过程的合法性。

一元论或多元论观点。一元论指在解决公平问题时，强调以某一方面的结果（如人类福利）或某一种原则（如平等）作为决策依据。而多元论观点强调公平问题的解决需要同时应用多个具有补充性的原则或方法（例如在人类福利之外，健康、安全和对其他物种的保护也是决策必须考虑的重要内容）。

基于结果的公平或基于道义的公正。基于结果的公平只关注结果的好坏，而基于道义的公正更多关注公正的本意及相应享有的权利。

在不同公平原则下适应公平面临的问题也不相同。在具体实践中，对比减缓气候变化中减排义务分配的问题，适应公平需要考虑和解决的问题更广泛、更复杂。深入开展适应公平研究，对推进未来国际气候谈判具有重要的理论和现实意义。现在，气候变化的适应问题还未得到应有的重视，缺乏具体的行动计划和时间表，发展中国家遭受气候变化不利影响的额外成本得不到任何补偿，更谈不上国际社会对此进行公平的分担。提出适应公平问题，对于气候变化国际谈判而言，在某种意义上，可以使适应议题对减缓议题更好地起到制衡作用，有利于维护发展中国家的合理权益。

1.2.2.3　"共同但有区别的责任"原则

共同但有区别的责任是指，由于地球生态系统的整体性与导致环境退化的各种因素，以及能力上的差异，各国对保护和改善全球环境负有共同的但是又有区别的责任。该原则包含两方面的主要内容，一是共同责任，二是有区别的责任。

"共同但有区别的责任"原则初步确立于1992年的联合国环境与发展大会。大会通过的《里约宣言》在第7项原则中指出："各国应本着全球伙伴精神，为保存、保护和恢复地球生态系统的健康和完整性进行合作。鉴于导致全球环境退化的各种不同因素，各国负有共同的但是又有差别的责任。发达国家承认，鉴于它们的社会给全球环境带来的压力，以及它们所掌握的技术和财力资源，它们在追求可持续发展的国际努力中负有责任。"

（1）共同的责任

参考曲格平（2000）对于生态环境问题的共同责任阐述，我们可以类比建立对气候变化问题共同责任的阐述。气候系统的整体性与人类环境问题的共同性要求各国必须摒弃原有狭隘的国家或民族利益观念，承担共同的责任，同心协力，依靠国际社会的整体力量来保护和改善共同的生存基础。共同的责任主要有以下两层含义：

第一，承担共同责任的原因是明确的。首先气候变化问题的严重性已经达到了相当的程度。"环境问题迅速从地区性问题发展成为波及世界各国的全球性问题，从简单问题（可分类、可定量、易解决、低风险、近期可见性）发展到复杂问题（不可分类、不可量化、不易解决、高风险、长期性），出现了一系列国际社会关注的热点问题，如气候变化、臭氧层破坏、森林破坏与生物多样性减少、大气及酸雨污染、土地荒漠化等。"

气候系统是一个不可分割的、有着内在有机联系的统一整体。世界各国生活在同一个地球上，各种不同的环境要素和发展要素相互影响、相互制约、相互作用，一国境内的发展问题影响到别国环境和发展乃至全球环境与发展，而地球环境质量的恶化必将危及所有国家和地区的根本利益。

第二，应对气候变化的责任主体是世界所有的国家和人民，目的在于解决气候变化问题，实现人与自然关系的和谐。换言之，应对气候变化以实现人与自然的和谐是所有国家乃至全人类面临的紧迫任务，着眼于全人类的共同利益。世界各国，无论大小、贫富、种族、资源等方面的差别，应当共同承担起应对气候变化的责任。气候变化问题是全球问题，绝非一两个国家能够解决。发达国家和发展中国家既应当采取服务于本国的行动，又应当立足于本国的基本国情承担起应对气候变化的全球责任。

在环境保护问题上，共同的责任主要包括以下四个方面的内容：一是各国必须采取切实措施保护和改善本国管辖范围内的环境。解决各国国内环境问题与解决全球性环境问题具有同等重要的意义，因为各国国内环境是地球整体环境的重要组成部分，保护和改善各国国内环境就是对地球整体的贡献。二是各国必须采取措施防止在其管辖和控制范围内的活动对其管辖范围外的环境造成损害。这是根据《联合国宪章》国际法原则，各国在国际环境中应承担的义务。自1972年《联合国人类环境宣言》之后，几乎所有的全球性环境法律文件都规定了这一点。三是广泛参加环境保护的国际合作。各国应努力参与全球环境保护任务，通过国际合作，致力于解决全球性环境问题。四是在环境保护方面相互支持和援助。在全球环境保护方面，有能力的国家应帮助那些缺乏经济和技术条件的国家。帮助并非施舍，应把对这些国家的帮助看作是对全球环境保护的贡献，是对人类共同利益的贡献。

我们可以把在环境保护问题上体现的共同责任内容，推广应用到应对气候变化的行动中，并根据作为全球问题的气候变化问题与一般区域环境问题的差异，对这些内容进行发展。

（2）有区别的责任

在共同责任和区别责任的关系上，共同责任是一个前提条件和基础，区别的责任则是关键和核心。在一定程度上，共同责任具有目标意义，区别责任是实现共同责任的最重要的手段。因为我们知道，虽然"只有一个地球"，但地球上的国家却分成了发展中国家和发达国家两个不同的世界，无论从历史还是从现实来看，发展中国家很难真正平等、充分和有效地参与国际环境立法及其实施过程。这个现实要求发达国家应为此有区别地承担更大、更多的责任。

共同责任不等同于"平均主义"，区别责任是对共同责任的限定，即对共同责任一定意义上的定性、定量、定时。具体来说，是指发达国家和发展中国家在承担保护和改善全球环境责任的范围、大小、时间、方式、手段等方面是有所差别的，在确定各国的具体责任时，应从历史与现实的角度出发，统筹兼顾、全面考虑各国对环境问题的发生所起的作用、各国的经济实力以及防止和控制环境危害的能力等多种因素。

对于发展中国家，其区别责任主要表现在：第一，在经济和社会发展过程中，必须贯彻和实施不牺牲环境的可持续发展战略；第二，在工业化进程中，发展中国家不应重走西方发达国家走过的"先污染后治理"的老路；第三，在生产和消费方式上，发展中国家不应该采取不可持续的生产和消费方式；第四，发展中国家现阶段不应该承担与其国情不符的保护和改善全球环境的义务，但不排除发展中国家未来发展到一定程度以后，在其资金和技术承受能力限度内，承担越来越多的保护全球环境的国际义务。所以，对于发展中国家，有区别的责任并不意味着它们可以对自己保护和改善全球环境的责任和义务掉以轻心。恰恰相反，发展中国家必须努力进行发展，并改革生产方式，争取早日摆脱贫困，增强经济实力和环境保护能力，走上持续发展的道路（王曦，1998）。

对于发达国家，其区别责任主要表现在：第一，发达国家必须改变目前不可持续发展方式，包括改变现有的不可持续的生活方式，减少自然资源的浪费，通过"把自己家里先整顿好"来为其他国家作出示范，亦即在可持续发展方面率先作出表率；第二，发达国家通过资金援助和技术转让帮助发展中国家在经济上得到发展，从而使发展中国家在经济发展的基础上有能力保护和改善环境；第三，国际组织及机构采取措施，保证贸易和经济发展的公平性，以维护发展中国家的利益；第四，在经济发展与环境保护的一些关系问题上，如环境与贸易、知识产权与环境技术转让问题以及保持当地传统文化等问题上，必须尊重发展中国家的发展需求与权利，不以环境为借口对发展中国家的经济发展和贸易设置壁垒[1]；第五，在责任的定性、定量、定时方面，必须明确发达国家承担更大、更多、更早或者主要的责任。如在提供资金方面，应明确发达国家应提供新的、充分的、额外的资金。又如在技术援助方面，应明确发达国家须以优惠的、非商业性条件向发展中国家提供无害于环境的技术。

---

1 曲格平. 从斯德哥尔摩到约翰内斯堡的发展道路. 中国环境报，2002 – 11 – 15

1.2.2.4 "共同但有区别的责任"原则在气候变化国际合作中的应用

我们讨论人类社会应对气候变化中的公平性问题,是因为我们面对的是一个不公平的背景和现实。现在的问题是要在不公平的现实基础上去寻求一个所谓"公平"的原则。在应对气候变化的实践中,气候公平理论应发挥其指导作用,主要体现在指导思想、发达国家的率先垂范和发展中国家的优先发展等方面,核心是落实"共同但有区别的责任"原则(何建坤等,2004)。

第一,应对气候变化国际合作的指导思想应坚持"共同但有区别的责任"和"可持续发展"这两项基本原则。要维护全球气候安全,将大气中温室气体浓度稳定在一个可接受的水平之下,就要控制人类社会活动对温室气体的排放,要抑制当前温室气体排放的增长趋势并逐渐使排放量绝对下降。那么,在此环境容量约束下,各国将面临如何公平地分配温室气体排放权以及分担减排义务问题。气候公约提出应实现气候安全,为此,一要体现"共同但有区别的责任"原则,发达国家应率先应对气候变化及其不利影响,二要体现"可持续发展"原则,各国都有权并应该促进自身的可持续发展。这两项基本原则应该成为讨论气候变化公平性问题的指导原则和前提条件。

第二,发达国家应率先垂范。依据气候公约规定的义务及其经济实力,发达国家在应对气候变化问题上必须先采取行动。首先,应兑现它们在气候公约和《京都议定书》中作出的承诺。其次,应向发展中国家提供新的额外的资金,帮助发展中国家建立应对气候变化的能力,并应采取一切实际可行的步骤,促进和资助向发展中国家转让环境无害技术和专有技术,支持发展中国家自主开发技术的能力。

第三,发展中国家优先发展。气候公约中明确指出:"经济和社会发展及消除贫困是发展中国家缔约方的首要和压倒一切的优先事项"。气候公约第8次缔约方大会的成果"德里宣言"又重申了这一主张。发展是发展中国家的第一优先要务,要在发展中建立应对气候变化的能力及解决相关问题。

与发达国家相比,发展中国家在应对气候变化方面存在两个重要的差别。第一,发展中国家在其基本实现工业化和现代化之前,不可能也不应该承担强制性的绝对减排义务。发展中国家必须优先保证发展，在此过程中努力使温室气体的排放量增长速度低于经济的增长速度，实现相对减排。如果发展中国家过早地承担绝对减排的义务，无疑剥夺了这些国家的发展权，不符合气候公约提倡的可持续发展原则。第二，发达国家在其实现工业化和现代化的进程中，温室气体排放是在无约束的条件下进行的，相比之下，发展中国家在此过程中以相对低能耗和低物耗支持了经济的持续发展，在一定条件下可以实现跨越式发展。我国到 2050 年人均 GDP 接近发达国家 1970 年的水平，但人均温室气体排放届时也会大大低于发达国家当时人均排放量。这本身就将是我国对全球发展和减少温室气体排放合作的重大贡献。

1.2.3　在可持续发展框架下走低碳发展道路

1.2.3.1　可持续发展观

人类的发展观经历了一个演变过程。20 世纪 50 年代及以前的发展观把"发展"等同于经济增长和人均国民收入的提高。60 年代的发展观把"发展"看作是经济增长加上结构变化，但是增长仍然是发展的主要目标。70 年代和 80 年代中期的发展观更加强调增加就业、消除贫困和公平分配，经济增长本身相对有所淡化。80 年代末 90 年代以来的发展观则强调可持续发展。

1962 年，美国生物学家莱切尔·卡逊发表《寂静的春天》，揭露了化学药剂的环境危害。此后，环境问题引起世人关注。1972 年 6 月，联合国在斯德哥尔摩召开人类环境大会，指出保护和改善环境已成为全人类时代共同急需解决的问题，人类要主动关心资源利用和环境保护方面的问题。1980 年，国际自然资源保护联合会等组织共同制定《世界自然保护大纲》，指出人类利用自然资源时要保证其既能满足当代人"最大持续利益"，又能满足保持后代人"需求与欲望的能力"，初步勾勒出可持续发展的轮廓。

1987 年，联合国环境与发展委员会发表《我们共同的未来》报告，比较全面和系统地分析了人类发展与资源环境的关系，提出了可持续发展观，即"既满足当代人的需要，又不对后代人满足其需要的能力构成危害的发展"。从此，可持续发展为世人所认识和关注。这是可持续发展观形成的标志。

1992 年召开的联合国环境与发展大会通过了包括《21 世纪议程》在内

的 5 项文件和公约，表现了人类从理论到实践对可持续发展的进一步探索，可持续发展观得到更多人的接受和认可，变得更加成熟，人类开始进入一个新发展观时期。

2002 年 8 月，可持续发展世界首脑会议在约翰内斯堡召开，通过了《约翰内斯堡可持续发展承诺》和《执行计划》两个文件。发展中国家贫困问题及要求发达国家为全球可持续发展作出更多贡献是会议的主题，更加突出了以实际行动推进可持续发展的全球进程。

与世界其他国家一样，我国在发展观问题上也经历了一个转变过程，为可持续发展观的形成和发展，作出了自己的贡献。2003 年 10 月，以胡锦涛总书记为首的中国领导集体从新世纪国家现代化事业发展全局出发，在可持续发展观已有认识的基础上，提出科学发展观，即中国改革发展要坚持"以人为本，树立全面、协调、可持续的发展观，促进经济社会和人的全面发展"。胡锦涛同志对科学发展观的全面阐述，丰富了可持续发展观的内涵。

1.2.3.2　低碳发展是可持续发展的组成部分

2003 年，英国政府发表的白皮书《我们能源的未来——构建一个低碳社会》首先提出了"低碳经济"概念，目的是应对不断恶化的气候状况与能源短缺问题。随后，英国政府于 2006 年和 2007 年继续发布了《能源回顾——能源挑战》、《能源白皮书——迎接能源挑战》等政府文件。这些文件提出以能源环境为首要目标，建设低碳经济和低碳社会的初步构想。英国以"低碳经济"概念为引导的气候变化和能源政策，推动了欧盟及其成员国政策的制定。澳大利亚、日本、美国等也纷纷提出了自己的低碳导向考虑。我国对于低碳发展也进行了广泛的社会讨论，并在政府发展政策中予以体现。2008 年，联合国将世界环境日的口号定为"转变传统观念，推行低碳经济"，显示了全球对于低碳发展的高度关注。在上述过程中，"低碳发展"、"低碳社会"、"低碳城市"、"低碳世界"、"低碳技术"、"低碳生活方式"、"碳足迹"等新名词不断产生。

"低碳经济"并无明确的概念认定，各国根据自身发展情况仁者见仁、智者见智。例如，能效已达世界最高水平的日本，提出建设低碳社会，强调提高社会公众意识。最大的发达国家美国则提出发展"清洁能源经济"，虽没有直接使用"低碳"字样但有异曲同工之效。"低碳经济"也不是当前的经济形态，即使是最早提出这一观念的英国，也把建成"低碳经济"的目标定在 2050 年。

如果低碳经济是以低能耗、低排放、低污染为基础、表现出碳生产力（单位温室气体排放所产出的 GDP）和人文发展均达到一定水平的一种经济形态，那么，向低碳经济转型过程就是低碳发展，目标是低碳高增长，强调的是发展模式，要求在保证经济社会健康、快速和可持续发展的条件下最大限度地减少温室气体的排放。基于这样的理解，可以认为，低碳经济可以作为长期发展的追求目标，但现实存在的是作为发展过程的低碳发展。因此，低碳发展是一个具有普适性的概念，可以和不同的国情、发展阶段和发展目标结合在一起。我国应从国情出发，走适合自身发展需要的低碳发展之路。

因此，我们可以说，低碳发展是我们一直倡导和实践的可持续发展的一个组成部分，是对可持续发展观的一种具体实践。

1.2.3.3 低碳发展与经济社会发展的结构性调整

低碳发展要求改变传统发展模式，进行经济社会发展的结构性调整。在这个方面没有可资借鉴的成熟模式，是对经济社会发展模式的新探索，也需要一个长期努力的实践过程。中国的低碳经济转型将有助于提高我国长期能源安全，有助于缓解当前和未来能源体系下的国内国际环境问题，而且与建设资源节约型和环境友好型社会、在科学发展观的引领下走可持续发展道路一脉相承。我国应根据国情和今后发展目标，通过经济社会发展的结构性调整，包括能源结构、产业结构、低碳发展、低碳消费等方面走出一条有中国特色的低碳发展之路（郑鸿，2009）。

第一，以应对能源结构挑战推进低碳发展。要发展清洁能源，推动能源结构的低碳化。为此，需要提升新能源在国家能源战略中的地位，做好新能源产业发展规划；大力发展风能、太阳能、地热、生物质能、氢能等，提升可再生能源的比重；在采用最安全最先进技术的前提下，积极发展核电等，改进和完善我国能源结构。同时，加大科技投入，促进低碳技术创新。把可再生能源、先进核能、碳捕集和封存等先进低碳技术作为提升技术竞争力的核心内容，列入国家和地区科技发展规划。要加强应对气候变化的重大科学、战略与政策的研究。

第二，以产业结构调整推进低碳发展。我国面临的高消耗、高污染、高排放问题，在很大程度上是由产业结构不合理造成的，包括钢铁、有色金属、建材、化工、电力和轻工等行业的高速过热发展。我国工业能源效率普遍较低，使减排温室气体工作的压力很大。为此，一方面，要提高生产过程的能源利用效率，发展资源回收利用产业，降低单位 GDP 能耗；另一方面，要降低高碳产业发展速度，提高发展质量。要加快结构调整，加大淘汰落后工艺、设备和企业的力度，以大规模生产替代小规模生产，提高行业准入条件和排放标准。我国以能源密集型产业为主，而大量的产品又出口国外，这种生产方式使得我国存在巨大贸易顺差的同时，也存在着巨大的"生态逆差"，因此，我国亟待以低碳发展为契机，发展绿色技术和绿色经济，实现产业升级，在新一轮的全球经济大潮中处于领先地位。

产业结构调整还包括增加第三产业在国民经济中的比重，同时降低第二产业的比重。但是利用产业结构调整实现节能效果会有反复，需尊重经济规律谨慎推进。通常资源禀赋结构既定的情况下，产业结构相对比较刚性。我国目前的经济发展阶段是工业化的加速期，自然资源相对珍贵，劳动力相对低廉，这样的资源禀赋特点，决定了第三产业处于弱势，如果刻意提高服务业比例，很有可能的结果是若干年之后经济结构自动将第三产业的比例调整回去[1]。此外，需要指出的是，后工业化社会不会自发进入低碳经济状态，因此产业结构中第三产业比重的增加并不一定对应单位 GDP 能耗的减少，万元 GDP 的污染资源消耗的减少，也并不对应能源需求的降低。因此，不能依靠第三产业比重的增加达到降低温室气体排放的目的（金涌等，2008）。

第三，以低碳生产推进低碳发展。低碳生产是一种可持续的生产模式，要实现低碳生产，就必须实行循环经济和清洁生产。循环经济是一种与环境和谐的经济发展模式，它要求把经济活动组织成一个"资源－产品－再生资源"的反馈式流程，其特征是低开采、高利用、低排放。所有的物质和能源在经济和社会活动的全过程中不断进行循环，并得到合理和持久的利用，以把经济活动对环境的影响降低到最小程度。清洁生产是在资源的开采、产品的生产、产品的使用和废弃物的处置全过程中，最大限度地提高资源和能源的利用率，最大限度地减少它们的能耗和污染物的产生。两者的共同目的都是最大限度地减少高碳能源使用和温室气体排放，最重要的操作模式是"减量化、再利用和再循环"。

---

1 熊奇舟，陈冀俍. 中国工业节能政策研究——以无锡为例. 德国海因里希·伯尔基金会研究报告

第四，以低碳消费推进低碳发展。大力宣传低碳消费理念，引导城市居民转变消费观念，以节能降耗为抓手，推进低碳消费，着力构建低碳型社会。发达国家占世界人口20%，消耗了全球50%的能源，而世界上有13亿人口每天生活不到1美元，有10亿人没有安全的饮用水。美国人均排放CO_2比中国高，其中很大部分是由于奢侈排放，这种生活方式给全球环境和资源带来很大压力。与此同时，在消除贫困、发展经济的同时，发展中国家也应当实行低碳消费这种可持续的消费模式。中国已经成为温室气体排放总量最多的国家之一，应该尽最大的努力提高公众的低碳意识，在实行低碳生产的同时，引导社会合理消费、低碳消费，为保护世界气候作出贡献。

1.3　中国的发展和应对气候变化行动

1.3.1　改革开放30年我国的发展和发展观念的转变

1978年12月，党的十一届三中全会开启了我国改革开放的历史新时期。从那时起，我国从实际出发，制定和实施了现代化的"三步走"发展战略。20世纪80年代，提前完成第一步翻一番的目标，解决了温饱问题，国家发展迈上一个台阶。90年代，提前完成第二步再翻一番的目标，实现了总体小康，又迈上一个台阶。进入21世纪，我国开始全面建设小康社会，向第三步目标奋进，发展速度越来越快、质量越来越好，国内生产总值在世界上的排名从2000年的第六位跃升到2008年的第三位，再次迈上一个台阶。这30年，我国经济发展的平均速度达到9.8%，而同期世界仅有3%。我国作为一个发展中大国，能够从贫穷落后的家底起步，长期地、持续地保持高速增长，在世界上是绝无仅有的。

我国能够在30多年的短暂时间里取得如此显著的发展成就，一个重要原因是与时俱进，自觉转变发展观念。特别是进入21世纪，发展观念转变发挥了重大指导作用。

我国对于社会主义与发展之间关系的重新认识大体经历了三个阶段。第一阶段，从1978年党的十一届三中全会到1992年党的十四大前，重点是重新认识"什么是社会主义、怎样建设社会主义"，其结论是：社会主义必须和发展结合，社会主义不发展只有死路一条。第二阶段，从1992年党的十四大到2002年党的十六大前，重点是解决社会主义怎样才能加快发展，社会主义经济能否实行以市场为基础配置资源问题，其探索成果是：社会主义必须和市场经济相结合。第三阶段，从2002年党的十六大至今，重点解决实现什么样的发展、怎样发展的问题，其探索成果是：社会主义必须实现科学发展、和谐发展、和平发展。显然，社会主义与发展，是三十年探索和观念变革的主线（宋萌荣、康瑞华，2009）。

在第一阶段，我国明确了改革开放是解放和发展生产力的必由之路，把党和国家的中心转移到经济建设上来。在不断总结国际国内形势的变化的过程中，邓小平提出，"中国解决所有问题的关键要靠自己发展"，"发展才是硬道理"。

第二阶段，我国引入市场经济，推进经济快速发展。党的十四大明确提出，"我国经济体制改革的目标是建立社会主义市场经济体制"。以十四大为标志，中国的改革开放进入了全面向社会主义市场经济转型的新阶段。

第三阶段，从2002年起，我国关于发展的指导思想从"快速发展"、"和谐发展"、"又快又好"发展，定位到"又好又快"发展。到21世纪初，我国发展主要体现了经济高速增长的特点。这时，世界全球性的发展面临着许多突出的问题，如资源紧缺、环境退化、南北鸿沟等，我国经济社会发展中也面临很多挑战。这一切使得我国必须进一步回答什么是科学意义上的发展、为什么发展、依靠谁发展和怎样发展等一系列重大问题。2005年10月11日，胡锦涛在中共十六届五中全会第二次全体会议上发表讲话《努力实现"十一五"时期发展目标，推动经济社会又快又好发展》。2006年的中央经济工作会议首次把"又快又好发展"改成了"又好又快发展"，这一方面是因为又好又快发展的基础条件已经成熟，具有现实的可能性，另一方面为了进一步解决经济发展中的突出矛盾和问题，也有现实的必要性。党的十七大全面阐述了科学发展观，使之成为实现我国"又好又快"发展的指导思想。

回顾这段历史，从发展观的转变可以看出，把应对气候变化纳入国家发展主体内容和走低碳发展之路，建设资源节约型、环境友好型社会是我国的自主选择，也是历史的必然。

1.3.2 把应对气候变化纳入国家发展主体内容

1.3.2.1 我国政府关于应对气候变化的机制安排

我国坚定不移地走可持续发展道路,结合国民经济和社会发展规划,制定了应对气候变化国家方案,采取了一系列措施,建立健全国家应对气候变化机制安排。早在1990年,我国政府就在国务院环境保护委员会下设立了有国务院各有关部门参加的国家气候变化协调小组,负责统筹协调我国参与应对气候变化国际谈判和国内对策措施。1998年成立了国家气候变化对策协调小组,作为部门间的议事协调机构,在研究、制定和协调有关气候变化的政策等领域开展了多方面的工作,为中央政府各部门和地方政府应对气候变化问题提供指导。2007年6月,国务院又成立了国家应对气候变化及节能减排工作领导小组,由温家宝总理担任组长,负责研究制定国家应对气候变化的重大战略、方针和对策,统一部署应对气候变化工作,研究审议国际合作和谈判对策,协调解决应对气候变化工作中的重大问题;组织贯彻落实国务院有关节能减排工作的方针政策,统一部署节能减排工作,研究审议重大政策建议,协调解决工作中的重大问题。国家发改委承担领导小组具体工作,并内设专门职能机构,负责统筹协调和归口管理国家应对气候变化工作。这形成了由国家应对气候变化领导小组统一领导、国家发改委归口管理、各有关部门分工负责、各地方各行业广泛参与的国家应对气候变化工作机制。

为进一步做好应对气候变化工作,我国政府还在一些部委加强或新设立了若干职能机构,以加强适应和减缓气候变化的体制机制建设。我国还积极开展应对气候变化工作创新机制探索。2006年8月,国务院批准建立中国清洁发展机制基金及其管理中心,利用我国在《京都议定书》清洁发展机制(CDM)国际合作中产生的国家收益,集中分散资源办大事,支持和促进国家应对气候变化行动的开展和《应对气候变化国家方案》的落实。

1.3.2.2 我国关于应对气候变化的立法和指导政策

我国高度重视应对气候变化相关领域的立法工作,指导应对气候变化政策的制定和行动的实施。近年来,有关立法和政策实施的工作不断加强。

2009 年 8 月 27 日，第十一届全国人民代表大会常务委员会第十次会议通过了《全国人民代表大会常务委员会关于积极应对气候变化的决议》，标志着国家应对气候变化的行动已步入法治建设轨道。决议认为：应对气候变化是我国经济社会发展面临的重要机遇和挑战，为应对气候变化必须深入贯彻落实科学发展观，采取切实措施积极应对气候变化，加强应对气候变化的法制建设，努力提高全社会应对气候变化的参与意识和能力，积极参与应对气候变化领域的国际合作。

目前我国已经形成较为完善的应对气候变化的政策体系。2007 年 6 月，我国政府发布了《中国应对气候变化国家方案》，作为我国"十一五"期间应对气候变化的纲领性文件，明确了应对气候变化的指导思想、原则，提出了相关政策措施。国家方案把到 2010 年实现单位国内生产总值能源消耗比2005 年末降低 20% 左右的目标确立为我国应对气候变化的重要目标，实现这一目标将意味着我国在"十一五"期间节约能源约 6.2 亿吨标准煤，相当于少排放 CO_2 约 15 亿吨。2008 年 11 月，我国政府又发布了《中国应对气候变化的政策与行动》白皮书，向国际社会全面介绍了我国的应对气候变化的政策与行动。

1.3.3 中国应对气候变化的行动和成就[1]

1.3.3.1 中国减缓气候变化的行动和成就

第一，调整经济结构，促进产业结构优化升级。我国政府注重经济结构的调整和经济发展方式的转变，将降低资源和能源消耗作为产业政策的重要组成部分，推动产业结构的优化升级。

2008 年，国务院办公厅印发《关于加快发展服务业若干政策措施的实施意见》，支持服务业加快发展的政策体系不断完善，全年第三产业增加值比上年增长 9.5%，2003 年以来增幅首次超过第二产业。中国政府出台十大产业调整和振兴规划，各规划都把淘汰落后产能，提高技术水平，节能减排作为重点，并相继制定发布了高耗能行业市场准入标准，提高高耗能行业的节能环保准入门槛，并采取调整出口退税、关税等措施，抑制"两高一资"

---

1 国务院新闻办公室 . 2008. 中国应对气候变化的政策与行动

（高耗能、高排放、资源型）产品出口，高耗能行业增速呈逐步回落趋势。为了应对国际金融危机对中国经济的冲击，2008年中国出台了4万亿元经济刺激计划，其中有2 100亿元将投资于节能、减少污染和改善生态，另有3 700亿元用于技术改造和调整能源密集的工业结构。

第二，积极发展循环经济，促进减排。我国政府高度重视发展循环经济，积极推进资源利用减量化、再利用、资源化，从源头和生产过程减少温室气体排放。自2008年8月《循环经济促进法》实施以来，我国已有大量省市开展了循环经济试点工作。另外，在钢铁、有色金属、电力等行业，以及废弃物回收、再生资源加工利用等重点领域也开展了循环经济的试点工作。2008年，我国回收利用废钢7 200万吨；再生有色金属产量520万吨；回收塑料1 600多万吨，居世界第一位。2005年以来，启动实施两批共178家循环经济示范试点，安排中央预算内投资7.6亿元，支持了一批试点项目。

第三，节约能源，提高能源利用率。我国单位GDP能耗持续下降，降幅首次超过五年平均节能目标。我国主要高耗能行业单位能耗持续下降，从2006年到2008年，我国单位GDP能耗累计下降了10.1%，节能约2.9亿吨标准煤，相当于减少CO_2排放6.7亿吨。

全面实施修订后的《节约能源法》，健全了节能管理制度和标准体系，明确了节能管理和监督主体，强化了法律责任。在此基础上，进一步完善相关法规和标准，先后公布了《民用建筑节能条例》、《公共机构节能条例》，批准了22项高耗能产品能耗限额强制性国家标准和11种终端用能产品强制性能效标准，发布了能效标识第三批、第四批产品目录及实施规则，实施能效标识的产品增加到15种。

通过加强节能目标责任评价考核，进一步落实节能责任制。根据《国务院批转节能减排统计监测及考核实施方案和办法的通知》，有关部门对全国31个省（自治区、直辖市）2008年节能目标完成情况和节能措施落实情况进行了评价考核，向社会公告考核结果，进一步强化政府的主导责任。另外，经考核，千家大型企业提前两年完成了"十一五"节能任务。

继续淘汰落后产能，进一步促进能源利用效率的提高。2008年，继续加大淘汰落后产能力度，对经济欠发达地区淘汰落后产能，中央财政共安排62亿元资金用于支持企业职工安置、转产等。全年关停325家电厂的小火电机组1 669万千瓦，淘汰落后水泥产能5 300万吨，炼钢产能600万吨、炼铁产能 1 400 万吨，电石产能 104 万吨，铁合金产能 117 万吨，焦化产能 3 054 万吨。2009 年上半年"上大压小"、关停小火电机组 1 989 万千瓦，累计已淘汰小火电 5 407 万千瓦，提前一年半完成"十一五"规划关停 5 000万千瓦的目标。2008 年以来，仅火电"上大压小"就相当于减少 CO_2 排放 0.5 亿吨。

加大重点工程实施力度，推动重点领域节能降耗。2008 年，中央财政安排节能减排专项资金 270 亿元，重点支持节能技术改造、淘汰落后产能、建筑节能、节能产品推广及节能能力建设等，其中安排节能技术改造项目 1 200 多个，项目建设后预计能形成 2 500 万吨标准煤的节能能力。

第四，发展低碳能源，优化能源结构。我国政府重视可再生能源、新能源、天然气等无碳和低碳能源的发展，积极推动能源结构优化。2008 年以来，中国公布了《风力发电设备产业化专项资金管理暂行办法》、《金太阳示范工程财政补助资金管理暂行办法》、《太阳能光电建筑应用财政补助资金管理暂行办法》、《秸秆能源化利用补助资金管理办法》、《可再生能源建筑应用城市示范实施方案》、《加快推进农村地区可再生能源建筑应用的实施方案》，及《关于完善风力发电上网电价政策的通知》等财税激励政策，大大推动了我国可再生能源的迅速发展。

到 2008 年年底，我国可再生能源（包括大水电）和核电年利用量约为 2.5 亿吨标准煤，占一次能源消费比重 8.9%。天然气消费总量达 789 亿立方米，折合 1.1 亿吨标准煤，占一次能源消费总量的 3.8%。

第五，减少农业排放，增强林业碳汇能力。继续推广低排放的高产水稻品种和水稻间歇灌溉技术，减少水稻田甲烷排放，推广秸秆青贮氨化技术，减少反刍动物甲烷排放。自 2005 年在全国范围内开展测土配方施肥行动以来，到 2008 年我国有 9 亿亩农田采用了测土配方施肥，减少氮肥用量 10% 以上，减少农田氧化亚氮排放 2.8 万吨，相当于减排 890 万吨 CO_2 当量。

2008 年全年共计完成造林任务 7 157 万亩，比 2007 年增长 22.1%，完成义务植树 23.1 亿株。截至 2009 年 6 月底，已完成造林 7 639.5 万亩，完成植树 30.7 亿株。同时积极推进森林可持续经营，提高现有森林的碳汇能力，全国启动了 128 个森林可持续经营示范点和中幼林抚育、珍稀树种培育、森林健康试点。加快推进禁牧休牧轮牧、基本草原保护和草畜平衡等草原保护制度建设，截至 2008 年年底，全国实施休牧轮牧和划区轮牧草原面积 9 877 万公顷，占全国草原面积的 25.6%。2008 年，全国实施保护性耕作超过4 000万亩，提高土壤有机质含量0.03%，可增加农田碳汇120万吨。

第六，推动科学研发，促进技术推广。我国不断加大对气候变化科技工作的资金投入，在各类国家科技计划中组织实施了一系列应对气候变化重点领域的科学技术研究与示范推广工作，包括推动节能与新能源汽车、煤层气开采、天然气水合物开采、大型燃煤发电机组过程节能、分布式发电功能系统、兆瓦级风力发电机组、燃料电池、核燃料循环与核安全技术、清洁炼焦工艺与装备开发、半导体照明、废旧机电产品及塑胶资源综合利用技术等。发布了《鼓励进口技术和产品目录（2009年版）》，鼓励进口新能源汽车专用关键零部件设计制造技术、核电设备设计制造技术、太阳能热发电设备的设计制造技术、可再生能源、氢能等新能源领域关键设备的设计制造技术、煤层气（瓦斯）勘探及开发利用关键设备的设计制造技术、高炉煤气和燃气联合循环发电关键设备等气候友好技术与设备。同时，多渠道推动碳捕集与封存等应对气候变化关键技术支撑体系建设。

1.3.3.2 我国适应气候变化的行动和成就

农业方面。2008年以来，我国制定《中华人民共和国抗旱条例》和《水生生物增殖放流管理规定》、修订《草原防火条例》、实施《保护性耕作工程建设规划（2009~2015年）》，不断完善农业领域适应气候变化的政策法规体系。2008年我国保护性耕作实施面积4 000万亩，节省灌溉用水17亿~25亿立方米，提高了土壤肥力和抗旱节水能力。到2008年年底，中国建成50个优势农产品的产业体系，提升了农业科技创新和适应气候变化的能力。

2008年，我国大幅度增加了农业基础设施建设的投入，安排大型灌区节水改造投资59亿元，对354个大型灌区实施了续建配套与节水改造，可新增粮食生产能力50亿公斤，新增年节水能力58亿立方米。全国农业灌溉水利用系数提高到0.475。推广高效节水灌溉技术和旱作节水技术，加大节水灌溉机具设备的补贴力度，增强农业防灾抗灾减灾和综合生产能力。加大良种补贴力度，优化品种结构，实施了优势农产品区域布局规划。积极发展畜牧水产规模化标准化健康养殖，落实动物良种补贴政策，促进了动物防疫体系建设。扩大退牧还草工程实施范围，加强人工饲草地和灌溉草场建设。2008年，建设草原围栏522.8万公顷，开展石漠化治理2.7万公顷，对严重退化草原实施补播156.9万公顷，治理退化草原23.6万公顷。

林业方面。2008 年以来，我国修订了《森林防火条例》，编制了《应对气候变化林业行动计划》和《国家湿地公园管理办法》，使保护森林资源，维护生态安全，促进森林资源利用管理更加科学化和法制化。推进集体林权制度改革，调动林权权利人发展林业、培育森林资源的积极性，截至 2008 年年底，全国已确权到户的林地面积 12.7 亿亩，占集体林地的 50%。

继续完善天然林保护、京津风沙源治理、退耕还林、三北防护林和沿海防护林等重点工程。继续推进全民义务植树、部门绿化、城市森林、农田林网和草原防护林建设。积极实施近 100 个湿地保护和恢复工程，部分重要湿地的生态状况得到明显改善。落实地方政府防沙治沙责任制，在沙区全面推进禁止滥开垦、禁止滥放牧、禁止滥樵采的"三禁"制度。继续加强生物多样性保护工作，截至 2008 年年底，林业自然保护区达到 2 006 处，面积 18.4 亿亩，占国土面积的 12.8%。

水资源方面。2008 年，我国政府共安排重点水源工程投资 117 亿元，南水北调东线、中线一期工程等重点水资源配置工程顺利推进。截至 2008 年年底，全国水利工程年供水能力达到 7 000 多亿立方米，中等干旱年份可以基本保障城乡用水需求。2008 年，中国政府投资 115 亿元，解决了 4 824 万农村人口的饮水安全问题。中国实施《取水许可管理办法》等，大力加强水资源管理，推进节水型社会建设，全面促进节水减排。按 2005 年可比价计算，中国万元 GDP 用水量从 2005 年的 304 立方米降至 2008 年的 225 立方米，万元工业增加值用水量从 169 立方米降低到 127 立方米。

2008 年，我国政府安排防洪工程投资 262 亿元，长江、黄河、淮河等大江大河治理顺利推进。截至 2008 年年底，已建成各类水库 8.6 万多座，总库容达 6 924 亿立方米；建成江河堤防 28.69 万公里，海堤 13 万多公里。目前，中国大江大河主要河段基本具备了防御新中国成立以来发生的最大洪水的能力，重点海堤设防标准提高到 50 年一遇。

2008 年，我国政府安排 21.5 亿元用于水土保持生态建设，继续实施了长江和黄河上中游、珠江上游石漠化地区、东北黑土地、丹江口库区等重点区域水土流失防治。截至 2008 年年底，全国累计治理水土流失面积 101.6 万平方公里，年均减少土壤侵蚀量达 15 亿吨以上，增加蓄水能力 250 多亿立方米；实施封育保护面积 70 万平方公里，其中 39 万平方公里的生态环境得到修复。

海岸带开发和保护工作。2008 年以来，我国建立了海洋领域应对气候变化业务工作体制，有关部门编制了《海岸保护与利用规划》、《海平面变化影响调查评估工作方案》和《海洋领域应对气候变化观测（监测）能力建设项目建议书》，正在组织编制《海洋领域应对气候变化年度报告》等，海洋领域应对气候变化规划体系得到进一步完善。

2008 年，我国加强海洋保护区建设工作和监督管理力度，新建 8 处国家级海洋特别保护区，设置 18 处海洋生态监控区，监控区总面积达 5.2 万平方公里。积极开展典型珍稀海洋生态区、外来物种入侵区、生态敏感区和特殊海岛的海洋生态修复工作，先后开展了滨海湿地生态修复工程、海洋牧场关键技术研究与示范项目，以及红树林种植、珊瑚礁保护工作，逐步提高海洋生态系统适应和减缓气候变化的能力。

2008 年，我国加强海洋灾害应急管理工作，积极开展海平面上升、海岸侵蚀、海水入侵和土壤盐渍化监测、调查、评估工作，及时发布风暴潮、海浪、海水灾害预警，有效降低了各类海洋灾害所造成的人员伤亡和财产损失。

健康领域。2008 年以来，我国政府继续推进《国家环境与健康行动计划（2007～2015 年）》的实施，通过改善环境与健康管理，提高适应气候变化能力。2009 年，卫生部门以适应气候变化保护公众健康为重点，推进国家级和省级环境卫生管理与应对气候变化制度建设；组建了自然灾害卫生应急工作领导小组，加强部门协作，完善自然灾害卫生应急预案体系，全面提升极端气候事件引发的公共卫生问题的应对能力。组织开展了一系列气候变化与健康影响相关研究，进一步加强了对不明原因肺炎、人感染高致病性禽流感等气候因素相关传染病的监测和防控。

1.3.3.3　应对气候变化的地方行动

建立省级应对气候变化决策协调机制。为统筹协调好地方应对气候变化工作，我国地方政府陆续建立起多部门参与的应对气候变化决策协调机制，保障地方应对气候变化工作的贯彻落实。目前，全国许多省级地方政府陆续成立了由省长（自治区主席、直辖市市长）任组长的应对气候变化领导小组，对于贯彻国家应对气候变化的重大方针、政策，研究制定地方应对气候变化的工作重点和措施，统一部署地方应对气候变化工作，协调解决工作中的重大问题起到了重要作用。

制订颁布地方应对方案。为切实贯彻落实应对气候变化国家方案，中国省级地方政府均已编制了省级应对气候变化方案，通过对现有情况的分析，提出了应对气候变化的指导思想、原则及目标，以及减缓和适应的重点领域。地方方案的制订与实施有力推动了国家气候变化减缓和适应政策的有效落实，促进了中国应对气候变化工作的全面展开。

1.3.4 我国"十一五"时期实施的一些能源相关财政政策及其对应对气候变化行动的支持

"十一五"规划纲要第一次将万元 GDP 的节能降耗与全国主要污染物排放总量削减作为两项约束性指标，纳入国民经济和社会发展五年规划之中。为实现这一目标，我国政府推出了一系列鼓励节能、降低能耗、提高能源利用效率的财政政策。

节能技改财政奖励政策。2007 年 8 月国家决定采取"以奖代补"方式对十大重点节能工程给予适当支持和奖励。2007 年，中央财政预拨 28 亿元财政奖励资金支持了 546 个节能技术改造项目，预计项目完工后，可实现节能量 2 031 万吨标准煤。2008 年共支持 1 118 个节能技改项目，预计项目完工后每年可节约 2 866.52 万吨标准煤。2009 年提出新的目标，拟通过实施十大重点节能工程，形成 7 500 万吨标准煤的节能能力。

以专项转移支付方式支持淘汰落后产能。2007 年 12 月，中央财政设立奖励资金，采取专项转移支付方式对经济欠发达的中西部地区电力、钢铁、造纸等 13 个高耗能、高污染行业淘汰落后产能给予奖励。2007 年安排了 31.85 亿元奖励资金，并带动地方加大投入，加大淘汰力度，全年关停小火电机组 1 438 万千瓦，淘汰落后炼铁产能 4 659 万吨、炼钢产能 3 747 万吨、水泥产能 5 200 万吨等，对降低单位 GDP 能耗发挥了重要作用。2008 年，奖励资金增加到 40 亿元，共支持淘汰落后产能：电力 1 047.13 万千瓦、炼铁 3 312.96 万吨、炼钢 488.33 万吨、电解铝 12.2 万吨、铁合金 95.64 万吨、电石 65.91 万吨、焦炭 4 026.87 万吨、水泥 11 694.6 万吨、玻璃 1 395.75 万重量箱、造纸 310.69 万吨、酒精 78.35 万吨、味精 11.75 万吨、柠檬酸 3.27 万吨。

设立专项资金支持建筑节能。2007 年 10 月，财政部印发《国家机关办公建筑和大型公共建筑节能专项资金管理暂行办法》的通知，规定专项资金使用范围包括建立建筑节能监管体系支出和建筑节能改造贴息支出等，重点支持建立国家机关办公建筑和大型公共建筑节能监管体系，北方采暖区既有建筑供热计量及节能改造。

2007 年中央财政下达资金 9 905 万元，支持 24 个省市建立包括能源统计、审计、公示在内的节能监管体系，并支持北京、天津、深圳 3 个试点城市建立动态监测平台。

2007 年 12 月 20 日，财政部出台了北方采暖区既有建筑节能改造奖励办法，并预拨北方 15 个省（区）奖励资金 9 亿元支持其采暖区既有建筑节能改造。

成品油价格和税费改革。2008 年 12 月，国务院发布《关于实施成品油价格和税费改革的通知》，决定自 2009 年 1 月 1 日起实施成品油税费改革；同时决定完善成品油价格形成机制，理顺成品油价格。2009 年 1 月，这一决定实施以来，已经八次对国内成品油价格进行了调整，其中三次降价，五次提价。

调低小排量汽车购置税。2009 年 1 月，国务院原则通过了"汽车产业调整振兴规划"，下调了小排量乘用车消费税税率，鼓励购买低能耗汽车；此外，根据规划，从 2009 年 3 月 1 日至 12 月 31 日，国家安排 50 亿元对农民报废三轮汽车，低速货车换购轻型载货车，以及购买 1.3 升以下排量的微型客车，给予一次性财政补贴。

开展节能产品惠民工程。2009 年 6 月 1 日，国家发改委联合财政部正式启动"节能产品惠民工程"，通过财政补贴方式对能效等级 1 级或 2 级以上的空调、冰箱、平板电视等 10 类高效节能产品进行推广。据测算，通过实施"节能产品惠民工程"，到 2012 年，我国高效节能产品市场份额有望达到 30% 以上，从根本上改变我国高效节能产品市场份额较低的局面；每年可拉动需求 4 000 亿~5 000 亿元，每年可节电 750 亿千瓦时，相当于少建 15 座百万千瓦级的燃煤电厂，有助于推动技术进步和产业升级，稳定扩大就业。此外，中央财政以补贴形式支持高效照明产品推广。对学校、医院等大宗用户，中央财政按中标协议供货价格每只补 30%；对城乡居民，每只补 50%。2008 年支持推广 6 200 万只。

开展节能与新能源汽车示范试点。2009 年 1 月，财政部和科技部联合发布通知，支持北京等 13 个城市在公交、出租、公务、环卫和邮政等公共服务领域率先推广使用节能与新能源汽车，对购买节能与新能源汽车及建设相关配套设施给予补助。

鼓励汽车、家电"以旧换新"。2009 年 6 月，国务院办公厅发布通知，出台鼓励汽车、家电"以旧换新"的政策措施，通过财政补贴这个政策工具促进消费。中央财政 2009 年安排了 70 亿元资金，用于 2009 年 6 月 1 日是至 2010 年 5 月 31 日鼓励汽车家电以旧换新，其中 50 亿元用于鼓励汽车以旧换新补贴，20 亿元用于家电以旧换新补贴。

"金太阳示范工程"。2009 年 7 月 21 日，"金太阳示范工程"正式启动。财政部会同相关部门，决定综合采取财政补贴、科技支持和市场拉动方式，加快国内光伏发电的产业化和规模化发展，并计划在 2～3 年内，采取财政补助方式支持不低于 500 兆瓦的光伏发电示范项目。

2008 年以来，面对国际金融危机对全球和我国经济发展造成的不利影响，我国财政部门努力贯彻科学发展观，积极推动以人为本、全面协调可持续的发展，从财税政策、财政资金的分配和使用及对社会资金的引导等方面，切实支持《应对气候变化国家方案》的措施实施，使其成为我国促进科学发展的重要抓手，为扩内需、保增长、调结构发挥了重要作用。在我国应对金融危机一揽子计划的 4 万亿元投资中，有 5 800 亿元用于节能减排、生态工程、调整结构、技术改造等与应对气候变化相关的项目，有力地保证了我国"十一五"财政政策的实施及其对应对气候变化行动的支持。

1.3.5 我国碳强度减排目标和低碳发展

我国正处于工业化和城市化加速发展的阶段，经济发展和生活水平提升带来能源需求日益增加，加之以煤为主的能源结构，温室气体排放迅速增加。2001～2008 年的 8 年间，能源消费总量增加了近 15 亿吨标准煤，相当于之前 20 年能源消费总量的 2 倍多；人均排放已经高出世界人均水平，排放总量也居于世界前列。然而，中国依然是一个发展中国家，还处于工业化和城镇化中期，经济发展必将处于持续扩张的状态。随着经济的快速增长，在未来几十年内，排放持续增长不可避免。

面对国际社会施加的越来越大的减排压力，如何在满足发展的前提下，合理适度地进行减排，稳步实现经济增长方式向低碳化转变，是中国应对气候变化，发展低碳经济面临的重大挑战。

为应对全球金融危机，防止经济出现过快下滑，中国出台了 4 万亿元拉动内需和经济刺激计划，财政、金融和产业政策等都进行了全面调整。中国应该利用这次契机，把应对金融危机的短期目标和促进节能减排的长期任务结合起来，改变经济增长方式，加快结构调整，抓住低碳经济主导的新兴产业革命的发展机遇，促进经济转型，实现应对气候变化与金融危机的双赢。

在 2009 年 9 月联合国气候变化峰会上，胡锦涛主席发表讲话，提出"争取到 2020 年单位国内生产总值 CO_2 排放比 2005 年有显著下降；非化石能源占一次能源消费比重达到 15% 左右；森林面积比 2005 年增加 4 000 万公顷，森林蓄积量比 2005 年增加 13 亿立方米；大力发展绿色经济，积极发展低碳经济和循环经济，研发和推广气候友好技术"。这是我国政府为履行自己的责任、推动哥本哈根会议取得成功作出的积极努力。

2009 年 11 月召开的国务院常务会议决定：到 2020 年中国单位 GDP 的 CO_2 排放比 2005 年下降 40% ~ 45%，并将这一目标作为约束性指标，纳入国民经济和社会发展中长期规划，制定相应的国内统计、监测、考核办法。

为实现这一目标，我国政府明确提出下一阶段中国要大力发展低碳经济、绿色经济和循环经济，培育以低排放为特征的新的经济增长点，加强有关节能、提高能效、洁净煤、可再生能源等低碳技术的研发和产业化投入，加快建设以低碳为特征的工业、建筑、交通体系。

1.4　加强国际合作，携手应对气候变化

1.4.1　应对气候变化国际合作历程

追溯人类应对气候变化的历史可以看到，国际社会为保护全球环境、应对气候变化，不断加深认知，不断凝聚共识，不断应对气候变化带来的挑战。气候公约已成为缔约各方公认的应对气候变化基本框架，"共同但有区别的责任"原则已成为各方加强合作的基础，走可持续发展道路、实现人与自然相和谐已成为当今世界共同追求的目标。

工业革命以来，人类社会在 200 多年的时间里累积了比过去几千年都要多的财富，同时也付出了沉重的环境代价，气候变化问题作为全球环境问题进入国际社会视野。第一届世界气候大会"气候与人类"会议于 1979 年 2 月在瑞士日内瓦举行，通过了世界气候大会宣言。宣言指出，粮食、水源、能源、住房和健康等均与气候有密切关系。人类必须了解气候，才能更好地利用气候资源和避免不利影响。在这次会议的推动下，国际社会建立了

IPCC，国际科学界还开始了世界气候计划和世界气候研究计划等一系列重要国际科学活动，提高了人们对气候变化的意识和科学认识水平，为推动气候和气候变化的研究与评估工作作出了重要贡献。

1990 年 10 月，第二届世界气候大会在日内瓦举行。与第一届世界气候大会相比，除科技会议外，还增加了部长会议。出席部长会议的有 137 个国家的环境部长和其他高级政府官员。会议通过的部长宣言指出：自工业革命以来，人类的大量生产活动致使温室气体不断积聚，下世纪全球气候变暖的速度将是前所未有的，人类的生存与发展将因此受到严重威胁。宣言认为，控制 CO_2 等温室气体排放，保护全球气候是各国共同的责任。但是，作为温室气体主要排放源的西方工业国家对此尤其负有特殊责任，它们必须起带头作用，承诺采取行动，降低其在全球温室气体净排放中的比重。

1992 年 6 月，具有深远意义的联合国环境与发展大会在巴西里约热内卢召开，150 多个国家出席了会议。在这次会议上，国际社会制定了《21世纪议程》，通过了气候公约和《联合国生物多样性公约》。

1995 年 3 月，气候公约第一次缔约方大会（COP1）在德国柏林召开。因为气候公约只是一个框架性的公约，而且并未提出强制性的目标，只是要求发达国家在 2000 年前使温室气体的排放稳定在 1990 年的水平，因此，气候公约的有效实施需要更加具体的机制。由于意识到气候公约提出的方向性目标不足以缓解气候变化的威胁，这次会议决定启动新一轮关于强制性目标和时间表的谈判，就 2000 年后应该采取何种适当的行动来保护气候进行磋商，并最迟于 1997 年签订一项议定书，议定书应明确规定在一定期限内发达国家所应限制和减少的温室气体排放量。这些会议成果称为"柏林授权"。这次会议还决定建立了附属履行机构（SBI）和附属科学技术咨询机构（SBSTA）。SBI的作用在于协助大会评估与审查本公约的有效履行，SBSTA 则主要执行科学技术评估、信息分析、报告审议等，为大会决策提供参考依据。

1996 年 7 月，COP2 在瑞士日内瓦召开。支持 IPCC 第二次评估报告的研究发现与结论，并要求订立具有法律约束力的目标和实现显著的减排量。为此，这次会议就"柏林授权"所涉及的议定书起草问题进行讨论，开始进入实质准备阶段，但未获一致意见，决定由全体缔约方参加的"特设小组"继续讨论，并向 COP3 报告结果。通过的其他决定涉及发展中国家准备国家信息通报、技术转让等。

1997 年 12 月，COP3 在日本京都召开。会议通过了《京都议定书》，为发达国家规定了减排、限排温室气体的具体数量和具体期限，确定了帮助发达国家实现其减排承诺的三种灵活机制。

1998 年 11 月，COP4 在阿根廷布宜诺斯艾利斯召开。会议通过的"布宜诺斯艾利斯行动计划"涉及技术与操作层面的问题，包括为履行《京都议定书》开展减缓气候变化行动的政策与工具。对于三种灵活机制，确定CDM 作为优先考虑。还要求准备召开《京都议定书》第一次缔约方大会（MOP1）。

1999 年 10 月，COP5 在德国波恩召开。会议决定履行"布宜诺斯艾利斯行动计划"，促进《京都议定书》早日生效。通过了气候公约附件——所列缔约方国家信息通报编制指南、温室气体清单技术审查指南、全球气候观测系统报告编写指南，并就技术开发与转让、发展中国家及经济转型期国家的能力建设问题进行了协商。

2000 年 11 月，COP6 在荷兰海牙召开。本次会议主要针对《京都议定书》下温室气体减排的国家安排问题，但是在碳汇、《京都议定书》三种灵活机制应用于国内减排量抵消、遵约程序等关键问题上，各国无法取得共识，且世界上最大的温室气体排放国美国坚持要求大幅度降低其减排指标，使会议陷入僵局，大会主办者不得不宣布休会，将会议延期到 2001 年 7 月在波恩继续举行。

2001 年 7 月，COP6 续会在德国波恩召开。COP6 上的争执加之美国布什政府拒绝批准《京都议定书》，引发了世界各国对《京都议定书》是否生效的担忧，COP6 续会布下了巨大的阴影。会议达成的"波恩协议"是为执行"布宜诺斯艾利斯行动计划"作出的安排，包括设立基金、履行《京都议定书》的碳汇使用上限、遵约程序和违约处罚等。

2001 年 11 月，COP7 在摩洛哥马拉喀什召开。这次会议是 7 月波恩会议的延续。由于占 1990 年温室气体排放量 36% 的美国已退出《京都议定书》，其他国家如加拿大、日本、澳大利亚、俄罗斯等主要排放国就成为《京都议定书》生效的第二个条件中十分关键的国家。与这几个国家的谈判也就成为本次大会的核心内容。会议主要成果"马拉喀什协定"是有关《京都议定书》履约问题的一揽子决议，为《京都议定书》生效铺平了道路。其中确定了 CDM 规则，允许 2000 年 1 月 1 日之后实施的 CDM 项目所产生的减排量可以成为"经认证的减排量"，为 CDM 执行理事会（EB）制定了具体运作程序。

2002 年 10 月，COP8 在印度新德里召开。会议通过了《德里宣言》。本次会议对发展中国家具有不同寻常的意义。对于发展中国家而言，消除贫困、发展经济和社会发展是一个中心议题，而且贫困国家往往更容易受到气候变化的威胁，所以，关于适应气候变化及与此相关的气候公平问题被提上议事日程。为此，《德里宣言》强调应对气候变化必须在可持续发展的框架内进行。

2003 年 12 月，COP9 在意大利米兰召开。这次会议更多地集中在技术与操作层面的问题，如 CDM 中森林碳汇的标准和 IPCC 的第三次评估报告等。此外，关于建立新的气候变化基金也是这次会议的重要议题。除只在森林碳汇标准上达成协议外，这次会议未能形成其他重要决议。

2004 年 12 月，COP10 在阿根廷布宜诺斯艾利斯召开。这次会议就气候公约生效 10 周年来取得的成就和未来面临的挑战、气候变化带来的影响、温室气体减排政策、在公约框架下的技术转让、资金机制、能力建设等重要问题进行磋商。会议通过决议，决定气候变化特别基金开始运行。我国在这次会议期间提交了《中华人民共和国气候变化初始国家信息通报》，即我国为履行气候公约义务的首次国家信息通报。

2005 年 11 月，COP11/MOP1 在加拿大蒙特利尔召开。在 2005 年 2 月 16 日《京都议定书》正式生效的背景下，这次大会通过了包含 21 项决议的有关《京都议定书》的一揽子执行规定，使旨在限制工业化国家温室气体排放的《京都议定书》开始全面执行，因此具有里程碑的意义。COP11 的议程集中在能力建设、技术转让以及气候变化对发展中国家特别是最不发达国家的不利影响等方面。MOP1 还通过了决定启动《京都议定书》2012 年之后第二承诺期谈判等诸多重要决议。

2006 年 11 月，COP12/MOP2 在肯尼亚内罗毕召开。会议形成的《内罗毕工作计划》主要面向帮助发展中国家提高应对气候变化的能力。这次会议在管理《京都议定书》下适应基金的问题上取得一致，但未能完成有关建立适应基金的谈判。

2007 年 12 月，COP13/MOP3 在印度尼西亚巴厘岛召开。会议通过"巴厘路线图"，启动了加强气候公约和《京都议定书》全面实施的双轨谈判进程，明确"共同愿景"问题、减缓、适应、技术和资金是应对气候变化国际合作的基本问题，并为构建 2012 年后的国际气候制度制订了时间表，即对于《京都议定书》第一承诺期在 2012 年到期后的国际气候制度安排，致力于在 2009 年年底前完成谈判。

2008 年 12 月，COP14/MOP4 在波兰波兹南召开。从时间上看，这次会议是面向 2009 年哥本哈根气候变化大会的一个转折点，是落实"巴厘路线图"谈判进程的中间站。从内容上看，这次会议从一般原则性谈判转向实质性谈判。

2009 年 12 月，COP15/MOP5 在丹麦哥本哈根召开。本次会议进一步明确应对气候变化国际合作将继续遵循气候公约和《京都议定书》的基本框架，维护了"共同但有区别的原则"，确定关于气候公约和《京都议定书》全面实施的双轨谈判进程继续进行。会议主要成果《哥本哈根协议》在减缓问题上应实现在 2050 年把全球增温控制在 2℃的目标，分别对发达国家和发展中国家减缓行动提出"可测量、可报告、可核查"的原则安排；在适应问题上，要求关注发展中国家关心的适应问题；在技术问题上，提出建立有关技术开发与转让的国际机构安排；在资金问题上，提出建立哥本哈根气候基金，并对 2010～2012 年的快速启动资金和 2013～2020 年的长期资金问题，提出量化意见。但是，《哥本哈根协议》不是具有法律约束力的决议文件，有关 2012 年后国际气候制度安排的谈判将继续进行。

1.4.2　《联合国气候变化框架公约》和《京都议定书》

1.4.2.1《联合国气候变化框架公约》

气候公约是世界上第一个为全面控制 CO_2 等温室气体的排放，以应对全球气候变化给自然生态环境和人类经济社会发展带来不利影响的国际条约，也是气候变化国际合作的基本框架。

气候公约于 1992 年 6 月 11 日在巴西里约热内卢联合国环境与发展大会上开放签署，当时有 153 个国家签署了气候公约。1994 年 3 月 21 日，气候公约开始生效。现在，气候公约的缔约方有 192 个。气候公约秘书处设在德国波恩。1992 年 6 月，我国政府签署了气候公约，同年底经全国人大常委会审议获得批准。我国是气候公约最早的 10 个缔约方之一。

专栏 1 - 4 简要介绍了气候公约的主要内容。

专栏 1-4

《联合国气候变化框架公约》的主要内容

气候公约的最终目标是将大气中温室气体的浓度稳定在防止气候系统受到危险的人为干扰的水平上。为此，气候公约确立了"共同但有区别的责任"原则、可持续发展原则、公平原则、预防原则、合作应对气候变化原则等重要原则。

气候公约为发达国家和发展中国家规定了不同的义务，履行义务的程序和周期（频度）也有区别。它要求所有缔约方基于自身能力和发展的优先顺序、目标与情况，编制并提供温室气体排放的国家清单；合作执行适应和减缓气候变化的对策；促进信息交流和提高公众意识等。气候公约进一步要求附件一所列缔约方（包括发达国家和苏联、东欧等经济转型国家）制定政策并采取措施，限制 CO_2 等温室气体排放量，使其回复到 1990 年的排放水平等。同时，它要求发达国家率先减排温室气体，并应向发展中国家提供新的、额外的资金和转让应对气候变化技术，帮助发展中国家提高应对气候变化的能力。

1.4.2.2 《京都议定书》

为了切实实现气候公约设定的目标，1997 年 12 月，国际社会通过了具有法律效力的《京都议定书》，要求发达国家开展温室气体减排行动。

《京都议定书》第一次从法律意义上为发达国家规定了减、限排温室气体具体数量和具体期限，要求气候公约附件一缔约方中的发达国家，应在 2008~2012 年的第一承诺期内，将 CO_2、甲烷（CH_4）、氧化亚氮（N_2O）、氢氟碳化物（HFCs）、全氟化碳（PFCs）、六氟化硫（SF_6）等 6 种温室气体的排放总水平在 1990 年水平基础上削减 5.2%，并分别量化了各国的削减幅度。

《京都议定书》强调，在全球范围内，无论在哪里减排温室气体，效果都是一样的，因此可以在减排成本相对低的地区开展减排活动。为了帮助发达国家实现其减排承诺，《京都议定书》提出三种灵活机制，即清洁发展机制、联合履行、排放贸易。

目前，美国是唯一未加入《京都议定书》的发达国家。

专栏 1-5 简要介绍了《京都议定书》生效的艰苦历程。

专栏 1-5

《京都议定书》的生效历程

《京都议定书》的生效需要 55 个气候公约缔约方的批准，并且所有批准国中，气候公约附件一国家 1990 年温室气体排放量总和必须至少占当年排放总量的 55%。当上述两个条件同时满足时，《京都议定书》将在其后第 90 天生效。因此，《京都议定书》虽然在 1998 年 3 月 16 日至 1999 年 3 月 15 日于纽约联合国总部开放供签署期间，就有 84 个国家加以签署，但由于美国于 2001 年 3 月宣布退出等原因，直到 2004 年 11 月 18 日俄罗斯向联合国正式递交加入文件的 90 天后，即 2005 年 2 月 16 日，才正式生效。

1.4.3 构建 2012 年后国际气候制度

1.4.3.1 "巴厘路线图"

2007 年 12 月 3~15 日，COP13/MOP3 在印度尼西亚巴厘岛举行。会议着重讨论《京都议定书》第一承诺期在 2012 年到期后，如何进一步降低温室气体排放问题，主要成果是通过了"巴厘路线图"，启动了为期两年的新一轮气候变化国际谈判。

"巴厘路线图"的核心，是为加强气候公约和《京都议定书》的实施进行的有关问题谈判，设定原则内容和时间表，要求国际社会在气候公约和《京都议定书》"双轨"谈判进程下，就如何进一步加强 2012 年后应对气候变化国际合作，于 2009 年底在丹麦哥本哈根会议上达成结果。

"巴厘路线图"由一揽子决议组成，共有 13 项决议内容和 1 个附录，主要包括三项决定或结论：一是旨在加强落实气候公约的决定，即《巴厘行动计划》；二是《京都议定书》下发达国家第二承诺期谈判特设工作组关于未来谈判时间表的结论；三是关于《京都议定书》第 9 条下的审评结论，确定了审评的目的、范围和内容，推动《京都议定书》发达国家缔约方在第一承诺期（2008～2012年）切实履行其减排温室气体承诺。"巴厘路线图"的意义在于：

第一，强调了国际合作。"巴厘岛路线图"指出，依照气候公约所确定的原则，特别是"共同但有区别的责任"原则，考虑社会、经济条件以及其他相关因素，与会各方同意长期合作共同行动，行动包括一个关于减排温室气体的全球长期目标，以实现气候公约的最终目标。

第二，把美国纳入进来。由于拒绝签署《京都议定书》，美国如何履行发达国家应尽义务一直是国际社会面临的问题。"巴厘路线图"明确规定，气候公约的所有发达国家缔约方都要履行可测量、可报告、可核实的温室气体减排责任。因此，美国也不例外。

第三，除减缓气候变化问题外，还强调了另外三个在以前国际谈判中曾不同程度受到忽视的问题：适应气候变化问题、技术开发和转让问题以及资金问题。这三个问题是广大发展中国家在应对气候变化过程中极为关心的问题。

第四，为下一步落实气候公约设定了时间表。"巴厘路线图"要求有关的特别工作组在2009年完成工作，并向COP15递交工作报告。这与关于《京都议定书》第二承诺期谈判的预定完成时间一致，实现了"双轨"并进。

"巴厘路线图"中的重中之重是《巴厘行动计划》，主要包括4个方面的内容，即减缓、适应、技术和资金。其中，减缓主要包括发达国家的减排承诺与发展中国家的国内减排行动。

气候公约发达国家缔约方要依据其不同的国情，承担可测量的、可报告的和可核证的与其国情相符的温室气体减排承诺或行动，包括量化的温室气体减排、限排目标，同时要确保发达国家间减排努力的可比性。实际上这主要是为美国量身定做的条款，因为其他发达国家都是《京都议定书》缔约方，它们未来承担温室气体减排、限排的量化目标，已经在《京都议定书》特设工作组内进行谈判。

发展中国家要在可持续发展框架下，在发达国家履行向发展中国家提供足够的技术、资金和能力建设支持的前提下，采取适当的国内减缓行动。发达国家的支持和发展中国家的减缓行动均应是可测量、可报告和可核证的。而且，上述所谓"足够"，是指要达到发展中国家能够采取可测量、可报告和可核证的国内减缓行动的程度。

《巴厘行动计划》要求加强国际合作执行气候变化适应行动，包括气候变化影响和脆弱性评估，帮助发展中国家加强适应气候变化能力建设，为发展中国家提供技术和资金，灾害和风险分析、管理，以及减灾行动等。要求加强减缓温室气体排放和适应气候变化的技术研发和转让，包括消除技术转让的障碍、建立有效的技术研发和转让机制，加强技术推广应用的途径、合作研发新的技术等。要求为减排温室气体、适应气候变化及技术转让提供资金和融资。要求发达国家提供充足的、可预测的、可持续的、新的和额外的资金资源，帮助发展中国家参与应对气候变化的行动。

1.4.3.2　《哥本哈根协议》

2009 年 12 月 19 日，持续两周的 COP15/MOP5 在哥本哈根落下帷幕。全世界 119 个国家领导人和联合国及其专门机构和组织的负责人出席了会议。会议的规模及各方面对会议的关注充分前所未有，体现出国际社会对气候变化问题的高度重视，以及加强气候变化国际合作、共同应对挑战的强烈政治意愿，并向世界传递了合作应对气候变化的希望和信心。经过各方的艰苦磋商，大会分别以气候公约及《京都议定书》缔约方大会决定的形式通过了有关的成果文件，决定延续"巴厘路线图"的谈判进程，授权气候公约和《京都议定书》两个工作组继续进行谈判，并在 2010 年底完成工作。会议发表的《哥本哈根协议》是国际社会共同应对气候变化迈出的重大一步，意义在于[1]：

第一，维护了气候公约和《京都议定书》确立的"共同但有区别的责任"原则，坚持了"巴厘路线图"的授权，坚持并维护了气候公约和《京都议定书》下"双轨"谈判进程，反映了各方自"巴厘路线图"谈判进程启动以来取得的共识，包含了包括中国在内的各方的积极努力。

第二，在"共同但有区别的责任"原则下，最大范围地将各国纳入了应对气候变化的合作行动，在发达国家实行强制减排和发展中国家采取自主减缓行动方面迈出了新的步伐。气候公约附件一的《京都议定书》缔约方将继续减排，美国等气候公约附件一的非《京都议定书》缔约方将承诺履行到 2020 年的量化减排目标。发达国家的减排行动及向发展中国家提供的

1　郑国光.2009.气象局长解读哥本哈根协议：凝聚共识　构筑新起点.http://www.gov.cn/jrzg/2009－12/22/content_1494124.htm

资金将根据有关的准则进行测量、报告和核查。气候公约非附件一缔约方即发展中国家在可持续发展框架下，采取减缓行动，最不发达国家和小岛屿发展中国家可以在自愿和获得支持的情况下采取行动。

第三，在发达国家提供应对气候变化的资金和技术支持方面取得了积极的进展。在资金方面，要求发达国家根据气候公约的规定，向发展中国家提供新的、额外的、可预测的、充足的资金，帮助和支持发展中国家的进一步减缓行动，包括大量针对降低毁林排放、适应、技术发展和转让以及能力建设的资金，以加强气候公约的实施。在资金的数量上，要求发达国家集体承诺在 2010~2012 年间提供 300 亿美元新的额外资金。在采取实质性减缓行动和保证实施透明度的情况下，发达国家承诺到 2020 年每年为发展中国家动员 1 000 亿美元，以满足发展中国家应对气候变化的需要。同时，将建立多边基金，其拥有体现发达国家和发展中国家公平代表性的管理机构。这些资金中的适应资金将优先提供给最易受气候变化影响的国家。虽然发达国家在资金上的这些承诺与发展中国家应对气候变化的资金需求相比尚有一定距离，但毕竟提出了一个量化的、可预期的目标。

在技术开发和转让行动方面，决定设立一个"技术机制"加速技术开发和转让，支持适应和减缓行动。这一措施将有望为推动气候友好技术的大规模应用提供机制和制度上的保障。

第四，在减缓行动的测量、报告和核实方面，维护了发展中国家的权益。作为气候公约非附件一国家的发展中国家，只有获得国际援助支持的国内减缓行动才需要根据缔约方大会通过的指导方针，接受国际的测量、报告和核实。自主采取的减缓行动只接受国内的测量、报告和核实，有关结果每两年一次以国家通报的方式予以通报，通过明确界定的准则和确保国家主权得到尊重方式进行国际磋商及分析。

第五，根据 IPCC 第四次评估报告的观点，提出了将全球平均温度升高的幅度控制在比工业革命以前温度高 2℃ 以内的长期行动目标。为了确保长期目标和相应的应对行动得到最新气候变化相关科学研究成果的支持，对《哥本哈根协议》执行情况以及包括长期目标在内的共同愿景的综合评估，将与 IPCC 已正式启动的第五次评估报告的出台时间相衔接。

应对气候变化任重道远。哥本哈根会议不是终点，而是新的起点。气候公约和《京都议定书》是各国经过长期艰苦努力取得的成果，凝聚了各方的广泛共识，是国际合作应对气候变化的法律基础和行动指南。各方应继续拿出政治诚意，进一步凝聚共识。必须坚持气候公约和《京都议定书》确定的原则，坚持"巴厘路线图"授权，为切实兑现各自承诺，履行应尽的义务，作出不懈的努力。发达国家应正视并承担起自己的历史责任，必须率先大幅量化减排并向发展中国家提供资金和技术支持，这是必须履行的法律义务，也是不可推卸的道义责任。发展中国家应根据本国国情，在发达国家资金和技术转让支持下，尽可能减缓温室气体排放，适应气候变化。

可以预期的是，哥本哈根之后的气候变化谈判将更为复杂、更为艰巨。但《哥本哈根协议》为进一步开展全球气候变化谈判提供了一个立足现实的起点。只要各国能充分展示政治意愿、照顾彼此关切、迅速凝聚共识，就能从这个起点出发，找到一条有效推进谈判的道路。

1.4.4　中国开展的应对气候变化国际合作

我国高度重视应对气候变化国际合作，积极参加国际磋商和合作。下面以 2008 年我国参与的合作为例。

1.4.4.1　多边合作

2008 年，我国国家主席胡锦涛和国务院总理温家宝分别在联合国气候变化峰会、八国集团同发展中国家领导人对话会议、二十国集团（G20）峰会、主要经济体能源安全和气候变化论坛领导人会议、亚欧首脑会议等多边场合以及双边交往中，进一步全面阐述了中国对气候变化问题的立场和主张，并宣布了我国进一步应对气候变化的政策和措施，努力促进国际社会在应对气候变化方面达成共识。

我国努力促进气候公约和《京都议定书》的全面、有效和持续实施，积极和建设性地参加了公约和议定书框架下的谈判。为推动哥本哈根会议取得成功，我国政府公布《落实巴厘路线图——中国政府关于哥本哈根气候变化会议的立场》，提出了我国关于哥本哈根气候变化会议的原则和目标，就进一步加强气候公约的全面、有效和持续实施以及关于发达国家在《京都议定书》第二承诺期进一步量化减排指标等方面阐明了立场。

我国积极参加国际海事组织和国际民航组织关于温室气体减排技术方面的讨论。我国专家积极参加 IPCC 第五次评估报告的前期准备工作。在全球环境基金资金支持下，我国启动了第二次国家信息通报的编制工作。

我国积极落实胡锦涛主席在亚太经合组织会议上提出的"亚太森林恢复与可持续管理网络"倡议，承担了该网络的秘书处工作，召开了网络启动会，发布了网络框架文件，网络已经开始正式运行。

我国与联合国以及国际组织、国外研究机构积极开展气候变化领域合作，签署了一系列合作研究协议，实施了一批研究项目。相关研究成果为我国应对气候变化政策的制定提供了有益参考。

我国与发展中国家不断深化包括应对气候变化在内的各领域的务实合作。温家宝总理在中非合作论坛发表讲话，提出全面推进中非新型战略伙伴关系。第一，加强战略协调，维护共同利益；第二，落实千年发展目标，改善非洲民生；第三，提升经贸合作，实现互利共赢；第四，促进人文交流，巩固中非友好；第五，拓宽合作领域，加强机制建设。按照上述原则，我国为发展中国家应对气候变化提供力所能及的援助，帮助有关国家发展卫星监测，完善基础设施，开发新能源，提高农业生产，建设医疗设施，培训科技人员，增强减缓和适应气候变化的能力。

我国以多种方式积极推动气候公约框架下的技术转让。我国政府与联合国于 2008 年 11 月在北京共同举办了"应对气候变化技术开发与转让高级别研讨会"，发表了《应对气候变化技术开发与转让北京宣言》。我国也在气候公约缔约方会议以及长期合作行动特设工作组下就促进技术转让提出了切实可行而且有效的机制建议。

我国继续积极参与 CDM 国际合作的实施，促进《京都议定书》的实施。

1.4.4.2　双边合作

在双边方面，我国先后同澳大利亚、俄罗斯、美国、加拿大、英国等国家发表《中国—澳大利亚气候变化部长级对话联合声明》、《中俄联合声明》、《中美联合声明》、《中加两国政府关于加强气候变化对话与合作的联合声明》、《中英两国政府关于气候变化的联合声明》，声明中涉及气候变化问题的，我国政府与其他政府基本达成共识，强调应根据气候公约、《京都议定书》和"共同但有区别的责任"原则，继续通过国际合作应对全球气候变化，并在清洁能源技术、可再生能源技术、能效及排放报告和测量、碳捕集和封存技术、低碳经济等问题上加强研究和合作，共同应对气候变化。

同时，我国政府在双边合作中同其他政府签订了一系列谅解备忘录，如中美《加强气候变化、能源和环境合作的谅解备忘录》、中韩《绿色经济合作谅解备忘录》、中美《提高中国能源利用率谅解备忘录》、中欧《实现 CO_2 近零排放技术合作备忘录》、国家科技部和欧盟委员会签署的《关于通过 CO_2 捕获与埋存实现近零排放发电技术的合作谅解备忘录》、中澳《气候变化合作备忘录》、《中华人民共和国国家发展和改革委员会与加拿大环境部、加拿大外交和国际贸易部和加拿大自然资源部关于气候变化合作的谅解备忘录》、《中华人民共和国国家发展和改革委员会和意大利共和国环境领土海洋部关于应对气候变化合作的谅解备忘录》、《中意氢能合作谅解备忘录》、《建筑与社区节能领域谅解备忘录》等。

此外，我国政府同其他国家政府及其地方政府还开展了广泛的合作。

2

应对气候变化国际合作的
三个关键问题

在气候变化谈判中，有三个关键问题涉及应对气候变化国际合作的几乎所有领域，发展中国家予以高度重视。这三个关键问题是：资金问题、技术转让问题、能力建设问题。

2.1 落实应对气候变化国际合作的关键——资金

在气候变化国际谈判中，资金问题主要是指发展中国家应对气候变化所需增量资金的来源、规模及其管理等问题，也涉及全球应对气候变化所需增量资金投入及其筹集问题。近几年，发达国家有意将这种专指的增量资金问题模糊为普遍的气候融资问题。

2.1.1 资金问题在应对气候变化国际合作中的地位

资金是应对气候变化行动的重要保障，资金来源及其管理机制是包括气候公约在内的所有国际环境公约必不可少的组成部分。

2.1.1.1 气候公约中涉及资金问题的内容

气候公约是应对气候变化国际合作的基本框架。为落实应对气候变化国际合作，气候公约主要在第四条"承诺"和第十一条"资金机制"载明了关于资金问题的规定。这些规定是有关资金问题谈判和国际合作行动安排的基本依据。

第四条"承诺"规定了所有缔约方依据它们共同但有区别的责任，以及各自具体的国家和区域发展优先顺序、目标和情况，应履行的义务。

第四条第3款规定：附件二所列的发达国家缔约方和其他发达缔约方应提供新的和额外的资金，以支付经议定的发展中国家缔约方为履行第十二条第1款规定的义务（主要指编制温室气体的各种源的人为排放和各种汇的清除的国家清单）而招致的全部费用。它们还应提供发展中国家缔约方所需要的资金，包括用于技术转让的资金，以支付经议定的为执行第四条第1款所述（主要指编制温室气体国家清单、减缓措施、适应措施、能力建设和公众意识提高等），并经发展中国家缔约方同第十一条所述那个或那些国际实体（指气候公约资金机制经营实体）依该条议定的措施的全部增加费用。这些承诺的履行应考虑到资金流量应充足和可以预测的必要性，以及发达国家缔约方间适当分摊负担的重要性。

第四条第4款规定：附件二所列发达国家缔约方和其他发达缔约方还应帮助特别易受气候变化不利影响的发展中国家缔约方支付适应这些不利影响的费用。

第四条第7款规定：发展中国家缔约方能在多大程度上有效履行其在本公约下的承诺，将取决于发达国家缔约方对其在本公约下所承担的有关资金和技术转让的承诺的有效履行，并将充分考虑到经济和社会发展及消除贫困是发展中国家缔约方的首要和压倒一切的优先事项。

第四条第8款规定：履行第四条各项承诺时，各缔约方应充分考虑按照本公约需要采取哪些行动，包括与提供资金、保险和技术转让有关的行动，以满足发展中国家缔约方由于气候变化的不利影响和/或执行应对措施所造成的影响。

第四条第9款规定：各缔约方在采取有关提供资金和技术转让的行动时，应充分考虑到最不发达国家的具体需要和特殊情况。

第十一条"资金机制"决定建立气候公约的资金机制。

第十一条第1款规定：确定一个在赠与或转让基础上提供资金、包括用于技术转让的资金的机制。该机制应在缔约方会议的指导下行使职能并向其负责，并应由缔约方会议决定该机制与本公约有关的政策、计划优先顺序和资格标准。该机制的经营应委托一个或多个现有的国际实体负责。

第十一条第2款规定：该资金机制应在一个透明的管理制度下公平和均

衡地代表所有缔约方。

第十一条第 3 款规定：缔约方会议和受托管资金机制的那个或那些实体应议定实施上述各款的安排，其中应包括：确保所资助的应对气候变化的项目符合缔约方会议所制定的政策、计划优先顺序和资格标准的办法；根据这些政策、计划优先顺序和资格标准重新考虑某项供资决定的办法；依循上述第十一条第 1 款所述的负责要求，由那个或那些实体定期向缔约方会议提供关于其供资业务的报告；以可预测和可认定的方式确定履行本公约所必需的和可以得到的资金数额，以及定期审评此一数额所应依据的条件。

第十一条第 4 款规定：缔约方会议应在其第一届会议上作出履行上述规定的安排，同时审评并考虑到第二十一条第 3 款所述的临时安排，并应决定这些临时安排是否应予维持。在其后四年内，缔约方会议应对资金机制进行审评，并采取适当的措施。

第十一条第 5 款规定：发达国家缔约方还可通过双边、区域性和其他多边渠道提供并由发展中国家缔约方获取与履行本公约有关的资金。

2.1.1.2 《京都议定书》灵活机制涉及的资金内容

《京都议定书》为发达国家限时、量化减排作出了规定，不直接涉及资金问题。但是，《京都议定书》为帮助发达国家以较低的成本实现减排承诺，规定了三种灵活机制，包括在发达国家同发展中国家合作的 CDM。这些基于市场措施的灵活机制为应对气候变化国际合作增加了带有资金流动的合作渠道，其中，CDM 可以为发展中国家带来额外的资金，支持它们应对气候变化的活动和可持续发展。CDM 的设立也为后来建立《京都议定书》下的适应基金提供了支持。

2.1.1.3 气候变化国际谈判中的资金问题谈判

在历次气候公约和《京都议定书》的缔约方大会上，以及在大量的技术层面会议上，资金问题谈判都是重头戏。

2007 年 12 月召开的 COP13/MOP3 上通过了"巴厘路线图"一揽子决议，为构建 2012 年后国际气候制度确定了谈判内容、行动安排和时间表，并建立了双轨制谈判进程。其中，明确了资金是气候公约谈判的核心要素之一。

2009 年 12 月召开的 COP15/MOP5 上，资金问题与减缓气候变化问题并列成为构建 2012 年后国际气候制度的谈判焦点。这次会议的主要成果是《哥本哈根协议》，成为构建 2012 年后国际气候制度的新基础，其为未来国际气候制度中的资金问题提供了基本框架，反映了"共同但有区别的责任"原则，明确了发达国家承担出资义务，匡算了出资规模，但资金的具体来源有待进一步明确，各国出资义务有待进一步细化，资金的落实有待进一步监督。

本书下一章对资金问题谈判的历程和内容进行专门介绍。

2.1.1.4　各国和国际政治集团对气候融资问题的重视

随气候变化问题进入国际政治最高层，支持应对气候变化行动特别是落实国际合作行动的气候融资问题，受到各国领导人和有关国际政治集团的高度重视，其纷纷表态，进行推动，引导气候变化国际谈判的资金问题走向。在构建 2012 年后国际气候制度的谈判进程进入关键时期后，这种重视更加凸显。

（1）中国

2008 年 7 月 9 日，胡锦涛主席在日本北海道出席"经济大国能源安全和气候变化领导人会议"时，呼吁各国"切实体现对减缓、适应、技术、资金四方面的同等重视"，呼吁发达国家"切实兑现向发展中国家提供资金和技术转让的承诺"，指出"目前气候变化国际合作资金缺口巨大"，呼吁"推动完善全球环境基金等现有资金机制，尽快落实适应基金下的活动，为发展中国家适应气候变化提供新的、额外的资金支持"。

2009 年 9 月 22 日，胡锦涛主席在"联合国气候变化峰会"开幕式上发表重要讲话，围绕气候变化"既是环境问题，更是发展问题"这一重大观点作了四方面具体阐述，"确保资金技术是关键"就是其中之一，指出"发达国家应该担起责任，向发展中国家提供新的、额外的、充足的、可预期的资金支持"，强调"这是对人类未来的共同投资"。

2009 年 12 月 18 日，温家宝总理在哥本哈根气候变化领导人会议上的重要讲话，也强调"确保机制的有效性"，强调"国际社会要在公约框架下作出切实有效的制度安排，促使发达国家兑现承诺，向发展中国家持续提供充足的资金支持，加快转让气候友好技术，有效帮助发展中国家、特别是小岛屿国家、最不发达国家、内陆国家、非洲国家加强应对气候变化的能力建设"。其他发展中国家领导人和气候变化谈判代表团也在不同场合表达了发达国家应切实履行向发展中国家提供资金、技术转让和能力建设支持的义务。

（2）美国

2008 年，美国联合英国、日本发起建立由世界银行管理的气候投资基金，为未来国际气候制度的资金机制进行实质性试探。

2009 年 6 月 25 日，美国向 G20 成员散发了名为《通向匹兹堡之路》的政策文件，介绍了美国关于匹兹堡峰会的议题设想，其中包括气候变化融资问题。文件建议，G20 财经合作渠道重点讨论公共部门筹资、公共部门筹资管理以及私营部门融资和碳市场三个方面问题。7 月 31 日，G20 峰会协调人会议在美国华盛顿举行，美英等国极力推动 G20 峰会讨论气候变化融资问题。美国的这些行动，虽然有在公约资金机制外另辟渠道的问题，但仍能反映出美国对资金问题的重视程度。

（3）欧盟

由欧盟成员国政府首脑组成的欧洲理事会，于 2009 年 10 月底就气候变化问题作出决议，其中包括《欧盟关于国际气候融资的立场指南》，全面阐述了欧盟关于公共资金、私营部门融资和碳市场、资金规模和资金机制及治理等方面的立场，显示了欧盟对气候变化资金的高度关注。此外，欧盟及其成员国还单方面承诺向发展中国家提供应对气候变化资金支持，与发展中国家积极开展合作，提供赠款和优惠贷款支持发展中国家应对气候变化。

（4）二十国集团

2009 年，G20 在着力应对金融危机的同时，仍将气候融资问题作为重要磋商内容之一。2009 年 2 月，在英国和澳大利亚的竭力推动下，召开了 G20 气候融资问题研讨会，拉开 G20 正式讨论气候融资问题的序幕。按照 6 月在意大利拉奎拉发表的《主要经济大国能源与气候变化论坛领导人宣言》，成立了 G20 气候融资专家组，8 月形成《建立公共资金机制应对全球气候变化》、《通过扩展全球碳市场推动私营部门融资》、《公共资金治理和使用》等三份报告及其综合摘要。9 月在美国匹兹堡举行的 G20 第三次金融峰会宣言中，要求 G20 财长和央行行长会议研究气候变化。10 月英国圣安德鲁斯 G20 财长和央行行长会议发表宣言。

发达国家试图通过 G20 会议另辟渠道，影响在气候公约和《京都议定书》主渠道进行的资金问题谈判。在 G20 中发展中国家的反对下，发达国家的企图没有能够对 2009 年 12 月召开的 COP15/MOP5 即哥本哈根联合国气候变化大会构成实质影响。G20 中发展中国家的努力维护了气候公约和《京都议定书》主渠道。

2.1.2　应对气候变化国际合作资金需求

气候变化问题是人类面临的巨大挑战。近年来，一些国家、国际政治集团、国际机构和非政府组织纷纷对应对气候变化资金需求进行测算或提出主张，涉及全球资金需求和发展中国家资金需求。表 2 - 1 把这些测算和主张汇集在一起。

其中，关于发展中国家资金需求，有代表性的观点是：

发展中国家认为，发达国家出资应达到其经济规模一定比例，如占其GDP 的 0.5% ~ 1%（合 2 000 亿 ~ 4 000 亿美元）。

发达国家则尽量避谈气候公约规定的新的、额外的、充足的和可预期的资金，而只是从发展中国家应对气候变化资金需求的角度阐述。例如，欧盟认为，到 2020 年发展中国家减缓和适应所需的资金每年约 1 000 亿欧元。

一些国家、国际机构、非政府组织也提出了各自预测。其中，气候公约秘书处 2007 年发布的技术报告认为，2030 年全球减缓方面的资金需求为2 000 亿 ~ 2 100 亿美元（发展中国家占 920 亿 ~ 960 亿美元），适应方面的资金需求 490 亿 ~ 1 710 亿美元（发展中国家占 280 亿 ~ 670 亿美元）。各种预测结果虽然在资金规模大小上有一定差异，但相同之处是资金需求量很大。

2.1.3　应对气候变化国际合作资金来源

应对气候变化的国际合作资金应当主要来自于发达国家的公共资金，并且应额外于传统官方发展援助，根本原因在于发达国家的排放责任、财富积累和发展阶段。在发达国家公共资金切实履行公约出资义务的基础上，发达国家私营部门和碳市场融资可以作为有益补充。

表 2-1 一些国家、国际政治集团、国际机构和非政府组织对应对气候变化资金需求的测算或主张

序号	机构名称	报告名称	发布时间	测算前提	时间口径	资金数量	资金来源
1	联合国气候变化公约秘书处	《应对气候变化的投资与资金需求》(UNFCCC, 2007)	2007 年 10 月	全球 2030 年较 2000 年减排 25%	2030 年当年	2030 年全球用于减缓方面的资金需求是 2 000 亿～2 100 亿美元(发展中国家占 920 亿～966 亿美元),全球用于适应方面的资金需求是 490 亿～1 710 亿美元(发展中国家占 280 亿～670 亿美元)	政府部门公共资金、市场及私营部门等多种资金渠道
2	IPCC	IPCC 第四次评估报告《气候变化 2007》(IPCC, 2007c)	2007 年 5 月 4 日	将温室气体浓度控制在 445～710ppm	2030 年和 2050 年两个时间点	2030 年全球为减排所发生的成本为 GDP 的 1%～3%, 2050 年这一成本为 GDP 的 1%～5.5%	碳市场、新的融资安排、发达国家援助等
3	世界银行	《2010 年世界发展报告》(The World Bank, 2009)	2009 年 9 月 15 日	未来几十年将全球温室气体浓度控制在 450～550ppm	未来 20 年或 2010～2050 年	未来 20 年发展中国家在减缓方面每年需约 4 000 亿美元, 2010～2050 年在适应方面所需投资年均为 750 亿美元	政府部门资金、发展新的融资渠道、利用私营部门融资
4	国际能源署	《能源行业能为哥本哈根谈判提供什么?——世界能源展望 2009 预告节选本》[1]	2009 年 10 月 1 日	温室气体浓度 2035 年达到峰值 510ppm 之后经过十年下降最终维持在 450ppm	2010～2020 年及 2021～2030 年两个时间段	2010～2020 年全球新增气候变化方面投资总计 24 000 亿美元, 2021～2030 年全球新增气候变化方面投资总计 81 000 亿美元	不详, 只是原则提出, 如何融资取决于子公约谈判

续表

序号	机构名称	报告名称	发布时间	测算前提	时间口径	资金数量	资金来源
5	欧盟	《加快国际气候融资步伐:欧盟关于哥本哈根会议的蓝图》[2]	2009年9月10日	到2050年全球较1990年减排50%	现在至2020年	到2020年发展中国家应所需的资金每年达1000亿欧元	发展中国家国内资金(包括公共和私营部门)、全球碳市场、补充性的国际公共资金
6	英国	《斯特恩报告》(Stern, 2006)	2006年10月30日	CO_2排放稳定大气浓度500~550ppm	不详	将CO_2排放稳定在500~550ppm,全球每年减排成本要达到GDP的1%(2008年6月斯特恩将这一比例修正为GDP的2%)	发达国家、发展中国家、碳市场
7	英国	英国首相布朗的公开讲话[3]	2009年6月26日	不详	每年	提议每年筹措600亿英镑,支持发展中国家的减缓行动	碳市场、官方发展援助及新的、额外的、可预期的融资等渠道
8	G77+中国	对建立能实现公约下资金承诺的资金机制的建议[4]	2008年8月25日	不详	每年	提议可以设立一个新的基金,筹资规模可以设定为公约附件一国家(发达国家)GNP的0.5%~1%(折合2000亿~4000亿美元)	主要应由发达国家政府出资
9	中国	国家能源局新闻发布会[5]	2010年7月20日	实现2020年非化石能源消费总量达到15%等	2011~2020年	预计2011~2020年累计增加投资5万亿元	国家投资和社会多元化投资
10	绿色和平组织	网络文章[6]	2010年2月1日	发达国家到2020年在1990年的基础上至少要整体减排40%。发展中国家在2020年排放减少15%~30%	现在至2020年	发展中国家总共需要1400亿美元	主要应由工业化国家通过购买碳排放额度提供融资

续表

序号	机构名称	报告名称	发布时间	测算前提	时间口径	资金数量	资金来源
11	世界自然基金会	《关于哥本哈根会议实现充足、公平的全球气候变化协议的期待》[7]	2009年11月	发达国家到2020年在1990年的基础上至少要整体减排40%。发展中国家在2020年比"一切照旧"情形减排至少30%	2013～2017年	呼吁发达国家应承诺每年提供不少于1 600亿美元的有法律约束力的资金支持发展中国家的减缓和适应行动	发达国家
12	麦肯锡咨询公司	《通向低碳经济之路》[8]	2009年	全球升温不超过2℃	现在到2030年	现在起到2030年，全球每年为此所花的成本为2 000亿～3 500亿欧元	全球金融市场

注：1 International Energy Agency. 2009. How the energy sector can deliver on a climate agreement in Copenhagen. http：//www.iea.org/weo/docs/weo2009/climate_change_excerpt.pdf. 2010－09－27

2 Commission of the European Communities. 2009. Stepping up International Climate Finance： A European Blueprint for the Copenhagen Deal. http：//ec.europa.eu/environment/climat/pdf/future_action/com_2009_475.pdf. 2010－09－27

3 BBC. 2009. Brown proposes£60bn climate fund. http：//news.bbc.co.uk/2/hi/8120432.stm. 2010－09－27

4 Philippines on Behalf of the Group of 77 and China. 2008. Financial mechanism for meeting financial commitments under the Convention. In：UNFCCC. Ideas and proposals on the elements contained in paragraph 1 of the Bali Action Plan. http：//unfccc.int/resource/docs/2008/awglca3/eng/misc02a01.pdf. 2010－09－27

5 中国政府网.2010. 能源局发布会介绍上半年能源经济形势下半年走势. http：//www.gov.cn/xwfb/2010－07/20/content_1659303.htm. 2010－09－27

6 GreenPeace. 2010. Pledging to destroy the climate：what will it take for politicians to realise that time is running out? http：//www.greenpeace.org/international/en/news/features/destroying-the-climate-020110/. 2010－09－27

7 World Wide Fund for Nature. 2009. WWF expectations for a fair, ambitious and binding global climate deal in Copenhagen. http：//assets.panda.org/downloads/copenhagen_expectations_paper_wwf.pdf. 2010－09－27

8 Mckinsey & Company. 2009. Pathway to a low-carbon economy. http：//www.mckinsey.com/clientservice/sustainability/pathways_low_carbon_economy.asp. 2010－09－27

2.1.3.1 量化发达国家历史排放责任和资金义务

发达国家主要负有两方面历史排放责任:一是从工业革命开始到现在的两百多年中,发达国家无约束地使用化石能源,排放的温室气体占全球累积11 000亿吨排放量的绝大部分,对全球变暖负有首先责任和主要责任;二是适应气候变化加重了发展中国家负担,在相同发展阶段要比发达国家支付更多的发展成本,发达国家应承担这一额外成本。

(1) 发达国家承担主要的历史排放责任和当前高人均排放责任,以及向发展中国家转移排放的责任

气候变化问题主要是发达国家在200多年工业化过程中无限制的排放累积造成的,是发达国家的历史责任。表2-2介绍了1900~2007年部分主要国家CO_2历史累积排放总量,显而易见,发达国家人均历史累积排放远超发展中国家的几倍到几十倍。发达国家一直维持着高消耗的生产方式和高消费的生活方式,发达国家的生产和生活方式互为条件和互相促进,构成了全球环境恶化的主要原因。据统计,1950年以前排放的温室气体95%都源自发达国家,从1951年到2000年,占全球人口约20%的发达国家仍然占这一时期全球排放总量的73%(《气候变化国家评估报告》编写委员会,2007)。作为最主要的温室气体,CO_2排放进入大气后,少则50年长则200年不会消失。据世界资源研究所统计,到2000年大气中存在CO_2排放中,约70%是由发达国家产生的[1]。所以,发达国家应对全球变暖负首先责任和主要责任。

表2-2　　　　1900~2007年部分主要国家CO_2历史累积排放总量
(刘斐、高慧燕,2009)

国家	美国	日本	德国	英国	俄罗斯	中国
累积排放(亿吨)	3 385	514.6	768	574.8	966.5	1 034.4
占全球累积的比例(%)	29.0	4.7	6.6	4.9	8.3	8.9

---

[1] World Resources Institute. Cumulative CO_2 Emissions:Comparison of Different Time Periods. http://cait.wri.org/figures.php? page = ntn/6 - 3. 2010 - 09 - 27

一般各国的经济社会发展会经历从低收入、低排放到高收入、高排放再到高收入、低排放的过程。根据当前各国的人均排放和人均 GDP 水平，世界主要国家可以划分为三组，基本对应了当前国际气候变化谈判中的三股力量：（1）发展中国家：人均排放在 6 吨 CO_2 以下的气候公约非附件一国家，绝大多数仍处于工业化初期和中期，人均 GDP 在 200 ~ 5 000 美元，平均排放约 2.4 吨；（2）欧盟等国家：人均排放 8 ~ 12 吨 CO_2 左右的发达国家，人均 GDP 在 3 000 ~ 15 000 美元，主要是欧盟、日本等资源较少、人口较为密集的国家；（3）以美国为首的伞形集团国家：人均排放 15 ~ 20 吨 CO_2 的发达国家，主要是美国、加拿大、澳大利亚等资源丰富、人口较少的国家，良好的资源禀赋使其得以维持着高人均排放水平。表 2-3 介绍了 1751 ~ 2004 年 G8 + 5 国家 CO_2 人均历史累积排放，对应了上述三组情形。

表 2-3　　1751 ~ 2004 年 G8 + 5 国家 CO_2 人均历史累积排放　　单位：吨 CO_2/人

国家	人均历史累积排放	国家	人均历史累积排放
英国	1 182.76	俄罗斯	913.18
美国	1 094.76	南非	289.57
德国	947.67	墨西哥	115.77
加拿大	718.63	中国	66.75
法国	524.13	巴西	46.25
日本	352.15	印度	25.05
意大利	299.63	世界平均	181.43

资料来源：2008 年 1 月中科院学部咨询专题研究报告．国际温室气体排放定量评价与减排应对策略研究，第 46 页

目前，发达国家占有全球的大部分财富，过着富裕的生活，但其不可持续的消费模式，使得其人均排放仍远高于发展中国家。而发展中国家的排放是在实现自身经济发展和消除贫困中的生存排放，以及发达国家对发展中国家的国际转移排放。

国际贸易中的转移排放掩盖了发达国家占有和消耗世界绝大多数能源和物质的本质。目前的国际气候制度是以生产性排放计算各国的减排责任，而基于消费性排放构建未来的全球气候制度，更能够体现公平原则。以中国为例，由于中国在经济全球化进程中通过国际贸易产生国际分工而形成的

"世界工厂"的独特地位，突出存在着能源与碳排放的转移问题。近年来，中国已经成为内涵能源的净出口国。由于贸易顺差和进出口产品内涵能源的差异，2001～2006 年，中国净出口内涵能源从 2.1 亿吨标准煤增长到 6.3 亿吨标准煤。2004 年中国净出口内涵能源带来的发达国家转移排放为 11.09 亿吨 CO_2（折合 3.02 亿吨碳），占中国当年总排放的 23%。其中，美国、日本和欧盟等发达国家是主要转移排放者和受益方。通过从中国进口商品替代本国生产，发达国家实际上减少了自身的能源需求和排放。[1]

基于包含多方面含义的公平原则，中国社科院学者提出了关于 2012 年后国际气候制度的"碳预算方案"（潘家华、陈迎，2009）。研究表明，发达国家实际历史排放不仅已经严重透支其未来碳预算，而且侵占了其他国家的排放空间。为了保护全球气候安全和人类共同利益，发展中国家尽管历史排放远低于碳预算，拥有发展和排放的权利，但是不得不拿出部分碳预算，为发达国家的历史超额排放和未来基本需求排放"埋单"。即便如此，由于发达国家当前人均排放高，未来保障基本需求的累计排放仍将可能超过碳预算。由此可见，发达国家应当为占用发展中国家的碳预算而向发展中国家提供资金和技术支持。

（2）发达国家占有全球大部分财富，减贫和发展仍是发展中国家的首要任务

西方七个主要发达国家占世界人口的 11%，但是 GDP 却占世界 36 万亿美元的 65%。世界其余地区，人口占世界的 89%，而 GDP 仅为 35%。差距最大的地区是亚洲和太平洋地区。该地区的人口占世界人口的 52%，但是 GDP 仅占 8%。拉丁美洲和加勒比地区的人口占世界的 9%，GDP 占 5%。撒哈拉以南非洲地区占世界人口的 11%，GDP 只占 1%，仅为 4 000 亿美元。世界上 20 个最富有国家的人均收入比 20 个最贫穷国家整整高出 37 倍。发展中国家同富裕国家之间的收入比例为 16%。世界财富约 30% 集中在美国。全球 1% 最富有的家庭中，40% 在美国，1/3 在欧洲，其余在日本和澳大利亚等亚太发达国家。世界上最不发达国家由 1992 年的 36 个增加到 2007 年的 49 个。[2]

---

1   胡国权，潘家华等.2009.人均历史累计排放贡献率及其国际政治意义.个人交流

2   United Nations. 2007. List of Least Developed Countries. http：//www. un. org/esa/policy/devplan/profile/ldc_list. pdf. 2010 – 09 – 27

利用国际货币基金组织的资料（International Monetary Fund，2009），表 2-4 比较了各国人均 GDP 情况，表 2-5 介绍了不同国家集团 GDP 总和占全球 GDP 的百分比。

表 2-4　　　　　　　　　　各国人均 GDP 比较　　　　　　　　　单位：美元

国家	1990 年	1995 年	2000 年	2005 年	2008 年
美国	23 197.70	27 826.60	35 252.49	42 708.17	47 439.93
澳大利亚	18 590.68	20 506.46	20 233.71	34 715.79	46 824.09
法国	22 017.00	27 182.91	22 575.74	35 104.71	46 037.36
加拿大	21 084.12	20 179.30	23 653.36	35 204.73	45 085.30
德国	19 592.74	30 860.75	23 168.07	33 882.82	44 728.51
英国	17 782.06	19 947.19	25 142.25	37 897.81	43 733.78
意大利	20 029.19	19 819.03	19 293.40	30 662.55	38 996.17
日本	24 773.80	41 968.58	36 800.44	35 633.04	38 457.22
韩国	6 414.29	11 954.72	11 346.66	17 550.88	19 136.17
俄罗斯	n/a	2 112.20	1 767.88	5 325.49	11 806.95
墨西哥	3 156.58	3 446.32	6 419.10	8 167.97	10 199.62
巴西	3 463.91	4 844.95	3 761.58	4 787.34	8 295.00
南非	3 039.44	3 684.84	2 986.45	5 175.63	5 684.57
中国	341.352	601.007	945.597	1 709.86	3 259.46
印度尼西亚	699.115	1 143.72	806.898	1 300.22	2 238.93

注：当年价美元；国家按 2008 年人均 GDP 大小排列。

表 2-5　　　　不同国家集团 GDP 总和占全球 GDP 的百分比　　　　单位：%

国家集团	1990 年	1995 年	2000 年	2005 年	2008 年
发达经济体	64.019	64.047	62.855	58.619	55.065
七个主要发达国家	51.012	50.518	49.028	45.19	41.956
欧盟	27.166	26.042	25.191	23.283	22.043
亚洲发展中国家	10.06	13.459	15.157	18.333	20.967
亚洲新兴工业经济体	2.638	3.379	3.557	3.647	3.698
非洲	2.918	2.742	2.726	2.992	3.098

联合国贸易和发展会议指出，虽然发达国家与发展中国家之间的人均国内生产总值比率从 1990 年的 20：1 下降到 2006 年的 16：1，但与发达国家之

间的贫富差距依然巨大。2006 年，发达国家人口占世界人口的 16%，国内生产总值却占世界的 73%（United Nations Conference on Trade and Development，2008）。

联合国人类住区规划署发表的世界人居年度报告指出，全球现有 10 亿人居住在条件恶劣的贫民窟里，占世界城市人口的 32%。按人口绝对值计算，亚洲有 6 亿城市人口居住在贫民窟；按比率计，撒哈拉沙漠以南非洲地区的城市人口中，71.9% 的人居住在贫民窟中（United Nations Human Settlements Program，2003）。

世界银行指出，减贫和可持续发展仍是全球工作的重中之重；目前发展中国家有 1/4 的人每天生活费仍不到 1.25 美元，有 10 亿人缺少清洁的饮用水，16 亿人缺少电力，30 亿人缺少充足的卫生设施；1/4 的发展中国家儿童处于营养不良状态。发展和减贫仍是发展中国家当前和今后较长一个时期的首要任务，也仍是传统官方发展援助应该优先和主要支持的领域（The World Bank，2009）。

（3）从发展阶段看，发达国家应对气候变化能力和抵御气候变化风险能力都比发展中国家高得多

发展是国际社会每个成员都拥有的公平权利，是基本人权。发达国家在其发展过程中造成的气候变化问题，不能成为阻碍发展中国家发展、阻断全球发展历史进程的借口。

由于历史的原因和地区的原因，社会经济发展在区域间是不平衡的。对于确定的资源数量和空间范围，一些区域和群体因发展起步早和进入较高发展阶段，占有了较大的份额；另一些区域和群体因发展起步晚和处于较低发展阶段，只能占有较小的份额。

发展起步早和进入较高发展阶段的区域和群体显然应该对气候变化问题负有主要责任，并应该为此首先开展减缓气候变化的行动。同时，它们已经有较高能力为适应气候变化而支付相应的成本。

发展起步晚和处于较低发展阶段的区域和群体，虽然已经取得了一定的发展成就，但是，必须看到在它们发展时面对的不仅是用于支持发展的资源和空间的短缺，还要加上前者在同一发展阶段时没有纳入的减缓气候变化的额外成本考虑，以及适应非它们引起的气候变化而需要额外支付的成本。显然，发展起步晚和处于较低发展阶段的区域和群体为实现发展需要支付更多的成本。

大部分发展中国家的收入和福祉更直接地依赖于易受气候影响的自然资源，而且其中大多数国家位于气候本来就变化多端的热带和亚热带地区。发展中国家在气候变化威胁面前最为脆弱，更易受到气候变化产生的不利影响，气候变化使未来的发展变得更困难，而不是更容易。气候变化造成的损失有 75% ~ 80% 将由发展中国家承担（The World Bank，2009），不仅与发达国家占 80% 的历史累积排放责任形成鲜明对比，而且必然加重发展中国家的负担，使发展中国家在相同发展阶段要比发达国家支付更多的发展成本。发展中国家既不应该是气候变化问题的主要责任者，又缺乏足够的资金和技术能力应对日益严峻的气候风险。发达国家应对此负责，承担这一额外成本。这也决定了发达国家用于支持发展中国家应对气候变化的资金，应当是新的和额外于传统官方发展援助的资金。

（4）发达国家应通过公共资金体现其资金义务

发达国家具备资金优势本身不能说明发达国家有提供资金的法律义务，只有发达国家造成的全球环境压力才能说明提供资金的合理性。发达国家对全球环境负有不可推卸的历史责任，只有发达国家政府才能代表发达国家承担历史责任。为此，发达国家应该向发展中国家提供资金和技术的支持。这种支持不是对发展中国家的施舍，而是对其历史责任的补偿。公共资金具有来源可靠、可以预测的特征，且为发达国家政府所掌握。所以，只有发达国家政府管理下的公共资金才能为此承担资金义务。

气候公约第四条第 3 款明确规定发达国家应当提供新的、额外的、充足的和可预期的资金支持发展中国家应对气候变化。第四条第 7 款明确规定，发展中国家履行应对气候变化行动承诺的程度以发达国家履行提供资金和转让技术义务的程度为前提。气候公约中所指发达国家提供资金，主要是指发达国家政府从其掌握的公共资金中出资。气候公约是主权国家之间签订的具有法律意义的国际公约，发达国家应根据气候公约规定，通过公共资金切实履行资金义务。

在资金问题上，发达国家一直强调私营部门和碳市场的作用，试图逃避发达国家政府公共资金的出资义务，甚至违反"共同但有区别的责任"原则，试图让发展中国家为发达国家的历史责任出资，或是给发展中国家使用资金设置各种前提条件，这显然是不合理的。

表 2-1 汇集的各方面认识中，《斯特恩报告》和《世界能源展望 2009》都明确指出，若要成功地把大气中的温室气体浓度稳定在 550ppm 或者

450ppmCO$_2$当量，至少需要平均每年 5 000 多亿美元可再生能源和能源效率技术投资，而对发展中国家来说要成功减排温室气体或者适应气候变化则每年至少需要 1 000 亿欧元。然而，欧盟指出，发展中国家适应和应对气候变化资金应主要来自发达国家和发展中国家公共部门资金、私营部门和碳市场融资，发达国家公共资金只占较少一部分，欧盟只愿承担属于其的"公平"份额。

2.1.3.2 发达国家私营部门和碳市场融资可以作为补充

气候公约秘书处的研究报告指出，减缓和适应行动需要大量资金，但气候公约框架内现有资金严重不足。尽管各方对应对气候变化所需资金的具体数额仍有不同观点，但各方都认为减缓、适应和技术议题都需要稳定持续的资金来源。在公共资金来源严重不足的情况下，必须发挥私营部门的重要作用，通过政府的政策激励引导私人部门投资于有利于减缓和适应气候变化的重点领域。

在发达国家公共资金切实履行公约规定的出资义务的前提下，发达国家私营部门和碳市场融资，可以作为发达国家公共资金出资的补充。同时，私营部门和碳市场融资的本质特征决定了它们只能作为应对气候变化国际合作资金的补充。一是私营资本难以追溯历史，不适合为发达国家政府承担历史排放责任，二是私营资本具有逐利性、不稳定性和不可预期性，既不符合气候公约对可预期性的要求，又难以提供充足的和稳定的资金支持适应、能力建设、技术开发与转让等领域具有显著公共物品属性的活动，因此只能作为发达国家提供充足和可预期公共资金之外的补充。公共资金作为发达国家履行气候公约资金义务的主要来源的地位应是不容替代的。

例如，自 1991 年全球环境基金（GEF）成立以来，就致力于吸引发展中国家的私营部门向援助项目投资。私营部门被视为 GEF 活动的重要利益相关方，并能够与 GEF 合作，在应对全球环境挑战中发挥关键作用。GEF 鼓励私营部门寻求与其合作的机会，包括开发项目概念和目标、项目融资及项目监督评价。GEF 在改组过程中重申了吸收私营部门参与的重要性，《改组后的 GEF 通则》中将私营部门列为 GEF 希望的合作伙伴之一："执行机构可考虑多边开发银行、联合国专门机构和部门、其他国际组织、双边发展机构、国家机构、非政府组织、私人部门实体和学术机构各自在实施项目的效率和成本效益方面的相对优势，安排它们准备并实施 GEF 项目。"（Global Environment Facility，2008）

2.1.3.3　发展中国家出资，是发展中国家对国际社会携手应对气候变化的自愿贡献

（1）发展中国家在"共同但有区别的责任"原则下的共同责任

全球环境系统是一个整体，任何国家的人类活动都对这一系统产生影响，并且在某些领域，必须由所有国家参与，才能实现特定的目标，这说明了发展中国家同发达国家一道参与全球环境保护的必要性，并集中体现为国际环境法的共同责任原则（王曦，2005）。

第一，发展中国家对气候变化的今后发展影响很大。在总量上，我国等发展中大国也是当前的温室气体排放大国。虽然发展中国家人均排放量很低，但是排放增长速度却很快。如果发展中国家置身于气候公约框架下的减排行动以外，单纯依靠发达国家的努力，不可能实现减缓气候变化目标。

第二，发展中国家参与符合成本效益原则。由于自然和经济技术条件的差异，在发展中国家采取实际行动能够节约成本，尽管这是发达国家的利益所在，但经济学的基本原理上却是可以得到肯定的。《京都议定书》下的CDM合作就是典型体现。

第三，发展中国家可以不承诺具体的强制减排目标，但可以通过其他形式参与全球行动。发展中国家的经济落后和人口压力是造成全球环境恶化的原因之一，但是基于同样的原因，发展中国家的优先发展事项是经济增长，从而摆脱贫困。

（2）发展中国家自愿出资

发展中国家参与多边环境公约后，相关的履约行动都需要得到资金支持。1992年里约热内卢联合国环境与发展大会后，国际社会签署的包括气候公约在内的多边环境协议都要求，为了实现公约目标，发展中国家根据国家发展优先性，落实资金战略。发展中国家的这些资金用于支付本国的履约活动，并不向公约资金机制缴纳。

所谓发展中国家出资是指向资金机制提供资金，可以分为两类。第一类属履行出资义务。这是法律义务，发展中国家向世界遗产基金出资就属于这一类。第二类属自愿出资，1992年联合国环境与发展大会后签署的多边环境协议提倡发展中国家自愿出资，但这类向资金机制提供资金不再是法律义务（谷德近，2008）。在第二类情形下，发展中国家可以根据自身国情和能

力，自主和自愿地拿出资金支持应对气候变化，包括支持国内自主和自愿的行动，向气候变化公约资金机制自愿捐款，以及在"南南合作"框架下支持其他发展中国家。

2.2　应对气候变化行动的支撑——技术开发和转让

2.2.1　技术在应对气候变化行动中的地位

2.2.1.1　技术在减缓气候变化行动中的作用

《哥本哈根协议》中明确了全球温度升幅不应超过2℃的观点。要实现这个目标将面临巨大挑战，因为这意味着 CO_2 等温室气体的全球排放量必须在未来的 10~15 年内达到峰值，然后逐渐降低。如果推迟温室气体减排行动与措施，那么后期所需要的减排力度就会更大（IPCC，2007c）。以这样的减排速度和程度，从成本上看非常昂贵，如果没有重大的技术进步将很难实现这一目标。实现上述减排目标，需要全世界范围内，在特定时间段内，迅速、大规模地推广和应用新型清洁技术（Tomlinson 等，2008）。

IPCC 在第四次评估报告中，认为未来几十年减缓全球温室气体的排放有着相当大的经济潜力，但是实现上述减排潜力需要克服实施方面的障碍，并依赖于在关键部门内的关键技术的推广和应用，并且没有任何一项单一的技术能够实现任何行业的全部减缓潜力。据此，IPCC 提出了一些关键行业的关键性减缓技术，如表2-6所示。

表2-6　　　　　　　IPCC 提出的关键行业减缓技术（IPCC，2007c）

行业	当前商业上可提供的关键减缓技术和做法（预估 2030 年之前能够实现商业化的关键减缓技术和做法用斜体字表示）
能源供应	改进能源供应和配送效率；燃料转换：煤改气；核电；可再生热和电（水电、太阳能、风能、地热和生物能）；热电联产；*尽早利用 CCS（如：储存清除 CO_2 的天然气）；碳捕获和封存（CCS）用于燃气、生物质或燃煤发电设施；先进的核电；先进的可再生能源，包括潮汐能和海浪能、聚光太阳能和太阳能光伏电池*

交通运输	更节约燃料的机动车；混合动力车；清洁柴油；生物燃料；方式转变：公路运输改为轨道和公交系统；非机动化交通运输（自行车，步行）；土地使用和交通运输规划；第二代生物燃料；高效飞行器；先进的电动车、混合动力车，其电池储电能力更强、使用更可靠
建筑	高效照明和采光；高效电器和加热、制冷装置；改进炊事炉灶，改进隔热；被动式和主动式太阳能供热和供冷设计；替换型冷冻液，氟利昂气体的回收和回收利用；商用建筑的一体化设计，包括技术，诸如提供反馈和控制的智能仪表；太阳能光伏电池一体化建筑
工业	高效终端使用电气设备；热、电回收；材料回收利用和替代；控制非 CO_2 气体排放；和各种大量流程类技术；提高能效；碳捕获和封存技术用于水泥、氨和铁的生产；惰性电极用于铝的生产
农业	改进作物用地和放牧用地管理，增加土壤碳储存；恢复耕作泥炭土壤和退化土地；改进水稻种植技术和牲畜及粪便管理，减少 CH_4 排放；改进氮肥施用技术，减少 N_2O 排放；专用生物能作物，用以替代化石燃料使用；提高能效；提高作物产量
林业	植树造林；再造林；森林管理；减少毁林；木材产品收获管理；使用林产品获取生物能，以便替代化石燃料的使用；改进树种，增加生物质产量和碳固化；改进遥感技术，用以分析植被/土壤的碳封存潜力，并绘制土地使用变化图
废弃物	填埋甲烷回收；废弃物焚烧，回收能源；有机废弃物堆肥；控制性污水处理；回收利用和废弃物最少化；生物覆盖和生物过滤，优化 CH_4 氧化流程

　　国际能源署在《能源技术展望2008》中对现有的和先进的清洁能源技术等低碳技术的现状以及前景进行了深度评估，并为这些技术组合所产生的不同结果提供了情景分析，计算不同技术的减排潜力（International Energy Agency，2008）。该报告提出，能源可持续发展是有可能实现的，其中科技将是关键因素，能源效率、CO_2 捕获和封存、可再生能源和核电等低碳技术都非常重要。

　　我国的温室气体排放量近年来迅速增长，占世界的比例显著上升。从长期经济发展趋势上看，中国目前处于工业化和城市化阶段，基础设施建设仍未完成，而且随着经济发展，人民群众的住房、交通等消费水平将迅速上升，这会进一步促进能源需求以及 CO_2 等温室气体排放的较快增长，因此在未来相当长的时期内，中国 CO_2 排放的增长趋势不可避免。在这样的发展阶段，中国要实现气候变化减缓目标，控制甚至减少温室气体排放，技术创新是关键。

麦肯锡公司利用气候变化减排技术成本曲线方法，研究了能够用来提高能源效率、减少排放和污染的 200 多项技术，提出了中国走向"绿色革命"的六大机会（McKinsey，2009）。麦肯锡认为，如果充分挖掘所有技术的潜力，中国 2030 年温室气体排放量可以控制在约 80 亿吨，只比 2005 年高 10% 左右，比基准情景中 2030 年的排放量减少了将近一半。但是，麦肯锡所提出的技术潜力的实现，是以上述关键技术能够在社会经济实践过程中能够真正得到推广应用为前提条件的。包括需要相当可观的新增投资，今后 20 年每年需要新增资本投入 1 500 亿~2 000 亿欧元。此外，除了经济成本，还有很多影响技术应用的障碍，包括社会成本、政府行政成本、信息和交易成本等。

2.2.1.2 技术在适应气候变化中的作用

通过适应气候变化的影响，并通过减少温室气体排放（减缓），从而降低气候变化的速率和幅度，人类社会能够应对气候变化。无论未来 20 年至 30 年间采取何等规模的减缓措施，人类仍需在全球和区域层面采取更多的适应措施，以减少预估的气候变化和变率产生的不利影响（IPCC，2007c）。

IPCC 在其第四次评估报告中，也列出了按行业划分的有计划的适应措施及关键技术，如表 2 – 7 所示。

表 2 – 7   IPCC 提出的关键行业适应技术与措施（IPCC，2007c）

行业	适应技术或措施
水	扩大雨水收集；蓄水和保护技术；水的再利用；脱盐水；用水和灌溉效率
农业	调整种植日期和作物品种；作物迁移；改善土地管理，例如：通过植树活动控制水土流失和土壤保护
基础设施/定居（包括海岸带）	搬迁；海堤及风暴潮屏障；沙丘加固；征用土地，并建设沼泽地/湿地作为对海平面上升和洪水的缓冲带；保护现有天然屏障
人体健康	热相关的健康行动计划；医疗急诊服务；改善对气候敏感的疾病监测和控制；安全饮用水和改善卫生条件

行业	适应技术或措施
旅游	旅游景点及收入的多样化；滑雪坡道移向更高的海拔高度和冰川；人工造雪
交通	调整/搬迁；公路、铁路和其他基础设施的设计标准和规划以应对气候变暖和排水
能源	加强高架输电和配电基础设施；公用事业的地下电缆；能效；使用可再生能源；减少对单一能源的依赖

由于所处发展阶段和地理等原因，发展中国家面对气候变化的威胁更加脆弱，因此，适应气候变化是发展中国家应对气候变化工作的首要内容。拥有必需的适应技术，开展适应行动，提高适应水平，是发展中国家的迫切需要。

我国不同的部门和地区都可以采取有针对性的适应措施和技术手段。综合的适应措施包括将适应对策纳入经济建设和社会发展规划，加强气候变化及其对生态环境的监测预警工作，开展适应技术研究，加强适应气候变化的宣传教育培训，积极参与气候变化国际合作以争取国际技术和资金支持等。此外，能源生产、工业生产、交通、农业、林业、水资源管理、海岸带防护管理等分别可以采取相关重点适应技术。

2.2.1.3 应对气候变化科技创新的国际动向

为应对全球气候变化，并着眼于国家长期竞争力的增强，近年来欧盟、英国、美国、日本等发达国家和集团纷纷调整其发展战略，制定了应对气候变化长期战略规划，对能源政策、贸易政策、产业政策、低碳技术政策等方面进行了重大调整。由于技术创新在应对气候变化中的关键地位以及在未来经济竞争中的重要意义，各发达国家制定的低碳经济战略中，先进的低碳技术的研发及推广均被列为优先的战略选择。

各国制定的能源与气候变化技术战略中，都包含了相应的技术变化促进政策和激励机制。除了在公共财政中增加相关技术的研究和开发投入，各国普遍采用了基于市场的各种经济激励措施，包括政府补贴、税收减免、成立基金、配额制度等。

2.2.2　气候变化谈判进程中的技术开发和转让问题及面临的困难

实现气候公约确定的目标，需要发达国家和发展中国家都具备相应的技术并能够广泛应用。"提高发展中国家的科技能力是在可持续发展框架下应对气候变化的根本途径。由于缺乏实现现有技术传播和转让的有效机制，目前，发展中国家因缺少先进的、有利于减缓温室气体排放的技术，其经济发展和基础设施建设具有明显的高排放特征。如不能妥善解决技术转让的问题，这一高排放特征将在长达几十年的时间里持续下去。同时，由于缺乏先进有效的适应技术，发展中国家更易受到气候变化的不利影响。"[1]

为此，一个必要途径是发达国家向发展中国家进行技术转让。IPCC 将"技术转让"定义为广义的过程，包括减缓和适应气候变化的技术诀窍、经验和设备在各主要参与者之间的转移，如政府、私营实体、金融机构、非政府组织以及研究/教育机构。而在气候公约背景下，技术开发与转让的方向更为明确。正如气候公约第四条第 5 款规定的，"附件二所列的发达国家缔约方和其他发达缔约方应采取一切实际可行的步骤，酌情促进、便利和资助向其他缔约方特别是发展中国家缔约方转让或使它们有机会得到无害环境的技术和专有技术"。

我国应对气候变化国家方案强调了技术开发与转让的必要性，认为"技术在应对气候变化中发挥着核心作用，应加强国际技术合作与转让，使全球共享技术发展所产生的惠益"。

2.2.2.1　技术开发与转让及紧迫性

技术的存在形式多种多样，因而，与之相应的技术转让的方式和渠道也有所不同。技术的存在形式可以是有形的技术资产，也可以是无形资产、知识或技能。气候公约下的技术转让对象特指"气候有益技术"，包括减缓技术和适应技术。减缓技术是指那些能够达到削减温室气体排放，或者促进温室气体汇集的技术。适应技术则是指有益于人类适应气候变化、保障生存能力的技术（IPCC，2000）。

---

[1]　万钢，2008. 依靠科学技术应对气候变化. 在气候变化与科技创新国际论坛上的讲话. 2008年 4 月 24 日，北京

　　气候公约下的技术转让强调"技术诀窍"，不仅仅局限于设备或"硬件"，还包括知识、经验、商品和服务、设备、人力资源、资金、组织和管理程序等要素。转让的低碳技术要能够真正在发展中国家的低碳经济发展进程中发挥效应，必须把"硬件"、"软件"、人力资源、资金以及促成环境作为一个整体。[1]

　　目前先进的气候有益技术包括能效技术、低碳技术和适应技术主要掌握在发达国家的企业和政府手中。发展中国家由于自身经济、技术能力和研发投入等的不足，在能源效率、可再生能源利用和适应气候变化等方面往往都处于落后地位。与发达国家相比，在各主要技术领域都存在着巨大的差距，如中国在2005年的能源效率约为36%，比世界先进水平低8个百分点左右。大致相当于欧洲20世纪90年代的水平，日本1975年的水平（日本1975年能源效率为36.5%）。进行及时有效的气候有益技术开发与转让，有助于迅速弥补这一技术差距，产生巨大的全球共享的气候效益。而且这对发达国家也是非常有益的，可以使其在享受全球公共物品的同时，保持现有基础设施，降低减缓成本。

　　需要尽快进行有效的气候有益技术开发与转让的另一个重要原因是避免"锁定效应"。发展中国家正处在工业化、城市化早期阶段，为了消除贫困、保证人民的基本生活需求，面临着大规模基础设施建设任务，电力、交通、建筑、冶金、化工、建材等高能耗强度和高排放强度的产业部门迅速发展，发挥着国民经济支柱的作用，同时也对全球在当代的新增温室气体排放量产生了较大影响。这些领域投资所形成的生产设施具有资本密集度高、排放强度大、使用寿命长等特点，一旦装备了低效率、高排放的技术，其高排放的特性将在很长时间内被锁定，否则将导致巨大的重置成本。也就是说，今天用什么技术装备这些设施，就决定了未来很长时间内难以改变的巨额排放增量。如果当前不能解决好这个问题，就会失去控制未来几十年温室气体浓度的先机，不仅对全球减缓气候变化的努力形成严重的制约，而且也不利于发展中国家的经济社会可持续发展，更不利于全球的技术进步。

　　迅速弥补这一技术差距，有利于发展中国家克服技术的锁定效应，为未

　　1　Zou Ji and Li liyan，2008. China's Proposal on Innovative Mechanism for Development and Transfer of ESTs，presentation on SB28，http：//气候公约. meta - fusion. com/kongresse/SB28/downl/080603_SB28_China. pdf

来几十年的减排创造历史机遇。发展中国家的研发机构和企业提高技术创新、引进、消化吸收能力，获得先进的气候有益技术，有利于加快相应技术扩散速度，扩大应用范围和规模，进而为保护气候作出更大贡献和走上可持续发展道路。目前先进技术大部分在发达国家，发展中国家又有较大减排潜力，这就是气候有益技术国际转让的意义所在。

2.2.2.2 气候变化谈判进程中的技术开发与转让问题

气候公约第四条第 5 款规定："附件二所列的发达国家缔约方和其他发达缔约方应采取一切实际可行的步骤，酌情促进、便利和资助向其他缔约方特别是发展中国家缔约方转让或使它们有机会得到无害环境的技术和技术诀窍"。

第四条第 7 款进一步指出发展中国家缔约方能在多大程度上有效履行其在公约下的承诺，将取决于发达国家缔约方对其在公约下所承担的有关资金和技术转让的承诺的有效履行情况。

气候公约第四条第 1 款（c）项将技术开发与转让扩展到了部门层次，提出应在所有有关部门，包括能源、运输、工业、农业、林业和废物管理部门，促进和合作发展、应用和传播（包括转让）各种用于控制、减少或防止温室气体排放的技术、做法和过程。

自气候公约生效以来，技术开发和转让问题一直是历次缔约方大会的核心议题。2007 年 12 月 COP13/MOP3 制定的"巴厘路线图"是技术转让问题的一个重要里程碑，将技术开发和转让作为未来气候公约谈判进程的核心要素之一。

技术开发与转让是 2012 年后国际气候变化制度中的热点问题，也是目前关于《京都议定书》第二承诺期和长期合作行动计划谈判中的重要议题，其能否取得突破，也是旨在落实"巴厘路线图"的谈判是否取得成果的重要标准。要推动技术议题取得进展，核心是要建立技术开发与转让的相关机制，包括要有充足的、确定的资金保障。

2009 年 12 月召开的 COP15/MOP5 形成的《哥本哈根协议》，是构建2012 年后国际气候制度的新基础，其中为未来国际气候制度中的技术开发与转让问题提出了一些方向性安排，其中提出：发达国家应当提供充足的、可预测的和持续的资金资源、技术以及经验，以支持发展中国家实施应对气候变化举措。《哥本哈根协议》提出：为了促进技术开发与转让，决定建立技术机制，以加快技术研发和转让，支持适应和减缓气候变化的行动。这些行动将由各国主动实行，并基于各国国情确定优先顺序。

2.2.2.3 面临的困难

但是，气候公约生效以来，在技术开发和转让领域始终进展缓慢，不能满足应对气候变化国际合作的需要。究其原因，发达国家缺乏政治意愿是最主要的原因。发达国家政府没有切实履行气候公约和《京都议定书》所规定的义务，在向发展中国家转让技术问题上立场依然消极，而且特别强调发展中国家承担更多的国际责任。其基本出发点还是由发展中国家自己承担相应的技术代价，同时保持发达国家在清洁技术方面的优势，并借此通过市场机制向发展中国家出售清洁技术，开发新的盈利市场领域。双方分歧的实质就是技术的价格和政府的责任。

发展中国家的立场可以归纳为三点。第一，为了应对气候变化，发达国家有责任向发展中国家以优惠条件转让各类气候有益技术，以帮助发展中国家应对气候变化。第二，气候公约下的技术转让应以赠款或优惠为基础，突出政府尤其是发达国家政府在技术转让中的关键作用，否则发展中国家不愿意或者说是无力支付昂贵的技术引进费用。第三，发达国家政府尤其应促进公共拥有的技术的转让。

发达国家的立场也可以归纳为三点。第一，不愿为发展中国家提供帮助，或者只愿意提供有限的帮助，更多地寄希望于发展中国家自发承诺减排。第二，强调私营部门在技术转让中的关键作用。认为大部分技术掌握在私营部门手中，公共拥有的技术所占份额很小，而且如果为私人企业转让技术提供税收优惠和财政补贴，就会大大加大发达国家政府的公共财政支出，这对发达国家政府是一个挑战。第三，认为发展中国家应先建立利于技术转让的国内环境，指出目前发展中国家的市场条件还不成熟，无法进行有效的技术转让。

在经济全球化进程中，发展中国家与发达国家间的技术差距将拉大。发达国家能否、何时、怎样、多大程度上兑现其以非商业性的、优惠的条件向发展中国家缔约方转让气候有益技术的承诺，是在全球范围内推进气候公约进程的关键。从大局上看，气候有益技术的国际开发和转让应该是发达国家与发展中国家实现"双赢"或者说是全球实现"多赢"的战略举措。发达国家向发展中国家转让先进技术，一方面，可以帮助发展中国家改变传统的发展模式，提高能源的利用效率，转换能源结构，实现保护气候、保护环境的目的，另一方面，发达国家也可以共享由此带来的清洁、健康运转的全球大气系统。但是，由于各利益相关方出于自身利益考虑，对待温室气体减排和气候保护的诚意和为实现气候保护而愿意付出的代价和努力是不同的，同时又受到气候作为全球公共物品而带来的外部性和"搭便车"问题的影响，就造成了目前气候有益技术国际技术合作陷入僵局的现状。

2.2.3 对未来技术开发和转让合作机制的考虑

2.2.3.1 从技术转让障碍到解决障碍的机制

认识技术转让的障碍仅仅是手段，目的是促进气候有益技术的国际转让，使其能够在全球范围内为应对气候变化起到更大的作用。因此，需要针对认识到的障碍，设计有针对性的机制和措施。解决技术转让障碍的机制主要包括制度安排、资金机制、绩效评估体系和知识产权制度等几个方面。

通过合理的制度安排，在气候框架内建立专门负责气候有益技术国际合作的常设政府间附属机构，能够促进发达国家和发展中国家之间的技术合作，对于消除目前广泛存在的来自技术供方的障碍有很大的帮助。

创新的资金机制通过促进公共部门和私营部门的合作，吸引私人资本投入低碳技术研发，为国际技术开发和转让提供充足的、确定的资金保障，帮助发展中国家更好地承担发展低碳技术的成本。

科学、合理的技术转让绩效评估指标体系，能够有效衡量技术转让的真正效果，并能为气候有益技术转让促进政策的制定提供更明确的指南。尽管气候公约下的技术转让专家组已经初步完成开发用以监测和评价技术转让框架执行效果的一系列关键指标，但是目前这套指标仅仅关注于评价技术转让的过程，而与公约第四条第1款（c）项和第5款的目标关联性不强，无法衡量技术转让的实际效果。

知识产权问题正日益成为发达国家和发展中国家在气候谈判领域一个互不妥协的僵局。知识产权问题的解决方案，必须要同时满足两个方面的需求：一个是低碳技术专利持有者对加强知识产权保护的需求，另一个是发展中国家获得关键和必要的低碳技术的需求。通过一些知识产权的灵活机制，如联合研发、平行市场、强制许可等，有助于打破目前在知识产权问题上的僵局（Tomlinson 等，2008）。

2.2.3.2　对未来技术开发和转让合作机制的一些基本考虑

克服技术转让的障碍，促进气候有益技术的国际转让，是一个复杂的过程。以中国人民大学邹骥教授为首的研究团队提出了一套设计方案。

（1）利益相关方分析

制定和实施国际合作新机制最终需要落实到有关利益者身上。对于气候有益技术国际合作，所涉及的利益相关方主要有发达国家和发展中国家的政府和私营部门等。

在2.2.2节中，已经介绍了发展中国家和发达国家的立场，这是政府立场。下面介绍发展中国家和发达国家私营部门的观点。

对于私营部门来说，其一般目标分为利润最大化、安全性（即生存）、稳定性等。对于气候有益技术，其兴趣主要在于自身的商业行为不受到打断和保持国内和国际竞争力。另外，私营部门还希望通过气候有益技术来改善其竞争力。对于不同产业部门乃至不同企业，各个目标的重要性并不一样。在实际中，有些企业希望在行业的"绿色化"行动中起带头作用，这种自发的动机尤其在国际型大企业中可以看到。另外，有些企业则考虑长期策略，它们洞察到从长远来看，环境有害技术将不能被政治或市场所容忍，因此，自发的投入对气候有益技术的研发是可以理解的、保持企业长期稳定性的策略。也有一些企业试图通过气候有益技术来创造一个新的竞争点。

先进的、更多的气候有益技术掌握在发达国家私营部门手中。为了保持市场竞争力并补偿技术开发成本，甚至于形成技术垄断，他们希望通过市场机制来进行技术转让，按照商业价格进行技术转让。他们对于技术转让提出了昂贵的知识产权要求，以至于成为技术转让的实质障碍。但这个是由企业性质和市场性质所决定的。

同时由于全球气候的公共物品性质，对于存在着普遍的"免费搭车"现象、几乎没有利润或者微薄利润的公共部门，发达国家的私营部门没有足够的动力去投资，他们对于将来获取利润可能性不大的技术也缺乏足够的投入动力。这也是发达国家公共财政对技术的投入主要集中于基础性的、商业化可能性不大的领域的原因。

发展中国家私营部门普遍来说技术比较落后，技术研发投入不足，保护知识产权的意识也比较淡薄，存在着窃取和仿冒技术的可能性。

考虑到气候有益技术一般价格比较高，发展中国家私营部门虽然有一定的技术需求，但很可能因为价格原因而失去引入气候有益技术的兴趣。

发展中国家私营部门是应用气候有益技术的直接对象。它们可以通过应用气候有益技术来应对本国日益严格的环境政策约束。同时这些技术还有利于发展中国家私营部门对其现有技术设备进行技术改造，提高其能源利用效率，为发展中国家在其经济持续发展过程中提高新增生产能力的技术先进性作出贡献。

另一方面，一些已经逐步发展起来的发展中国家的企业为了提高其自身的市场竞争力，在未来的全球市场竞争中抢占先机，以及从发达国家的手中抢占市场份额，也有进行技术研发的积极性，但研发所需投入的巨额资金还需要国际援助的帮助。

（2）建立气候有益技术国际合作新机制的原则

① 责任的原则。基于气候公约"共同但有区别的责任"原则，拥有先进技术的发达国家有责任采取主动措施，向发展中国家转让、扩散气候有益技术。

发达国家政府和立法机构应当将保护全球气候的政治意愿体现到促进全球共享气候有益技术上来，主动促进形成激励政策环境，为本国研发机构和企业向发展中国家研发机构和企业转让技术创造有利条件并直接在公有技术合作方面采取行动。发达国家具有雄厚资金和技术实力的企业也应当切实承担起企业在全球气候保护方面的社会责任，率先以多种形式和优惠的条件向发展中国家的企业进行市场转让，传播气候有益的技术。

发展中国家政府和立法机构应当主动改善本国的市场和政策环境，为发达国家政府和企业向本国转让技术创造适宜性环境。发展中国家的私营部门也应该主动配合发达国家的行动，促进先进技术在本部分的使用，为自身和本国的技术升级作出应有的努力。

② 国际技术合作与转让的原则。新机制下的国际技术合作与转让应遵循以下具体原则：

技术有效性和先进性原则。所转让和扩散的气候有益技术应确实在适应和减缓气候变化过程中发挥有效的作用，具有足够强大和稳定的技术功能，代表着未来可持续的技术发展方向，而不应当是行将淘汰的落后技术；

技术便利性和低成本原则。所转让和扩散的技术应当足够便宜和便利，让发展中国家的企业买得起、用得上，从而有足够大的推广范围和规模，为此，以发达国家为主的公共财政应发挥重要支持作用。

快捷性原则。技术转让应该包括位于技术发明、研发、工程示范到商业化应用的技术生命周期各个阶段的技术。应当努力使先进的技术迅速、及时地在发展中国家得到有效应用，以避免"锁定效应"。

公营和私营部门合作原则。要通过国家明确的政策信号引导私营部门作出有益于气候保护的决策，运用公共财政手段为企业开发、转让和部署气候有益技术在降低交易费用、减少开拓市场和采用新技术的风险、补偿增量成本等方面创造优惠的条件。发达国家公共财政应当率先发挥驱动激励作用。

循序渐进的原则。可以首先从比较容易形成共识或易于操作的领域采取行动，如在联合研发、公有技术共享、解除技术出口限制等领域率先采取行动。

全面综合开展合作的原则。要在从发明、研发、示范、市场营销、商业化应用等技术生命周期的任何一个阶段全面开展多种形式的合作。

（3）政府间合作仍是气候有益技术国际合作的主要驱动力

一项技术的跨国转移需要政府和市场的共同作用。问题在于，市场和政府哪一个是主要的驱动因素。如果完全依靠价格机制进行技术转移，追求利润最大化的企业不会考虑转移技术带来的环保效益，从而使得气候公约保护气候的作用不复存在。同时因为发展中国家的购买力不足，无法购买价格昂贵的先进技术，发展中国家连续使用落后的技术，必然会造成落后技术的"锁定效应"。如果完全依靠政府的作用，一方面，政府对国内技术的供给和需求情况不是很了解；另一方面，政府也无法代替企业来进行技术转移的成本－效益分析。

考虑到气候问题的外部性和气候公约框架下合作的多边性，在新机制下，政府间合作仍将作为气候有益技术国际合作的主要驱动力，同时结合市场机制的作用，共同推动气候有益技术的国际合作。

（4）为私营部门参与气候有益技术的国际合作提供积极的刺激

作为气候有益技术国际合作的主要驱动力，政府理应搭建技术转移的平台，在这个平台上，进行技术转移活动的微观主体依然是两国的企业，主要的场所依然是市场，一个有政府调节干预的市场。

一方面，发达国家政府可采取一系列的经济、政策手段，来传递积极信号，刺激和激励本国企业和研发机构向发展中国家研发机构和企业转让技术。

另一方面，政府还可以通过为私营部门参与国际技术合作消除各种障碍而提供正向刺激。发展中国家政府可在发达国家的帮助下通过消除各种障碍来改善发展中国家的适宜性环境，包括增强环境规章、增强立法系统、保护知识产权、为私营部门的技术转移提供便利和帮助等，最终促进私营部门的技术向发展中国家转移。

（5）选择联合研发作为气候有益技术国际合作的新着眼点

由于先进的能效技术掌握在发达国家的私营部门手中，将企业追求最大利润的本质和全球气候保护结合在一起，不是一件容易的事情，仅靠发达国家的政府补贴来推动国际技术合作还是远远不够的。

联合研发即指南北技术研发和南南技术研发。南北技术研发即指发达国家和发展中国家根据发展中国家应对气候变化的需求，结合发展中国家的经济发展状况和能源使用特点，双方共同出资研发先进的技术，在此过程中，双方按比例出资，共担研发成本，共摊研发风险，共享知识产权，真正地共同应对气候变化。研究表明，先进的能效技术的研发周期长，风险大，投资多，在经济全球化的今天，随着生产要素在国家范围内的有效配置，开展全球性的技术合作顺应了历史发展的必然。气候变化的不确定性、投资能效技术的风险性以及能效技术的尖端性使得气候领域的联合研发成为可能。

（6）对气候有益技术合作与转让的效果进行系统评估

快速并且大规模的技术合作与转让对于发展中及转型国家避免由于经济高速发展所造成的高碳经济模式至关重要。与此同时，对于技术合作与转让的效果进行系统有效的评估也是很重要的。只有设置了详细并且恰当的评价指标体系，才能真正明确技术合作与转让对于发达与发展中国家的影响，以及给气候所能带来的明确收益。

（7）建立气候有益技术国际合作的创新性融资机制

气候有益技术国际技术合作的资金来源问题一直是争论的焦点，也是技术转让的一个"瓶颈"问题，在有关环境公约下技术转让障碍的研究中，"资金缺乏"成为技术转让的首要障碍。目前的可期望的资金大体分为两种，一种是气候公约资金机制的资金，如 GEF 项目赠款。但是，受 GEF 规则限制，基于政府合作的 GEF 项目，难以顾及到技术的有效转移。

另一种是"创新性融资"。所谓"创新性融资"，国际上有观点认为：它应不是纯股本、债务或保险，而是一种风险与回报的组合；不仅涉及资本，而且涉及企业发展服务；不是由公共部门单独从事，而是与商业领袖结成伙伴关系从事；不仅涉及创新，而且涉及推广和主流化；不仅涉及资本和服务，而且涉及转变精神状态；不仅针对金融家，而且针对很多企业和政府人员。

目前，商业化的技术转移已经发展得相当成熟，借鉴传统的商业融资模式是必要的。因此，除了强调传统的资金机制向气候有益技术国际合作倾斜外，创新性融资成为国际技术合作的有发展潜力的一个市场化资金机制。

通过"创新性融资"，将现有的融资工具和手段运用到气候有益技术的开发与转让中，切实地提高发展中国家开发技术转让项目和吸引项目融资的能力，这种崭新的资金机制，需要建立公共—私营部门合作伙伴关系，吸引更多的公共部门、私营部门（企业、银团等）参与到技术开发与转让中，实现资金来源多样化，包括来自发达国家的公共资金，同时力争使企业作为推动技术转让的主力，成为先进技术扩散和引进的主体。这既符合技术扩散的一般规律，也是气候公约下融资形式的一个崭新的突破。以项目为载体，将技术开发与转让具体化，是对现有的公约框架下技术转让机制的一种检验，也是一种深化。

2.3　加强发展中国家应对气候变化能力建设

2.3.1　能力建设在气候变化行动中的地位

2.3.1.1　能力建设的基本内涵

能力建设，简单来说就是指为了实现某项目标而加强相关能力和主观条件的过程。在气候变化中，能力建设是指为应对气候变化的不利影响，增强发展中国家和经济转型国家履约能力而加强相关能力（包括技术机能和机构运转机能等）的行为和过程。气候公约第四条第1款、《京都议定书》第十条和第十一条的内容都给出了能力建议的定义：由发达国家提供资金和技术，以提高发展中国家适应气候变化和参与国际气候保护合作的能力。作为1992年联合国环境与发展大会的成果，《21世纪议程》在第37章中指出：能力建设意味着发展一个国家的人的、科学的、技术的、组织的、机构的和资源的能力。UNDP与气候公约资金机制GEF开展的"能力发展初始行动"，进一步强调了发展中国家自主发展的能力（即能力发展），强调二者

（能力发展和能力建设）之间的内在转化关系，提出能力发展应从个人—机构（团体）—系统三个层次并综合考虑三个层次之间、区域—国家—地区之间、长期—短期之间的相互作用。

2.3.1.2 能力建设对发展中国家应对气候变化的作用

近年来，气候变化问题日益引起国际社会的广泛关注，是人类共同面临的严峻挑战。如何适应和减缓气候变化成为摆在人们面前的难题。

发展中国家将是全球气候变化所引致的气候相关灾害的最大的受害者。根据 IPCC 公布的第四次评估报告，全球每年遭受气候相关灾害人口，将从1975 年的 2% 上升到 2010 年的 4%，达到 2.5 亿人，其中发展中国家在受害人口中将占到 95%（IPCC，2007）。为减少气候灾害对发展中国家人民的负面效应，保障他们的基本生存权利，要求发展中国家尽快提高适应气候变化的能力。

同时，在全球气候变化的背景下，世界范围内以清洁能源技术为支撑，以国际气候管理体制为引导，以发达国家为主导，以发达国家气候能源政策为驱动的低碳经济正在形成，发展势头强劲，已经成为发达国家政府，跨国公司的既定战略。随着国际社会对气候变化问题的关注日益深入，低碳经济和低碳技术将催生新的经济增长点，改变原有贸易条件、竞争力对比，并将与全球化、信息技术一样，称为重塑世界经济版图的强大力量。低碳经济这种世界新型经济形态的出现将对发展中国家的发展形成严峻挑战。发展中国家处于高碳经济发展阶段，大规模的基础建设和城市化需求的国情决定了其在可预见的将来很难绕开高排放的发展路径。发展低碳经济对广大发展中国家来说将会形成新的比较劣势，使得发展中国家在新一轮的全球竞争中处于不利的局面。要走出这一困境，基本出路也是提高发展中国家应对气候变化的能力，包括科学技术能力、组织能力、制度能力和人力资源能力等等。

2.3.1.3 能力建设在气候变化国际合作中的作用

能力建设在发展中国家应对气候变化时起着至关重要的作用，但是一个国家的发展水平与这个国家的各方面的能力紧密相关，一般来讲，处于较高发展阶段的发达国家在各方面的能力都比较强，如科技创新能力、经济发展能力、环境保护能力等。全球竞争力指标所体现的不同国家在经济、体制、技术等领域的实力，也可以体现不同国家的能力。2009 年最新的全球竞争力报告中可以看出发展中国家在体制、技术、金融、人力资本和基础设施等指标方面都远不如发达国家（World Economic Forum，2009）。

发展中国家经济上比较贫穷，工业基础薄弱，人均国民生产总值较低，技术水平低。它们在应对气候变化方面能力比发达国家相比非常薄弱，尤其是最不发达国家和小岛屿发展中国家，它们受气候变化影响更大，而应对能力也更为重要。再比如气候变化信息监测等方面发展中国家急需加强自身的能力建设。发达国家向发展中国家提供的一些援助措施，发展中国家由于自身工作人员能力不足而无法有效地开展。

对于发展中国家来讲，由于其所处的发展阶段决定了其在应对气候变化的能力方面必定不如发达国家，但是为了应对气候变化，发展中国家又迫切需要快速提高其应对能力，而发展中国家本身又没有独立完成自身能力建设的能力，包括缺少财政资源和适当的体制机制；缺乏必要的技术和专门知识，包括信息技术；并且缺乏定期或不定期在发展中国家间互相交流信息和意见的能力，等等。

基于"共同但有区别的责任"原则，发达国家有义务向发展中国家提供能力建设的援助。能力提高不是仅靠发展中国家自己就能解决的，这一过程需要放到国际层面上努力实现。发达国家应提供资金及其他援助，支持发展中国家开展能力建设，首先需要帮助发展中国家便捷及时地评估其能力建设需要，明确其中的重点，协助其加强现有体制，并在必要时作出能开展有效能力建设活动的体制安排。

同时，发达国家拥有大量的先进技术和资金，而且已经在气候变化和洁净技术领域做了大量的尝试，其经验和资金、技术能力，可以为发展中国家跨越"先污染后治理"阶段，探索发展低碳增长方式，提高适应气候变化能力，降低气候变化风险等方面，提供帮助。如欧盟发展低碳经济的经验和经济激励措施，像英国的碳基金、气候变化税、气候变化协议；欧盟关于第三阶段欧盟温室气体排放交易系统的设计、可再生能源绿色证书交易制度设计等，对广大发展中国家具有重要的借鉴意义。

2.3.1.4 应对气候变化能力建设的目标和主要内容

应对气候变化能力建设的目标是帮助发展中国家更好地履行气候公约和《京都议定书》的进程，并促进其可持续发展。这也是公约资金机制如 GEF 开展能力建设活动所应遵循的指导方针。可以说，能力建设的最终目的是为了帮助发展中国家尽快更好地实施可持续发展，以应对气候变化，包括减排温室气体。其直接目的是为了发展中国家更好地完成气候公约第四条第1款及第十二条第1款中的承诺。

能力建设活动应遵循现已达成的各项决议，尽可能和气候公约及其他国际环境协议相一致，并应在各缔约方已开展的履约《京都议定书》进程工作基础上进行。能力建设应充分考虑各国的实际情况及其特定的需求，特别是最不发达国家和小岛国的实际需要。因此，依赖于发展中国家缔约方的现有机制是十分重要的。

气候公约COP5第10号决议将能力建设主要内容和重点领域归结为以下方面：机构/体制能力建设；清洁发展机制下的能力建设；人力资源开发；技术转让；国家信息通报；适应性；公众意识；协调与合作；改善决策。COP7《马拉喀什协定》中进一步将能力建设的重点领域归纳为15个方面。

GEF和联合国开发计划署开展的"能力发展初始行动"，将能力建设需求归结为三个层次：系统层次；团体/机构层次；个体层次。如表2-8所示。

表2-8　　　　　　　　　　三个层次的能力建设需求

系统层次	团体/机构层次	个体层次
总体政策框架	任务/战略管理	工作需求和技能水平
法律和法规框架	组织文化、结构和竞争对手	培训和再培训
管理责任框架	计划、质量管理、监督	职业发展
	和演进过程的有效性	
经济框架	人力资源	责任心/道德
（市场作用）	财务资源	信息评估
系统层次的资源	信息资源	个人/职业网络
过程和联系	基础设施	
		业绩/引导
		激励/保障
		价值/正直/态度
		道德和积极性
		工作调配和工作分享
		目前安排的替代办法
		相互联系和工作团队
		相互依赖性
		交流技巧

2000 年 10 月，GEF 和联合国开发计划署"能力发展初始行动"报告《国家能力发展需求和优先领域》中，又从发展中国家和发达国家两个方面重提了能力需求，综合了以上三个层次。对发展中国家，其能力需求和限制包括：脆弱性和适应；对气候变化问题全面的意识和理解；观测和测量；温室气体减排和碳埋存；清洁发展机制；环境有效技术的转移；国家气候变化战略；气候公约谈判能力；不同国际环境条约间的协同。对发达国家，其能力需求包括：控制和适应；战略和行动计划；信息系统；监督和国家报告。

目前，对于能力建设的重点领域和内容还有所争议，而且能力建设的重点领域和内容也与各国国情密切相关，必须按国别进行具体认定，以符合发展中国家的具体需要和条件，并反映它们的国家可持续发展战略、重点和计划。但是，一般来说，能力建设的重点领域和内容仍然存在共性内容。

我国在 GEF 资助开展的"国家能力自我评估项目"中，基于《马拉喀什协定》中的有关规定，提出了我国气候变化领域能力建设的重点需求领域和具体内容，涉及：建立体制和机构；创造适宜环境，即创造和加强适宜于能力建设的机构环境、政策环境、投资环境、信息服务平台建设和人力资源；编制国家信息通报及温室气体排放清单；制定国家气候战略；评价脆弱性和适应性；评价减缓措施的实施选择；开展研究和系统观测；促进技术开发与转让；开发和实施清洁发展机制项目；教育和提高公众意识；建立和发展网络化信息系统（GEF/UNDP 中国国家环境履约能力自评估项目办公室，2006）。

2.3.2 气候变化谈判进程中的能力建设问题及面临的困难

2.3.2.1 气候公约和《京都议定书》中关于能力建设问题的规定

发展中国家能力建设问题是气候公约和《京都议定书》中的重要问题。

气候公约第三条规定：各国应在公平的基础上，根据共同但有区别的责任和各自的能力，从当代和后代人类利益出发保护气候系统。

第四条第 3 款规定：应对气候变化要充分考虑发展中国家的具体需要和特殊情况，发达国家应当率先对付气候变化及其不利影响。附件二所列的发达国家缔约方和其他发达缔约方应提供新的和额外的资金，以支付发展中国家为履行上述经议定的义务而招致的全部费用。它们还应为发展中国家缔约方提供其所需要的资金（包括用于技术的资金），以支付发展中国家执行气候公约第四条第3款规定。

第四条第4款规定：附件二所列的发达国家缔约方和其他发达缔约方还应帮助特别易受气候变化不利影响的发展中国家支付适应这些不利影响的费用。

第四条第5款规定：附件二所列的发达国家缔约方和其他发达缔约方应采取一切实际可行的步骤，酌情促进、便利和资助向其他缔约方特别是发展中国家缔约方转让或使它们有机会得到无害环境技术和专有技术。

第四条第7款规定：发展中国家缔约方能在多大程度上有效履行其在公约下的承诺，将取决于发达国家缔约方对其在公约下所承担的有关资金和技术转让的承诺的有效履行情况，并将充分考虑到经济和社会发展及消除贫困是发展中国家缔约方首要的和压倒一切的优先事项。

另外，第五条和第六条还规定各缔约方应开展国际合作以加强发展中国家缔约方在研究和系统观测、公众意识、教育和培训等方面的能力。

第十一条规定：发展观测系统以减少气候变化的不确定性及其不利影响；在国际一级合作中拟订和实施教育和培训方案，包括加强本国能力建设，特别是人员和机构能力，在国家一级加强公众意识并促使公众获得气候变化相关信息。

第十一条还规定：附件二所列缔约方应提供新的和额外的资金，以支付发展中国家履行公约承诺的全部费用。

《京都议定书》进一步强调了合作开发、应用和传播环境有益技术和专有技术的过程和做法，并特别强调向发展中国家传播技术。

2.3.2.2 气候变化能力建设国际发展历程

发展中国家气候变化能力建设机制的形成和发展经历了一个漫长的发展历程。从开始发展中国家气候变化能力建设仅仅作为某些条款的附属条件出现，到最后发展中国家气候变化能力建设作为一个单一的决定出现，并且成为了缔约方大会固定的议程之一，其重要性逐渐显现。

自1999年气候公约11次附属机构会议和COP5首次独立审议发展中国家能力建设议题以来，历次缔约方大会和绝大多数附属机构会议都将发展中国家能力建设问题作为单独的议题专门组织审议和谈判。

COP2决议中，在未列入气候公约附件一的缔约方的初始信息编制指南上，就改善国家信息通报能力上第一次提到了能力建设。

COP3 通过的《京都议定书》中，第十条中的附属说明两次提到了能力建设。

COP4 第 4 号决议首次提出了技术开发转让的能力建设议题。

在前四次缔约方大会上的决议还确定了能力建设相关的部分资金机制、组织体制等，为以后能力建设议题的讨论和相关决定的产生提供了重要的基础。

COP5 申明能力建设是发展中国家有效参加气候公约和《京都议定书》进程的关键所在，认识到总结能力建设领域现有活动情况的重要性，包括 GEF 资助能力建设活动。确认在技术开发与转让方面、CDM 项目方面、研究和系统观测方面，有关能力建设规定的工作已经开始，但是还有大量的工作要做。认识到发展中国家执行气候公约的困难，强调能力建设是一个连续的过程。

COP7 通过了《马拉喀什协定》"一揽子"决议，其中第 2 号决议"发展中国家（非附件一缔约方）的能力建设"通过了发展中国家能力建设框架，决定应将该框架用以指导与执行公约及有效参与京都议定书进程有关的能力建设活动，并且提出了要进行能力建设综合审评。它初步设立了发展中国家能力建设框架，为以后的发展中国家能力建设活动提供了良好的基础。

COP9 通过了能力建设相关的两条重要的决议。一条是第 4 号决议"对资金机制经营实体的进一步指导意见"，"全球环境基金作为资金机制的一个经营实体就有关能力建设问题"和"为实施第 2/CP. 7 号决定所附能力建设框架，继续为非附件一缔约方提供财政资助"。

在以后的会议上，能力建设议题开始逐渐以材料审议、综合审评等事务性工作为主。总体而言，目前能力建设领域的谈判工作处于并仍然处于一种胶着状态，每次会议的成果不是十分显著。

2.3.2.3 气候变化谈判进程中能力建设问题面临的困难或障碍

气候公约和《京都议定书》已对发达国家应帮助发展中国家进行能力建设给出了明确的规定。在发展中国家进行能力建设，是发展中国家履行公约中有关承诺的必要条件，也是发达国家应履行的公约责任。

COP7 通过《马拉喀什协定》以来，发达国家也采取了一些援助行动，在能力建设领域支持开展了一些活动，但总体而言，发达国家在这方面的行动仍非常有限，缺乏实质性支持，在能力建设问题的许多方面不作为或少作为。按照气候公约规定，发达国家有责任帮助发展中国家进行能力建设，提供技术、资金等方面的支持。但是发达国家处于自身利益的考虑，迟迟不愿意提供支持，导致发展中国家有好的意愿也会因为没有资金而无法开展。另外，发展中国家在谈判中力求将能力建设活动贯穿于适应性措施和减排措施的实施中去，以此扩大能力建设活动的规模并加深其程度。但发达国家则尽力控制能力建设的规模和程度，严格区别能力建设活动和具体的适应性措施与减排活动。

同时，发达国家对有关能力建设议题的谈判不感兴趣，采取一种对之边缘化、模糊化、抽象化的态度，力求将之从谈判桌上挪走，避实就虚，极尽能事淡化、虚化、弱化该议题在谈判中的地位。他们的基本立场是：发达国家已经在能力建设领域做了很多，也做得很好，从此没有必要更多的在谈判桌上讨论这个议题。而广大发展中国家将援助发展中国家能力建设活动视为发达国家应当承担的责任和参加履约的前提条件，据理坚持深化此议题的谈判。发展中国家的基本立场是：发展中国家能力建设问题对推进气候公约和《京都议定书》的进程至关重要，发达国家在该领域的实质性作为甚少，还需投入更多的资金和技术援助，否则将严重影响发展中国家有效参与国际气候进程。发展中国家和发达国家双方分歧显著，争论异常激烈，以至于谈判始终处于一种胶着状态，难以突破。如果要进一步加大对气候系统的保护力度，发达国家必须表现出更大的诚意，在能力建设方面作出更为实质性的努力。

2.3.3 中国应对气候变化的能力建设活动及存在的问题

作为负责任的发展中大国，我国高度重视气候变化问题，根据国家可持续发展战略的要求，采取了一系列行之有效的应对气候变化的政策和措施。我国大力推进经济结构调整，改善能源结构，在开展植树造林、加强生态建设和保护、控制人口增长、加强配套法律法规和政策措施的制定、完善相关体制和机构建设等方面取得了巨大成效。

例如，我国政府重视并不断提高气候变化相关科研支撑能力，在中央财政的支持下，组织实施了国家重大科技项目"全球气候变化预测、影响和对策研究"、"全球气候变化与环境政策研究"等，开展了国家攀登计划和国家重点基础研究发展计划项目"中国重大气候和天气灾害形成机理与预测理论研究"、"中国陆地生态系统碳循环及其驱动机制研究"等研究工作，完成了"中国陆地和近海生态系统碳收支研究"等知识创新工程重大项目，开展了"中国气候与海平面变化及其趋势和影响的研究"等重大项目研究，并组织编写了《气候变化国家评估报告》，为国家制定应对全球气候变化政策和参加气候公约谈判提供了科学依据。我国政府有关部门还开展了一些有关清洁发展机制能力建设的国际合作项目。2007年6月，我国还发布了《中国应对气候变化国家方案》，这是发展中国家的第一部应对气候变化国家方案，明确了到2010年中国应对气候变化的具体目标、基本原则、重点领域及其政策措施。2008年6月在中央政治局第六次集体学习时，胡锦涛总书记强调应对气候变化要大力增强适应气候变化的能力，强调了在加强应对极端气候事件的影响以及对气候风险的预测等方面的能力要不断加强。

地方政府层面也开展了大量的应对气候变化能力建设活动，例如湖北省于2009年10月出台了《关于加强应对气候变化能力建设的意见》，明确提出了进行省级应对气候变化能力建设的要求以及行动指南，如专栏2-1所示。这对于中国省市级地方政府进行应对气候变化能力建设具有很强的指导性，表明应对气候变化已经不仅仅是中央政府的决心，而是已经落实到了地方层面的工作当中。

专栏2-1

湖北省《关于加强应对气候变化能力建设的意见》

湖北省委、省政府《关于加强应对气候变化能力建设的意见》（以下简称《意见》）出台。《意见》指出，当前，湖北省正处于全面建设小康社会的关键时期和工业化、城镇化快速发展的重要阶段，积极适应和减缓气候变化，事关全省经济社会发展全局和人民群众切身利益，各级党委和政府要充分认识应对气候变化工作的重要性和紧迫性；要制定气象灾害防御规划，提高气象灾害监测能力，加强灾害预警信息传播，完善气象灾害应急体制机制，继续加强人工影响天气能力建设；要不断增强农业适应气候变化能力，合理开发和优化配置水资源，加强敏感行业气候变化应对防范；要推行能源

89

节约举措降低能源消耗，积极开发可再生能源，优化能源结构，加快发展低碳经济，减少温室气体排放，加快发展现代农业，加强生态环境保护建设增加森林碳汇，大力加强生态综合治理；科技部门要将气候变化影响综合研究纳入科技发展规划和重点科技计划，加快适应和减缓气候变化领域重大技术的研发，提高应对气候变化科研成果转化力度。

《意见》强调，各地要加强组织领导，完善政策法规体系，加大资金投入，提高全社会参与应对气候变化和防灾减灾意识。

资料来源：湖北日报 . 2009 年 10 月 12 日

虽然最近几年，能力建设也取得了一定得成果，但是相对于国家应对气候变化的目标要求仍有一定差距，主要问题有以下几方面：

目前中国还没有系统的气候变化能力建设的规划，无论国家还是地区的能力建设活动都还缺乏统一的参考标准。虽然国家有了指导性意见，部分地区也已经出台了加强应对气候变化的能力建设的意见，但是总体来说，还没有形成大家都知道"该干什么，怎么干"的体系。

仍然存在资金缺口，与能力建设相关的研究与开发投资不足，实施能力建设活动的资金投入有限。我国人口众多，地域广阔，地区间社会经济和技术发展水平差异大，在制定国家和地方层次的能力建设发展规划和战略时面临很大的挑战，如果没有足够的资金支持，很难制定出系统性和指导性很强的规划与战略。

尚未形成促进能力建设活动有效开展的政策激励体系，直接导致地区开展活动的积极性不高。与其他经济活动相比，没有体现出能力建设活动的市场价值，无法从市场上吸引资金，主要依靠政府的投入。

开展能力建设的专家还很缺乏。公众与企业参与能力建设活动的积极性虽然有所提高，但仍显不足。这个问题不仅存在于国内，国际层面上也存在这样的问题，主要表现为目前对于能力建设问题的方法学问题还没有建立清晰的认识，另外，对于执行框架也存在不同的意见。

缺乏信息共享机制，缺乏相关法律、政策、标准和平台的支持，大量的气候变化信息知识被部门、机构和个人所掌握，信息流动和共享比较困难。另外，气候变化信息中的公益性信息和商业服务信息缺乏区分，影响了应对气候变化相关信息产业的发展，表现为信息交流平台难以维持和发展。

2.3.4 对未来能力建设合作的考虑

能力建设问题仍将是应对气候变化谈判中的关键问题。为推动能力建设谈判前进，同时促使发达国家向发展中国家进行更多实质性的能力建设援助，需要考虑以下几方面问题：

一应将能力建设置于发展问题的大背景下去理解。促进发展中国家的可持续发展是解决全球气候变化问题的重要途径。能力建设服务于发展问题，或是发展问题中的一个组成部分。只要存在着不发达情况，就有能力建设问题。能力建设的过程，从一个方面表现为是发展水平提高的过程。能力建设是一个全方位的问题，必须以一种综合的方法加以解决。以这样的概念为基础，就意味着能力建设对于气候公约的实施是一个长期的、基本的、全面的、战略性的问题。

二应坚持对能力建设活动进行例行监督、监测。对能力建设活动进行例行的监督、监测，是保证《马拉喀什协定》得以有效实施的重要保证，有助于发现问题、找出差距、明确重点和交流经验，提出对未来工作的计划和指导。为此：

第一，应强调能力建设活动的效果，进一步发展衡量能力建设效果的评价体系。完善的指标体系，不仅是衡量工作情况的标尺，还是指导能力建设活动的工具。

第二，应成立特别专家小组专门负责监督、监测其他关于能力建设活动的进展。

第三，要把充足的资金支持和技术支持作为例行监测的重点。发展中国家应当将能力建设与《巴厘行动计划》中的技术和资金问题紧密结合起来，充实技术转让和资金议题的内容。综合评审的指标体系应集中在资金与技术援助规模、受益面广度、能力建设活动的效果、能力差距和能力建设需求等方面，为进一步提出能力建设援助要求创造条件。

第四，对能力建设活动的监督、监测，首先要明确选择监测指标应遵循简单可操作性强、信息可获得性高、成本较低、能够覆盖能力建设主要方面的原则。这对于发展中国家能力建设活动的切实有效开展有着重要的意义。

第五，应当把例行监测发展为一个富有建设性、指导性的工具，促进发展中国家的能力建设活动。

三应进一步加大对能力建设需求的评估。在条件成熟的情况下，扩大国家能力建设需求自评估的成果，推动气候公约附属执行机构制定促进能力建设的 3~5 年规划；将对能力建设需求的评估不断引向深入。这一工作最好能够分行业分领域，推动能力建设向纵深发展。

3

应对气候变化国际资金机制

资金是落实应对气候变化国际合作安排的关键，因此也是未来国际气候制度中的关键。为此，国际社会通过"巴厘路线图"把资金问题上升到气候公约谈判进程。对于气候融资问题，我们应坚持气候公约资金机制主渠道地位，积极参与设计未来国际气候制度中的资金机制。

我国同气候公约资金机制开展了密切和富有成效的合作，成就显著。今后，我国将继续同气候公约资金机制发展合作，为我国履行气候公约规定的义务，为我国应对气候变化行动和可持续发展发挥重要作用。

3.1 资金问题博弈

3.1.1 资金机制国际谈判历程

气候公约为气候变化国际合作奠定了法律基础，也提供了基本框架。气候公约第十一条规定了一种资金机制，即"一个在赠款或转让基础上，包括用于技术转让的资金机制"；气候公约第十一条同时规定，该资金机制应在气候公约缔约方大会指导下发挥作用，对缔约方大会负责。缔约方大会应决定该资金机制与气候公约有关的政策、规划的优先内容和合格资助标准。

在 COP2 上，缔约方大会和 GEF 理事会达成了一个谅解备忘录。在 COP4 上，缔约方大会指定 GEF 作为现行基础上的一个资金机制业务实体，每 4 年进行一次审评，对资金机制的附加指导意见被写入《布宜诺斯艾利斯行动计划》。GEF 每年向缔约方大会报告其在气候变化国际合作中发挥作用情况，缔约方大会根据 GEF 的报告，向 GEF 提供附加指导意见。通过这种方式和每 4 年一次的资金机制审评，缔约方大会定期为 GEF 在其气候变化领域的活动提供更新的政策指导。需要指出的是，缔约方大会并未规定 GEF 是气候公约资金机制的唯一业务实体。但从成立之初到现在，GEF 一直是发展中国家接受气候变化国际合作援助的主要资金渠道，发挥了气候公约主要资金机制的作用。

在 COP6 续会上，缔约方大会达成了实施"布宜诺斯艾利斯行动计划"的《波恩协议》。其中，在对资金机制附加指导意见中指出，应扩大 GEF 资助的合格活动范围，把与适应和能力建设有关的活动也包括在 GEF 资助的范围内。并且，该意见还邀请 GEF 继续努力，完善和提高其作为气候公约资金机制业务实体应发挥的作用，包括进一步简化项目周期，最大限度地缩短从项目概念获得批准到项目资金支付之间的时间。最后，COP6 决定将该意见转交 COP7 继续讨论。

在 COP7 上，COP 正式批准了由"一揽子"决议组成的《马拉喀什协定》。《马拉喀什协定》可视为当时气候变化国际合作框架的实施指导文件，对如何开展能力建设活动、如何在《京都议定书》生效后开展 CDM 合作等重要内容，提出了具体指导方案。在资金行动方面，《马拉喀什协定》也提出了指导意见。其中，缔约方大会根据在 COP6 续会期间形成的意见，对 GEF 提出了附加指导意见决议，明确把与适应和能力建设有关的活动纳入 GEF 资助范围。同时，《马拉喀什协定》为在 GEF 信托基金以外建立针对气候变化领域的三个新基金提供了基础依据。这三个新基金是：气候公约下的气候变化特别基金和最不发达国家基金，以及《京都议定书》下的适应基金。

自此，气候公约及其《京都议定书》下应对气候变化多边国际合作资金机制体系的轮廓已基本清晰。在 2012 年后国际气候制度运行之前，这一体系将由气候公约下的 GEF、气候变化特别基金和最不发达国家基金以及《京都议定书》下的适应基金组成。GEF 是这个资金机制体系中的主体。随着这个资金机制体系的逐渐建立，气候变化国际谈判资金议题下谈判内容的基本格局也随之基本确定。资金议题的谈判内容，除继续为 GEF 提供附加指导意见和开展每 4 年一次的资金机制审评外，在 COP8 上启动了关于建立气候变化特别基金的谈判，在 COP11/MOP1 上启动了关于建立《京都议定书》下的适应基金的谈判，并在 COP12/MOP2 上完成了关于建立气候变化特别基金的谈判，在 COP13/MOP3 上完成了关于建立《京都议定书》下的适应基金的谈判。

在 COP11/MOP1 上，国际社会决定开始为构建 2012 年后气候变化国际合作制度进行谈判，并在 COP13/MOP3 上，达成了确定相关谈判内容和时间表的"一揽子"决议，即"巴厘路线图"。根据"巴厘路线图"，资金问题已不仅是一个在专项议题内磋商、谈判的内容，它被提升到气候公约长期合作层面，成为未来气候变化国际合作制度的核心内容之一。

2009 年 12 月，COP15/MOP5 上形成的《哥本哈根协议》对资金问题做了基本框架安排：一是发达国家承诺 2010～2012 年提供 300 亿美元新的和额外的资金；二是发达国家承诺动员公共、私营、多边、双边等资金，实现到 2020 年每年 1 000 亿美元的目标；三是建立哥本哈根气候基金作为公约资金机制的一个经营实体；四是建立高级别委员会，接受公约缔约方会议指导并对其负责，研究潜在资金来源。这些表述反映了"共同但有区别的责任"原则，明确了发达国家承担出资义务，匡算了出资规模。但同时，资金的具体来源有待进一步明确，各国出资义务有待进一步细化，资金的落实有待进一步监督。

3.1.2 应对气候变化国际合作资金问题焦点

3.1.2.1 资金问题是未来国际气候制度中的关键

为构建 2012 年后国际气候制度，国际社会于 2007 年 12 月在 COP13/MOP3 上通过了"巴厘路线图"，核心内容包括共同愿景、减缓、适应、技术、资金等五个要素。这是资金问题首次上升进入气候公约总体层面进程，凸显出国际社会的重视。资金问题因此将汇集各项谈判焦点，直接关系到谈判成果的落实。如果不能在资金问题上取得突破，构建 2012 年后国际气候制度将成为一纸空谈。

资金问题的核心是气候公约下资金机制和其他融资渠道的地位和作用，内容涉及出资责任和义务、资金来源、出资数量、资金管理体制、资金如何使用和如何保证资金使用取得成效等方面。发展中国家和发达国家在这些内容上存在很大的分歧。

发展中国家强调应坚持"共同但有区别的责任"原则，由发达国家切实履行气候公约规定的出资责任和义务，提供新的、额外的、可预期的、充足的和持续的资金，其公共资金应作为主要资金来源，捐资规模应达到其国内生产总值即 GDP 或国民生产总值即 GNP 的一定比例。相关资金的使用应体现受援国主导并易于获取。资金机制应接受气候公约缔约方大会指导，治理结构应透明、高效，并体现公平和平衡原则。

欧美等发达国家强调气候公约所有缔约方的出资责任，认为资金来源应多元化，包括发展中国家国内的、双边的、区域的和多边的资金渠道，强调发展中国家自己解决资金问题，发达国家只愿承担"公平份额"。发达国家力推私营部门出资为主、公共部门出资为辅，力推市场机制特别是碳市场融资，要求发展中国家建立碳市场并参与国际碳市场，要求征收航空航海税。发达国家企图利用资金机制分化发展中国家阵营，并要求发展中国家制定低碳发展战略，建立关于资金机制资助的"测量、报告、核查"体系。

3.1.2.2　资金机制谈判重点

在气候变化国际谈判的资金问题谈判中，关于资金机制的谈判内容包括两个部分：气候公约下的资金机制和《京都议定书》下的资金问题（在《京都议定书》生效后）。

（1）向 GEF 提供附加指导意见

GEF 是发展中国家接受气候变化国际合作援助项目的当前主要资金渠道。GEF 气候变化领域业务开展情况，在很大程度上表现了发展中国家和发达国家对气候公约义务的落实情况。因此，关于向 GEF 提供附加指导意见的谈判是关于气候公约资金机制谈判的一项重点内容。

GEF 每年向缔约方大会提供一份关于 GEF 气候变化领域的年度报告，报告的内容通常包括 GEF 按照上年度缔约方大会附加指导意见工作情况、GEF 理事会制定的 GEF 相关业务政策、GEF 秘书处相关工作情况、GEF 气候变化领域获得捐款情况、GEF 向发展中国家提供应对气候变化资助情况和资助实施情况等，供缔约方大会审议。在审议基础上，缔约方大会向 GEF 提供进一步附加指导意见。GEF 年度报告中除常规内容外，根据上年度缔约方大会附加指导意见要求和 GEF 业务发展，还就某些问题进行专门报告。

从应对气候变化行动的实际资金需求出发，发展中国家在谈判中的关注重点通常是：

援助资金的充足性。发达国家向 GEF 的捐资远不能满足发展中国家开展应对气候变化能力建设和具体行动的需要，发达国家应显著加大捐资量。

GEF 项目的国家拥有和国家驱动。受援国应对 GEF 项目的申请和实施发挥主导作用，GEF 项目应支持国家优先发展内容。

GEF 项目申请和审批程序。GEF 项目申请和审批程序过于复杂，应予简化。相关程序应在操作中进一步公开透明。

GEF 项目支持内容。GEF 项目偏重支持能力建设和法律、政策等基础环境（Enabling Environment）内容，对发展中国家开展应对气候变化具体行动的支持明显不足，对发展中国家期望开展的技术转让工作缺少支持。

对减缓和适应资助的平衡考虑。应对气候变化行动包括减缓和适应两部分，GEF 项目主要用于支持发达国家高度重视的减缓活动，但对发展中国家普遍重视的适应活动缺少支持。

联合融资问题。通常情况下，获得 GEF 项目资助的条件之一，是受援国提供一定数量的配套资金或获得一定数量的其他相关融资支持。但许多发展中国家，特别是经济依然比较落后的国家，难于满足这种条件，因此难于获得 GEF 资助。

受援国家的地缘分布平衡问题。因受援国的 GEF 项目开发、实施能力和 GEF 项目国际执行机构对其实际工作成本考虑等方面原因，许多经济比较落后的发展中国家，特别是小国，实际获得 GEF 资助的数量少，有待加强支持。

基于发展中国家应对气候变化活动主要依靠本国支持的观点，和强调援助资金支持内容的额外性，发达国家在谈判中的关注重点是：

各种资金机制资金的互补性。GEF 主要支持减缓气候变化活动，气候变化特别基金和最不发达国家主要支持适应气候变化的能力建设，《京都议定书》下的适应基金支持发展中国家开展的适应气候变化具体行动，它们之间应避免重复支持内容。

能力建设和基础环境建设。强调援助资金有限，援助资金应主要用于能力建设和基础环境建设，为发展中国家自己开展应对气候变化具体行动建立能力和条件。

联合融资。强调援助资金有限，获得援助资金的条件是配合一定比例的联合融资。联合融资应由发展中国家自己动员获得，包括利用国际开发机构的贷款。

市场的作用和私营部门的参与。规避和弱化公共资金援助义务，强调应对气候变化主要依靠发挥市场作用，应大力动员私营部门参与。

技术转让。规避技术转让义务，强调发展中国家期望获得的应对气候变化技术为私营部门所有，发展中国家应从市场获得这些技术，GEF 资金应为发展中国家提供能力建设和基础环境支持，从而有利于发展中国家从市场获得技术。

（2）对资金机制的审评

缔约方大会对资金机制每 4 年进行一次审评，是资金机制谈判中的另一项重点内容。气候公约第 4 次缔约方大会的第 3 号决议（3/CP.4）为对资金机制进行审评提供了基本指导原则，包括目标、方法和标准。因为 GEF 是气候公约的主要资金机制，所以对资金机制的审评重点仍然是 GEF。本项谈判下的关注点与向 GEF 提供附加指导意见的谈判内容基本相同，更加集中地体现了其中的观点和交锋。

（3）气候变化特别基金

在由 COP7 "一揽子" 决议组成的《马拉喀什协定》中，7/CP.7 决议提出建立气候变化特别基金，并决定气候变化特别基金由 GEF 管理。7/CP.7 决议第 2 段确定了气候变化特别基金的支持领域：（a）适应；（b）技术转让；（c）能源、运输、工业、农业、林业和废弃物管理；（d）石油输出单一经济国家的经济多元化的活动，气候变化特别基金应为这些领域上的活动、规划和措施提供资金支持。COP8 的 5/CP.8 决议对 GEF 管理气候变化特别基金提供了指导意见。

COP9 上，为建立气候变化特别基金提供指导意见成为本次资金议题谈判的最重要内容。在谈判中，发达国家的态度出现较大倒退，企图推翻或弱化 7/CP.7 中关于气候变化特别基金支持领域的内容，并附加许多新条件，有重开这一谈判的态势。首先，发达国家企图删除（c）、（d）两个支持领域，从政治上破坏《马拉喀什协定》的完整性，为打破《马拉喀什协定》所确定的当时气候变化国际合作框架实施规则建立突破口。其次，强调向气候变化特别基金捐资的自愿性，且不明确具体资金承诺，企图规避自身责任和义务。同时，发达国家在谈判中态度强硬，动辄以取消气候变化特别基金相威胁。发展中国家集团内部在气候变化国际合作长期权益和尽快获得气候变化特别基金具体支持的两者关系问题上存在认识差异，对如何坚持原则和实现利益平衡存在不同考虑，也使谈判工作面临挑战。我国团结各发展中国家，在关键时刻带头顶住了发达国家的高压，最终令其妥协，在主体上实现了发展中国家谈判方案，并且维护了发展中国家的正当权益和《马拉喀什协定》的政治完整。

COP9 上的艰苦谈判奠定了建立气候变化特别基金的基础，为气候变化特别基金尽快投入运行提供了保证。在 COP10、COP11 及其后的谈判中，我国和其他发展中国家继续积极推动，使建立气候变化特别基金谈判工作在 COP12/MOP2 上终于完成。

在建立气候变化特别基金谈判中，各方面临的一个重要问题是气候变化特别基金如何支持发展中国家开展适应活动。考虑到气候变化特别基金仍然只是面向能力建设而非具体行动，我国强调，气候变化特别基金应支持面向具体适应行动的能力建设。鉴于这方面的工作尚无先例可循，在气候变化特别基金开始运行后，我国与 GEF 和世界银行合作，对此进行探索，利用申请获得的气候变化特别基金赠款，并与世界银行对我国贷款"加强灌溉农业三期项目"相结合，以我国在适应研究和农业发展研究的长期科研成果积累为指导，以黄淮海地区为主要项目实施区，把适应气候变化的理念和措施纳入到农业综合开发工作中。该项目已于 2008 年 5 月开始实施，所获得的经验不仅将推广到全国农业综合开发工作中，而且将与国际社会分享，为支持气候变化特别基金发挥应有作用，为其他发展中国家开展具体适应活动提供示范。

（4）最不发达国家基金

最不发达国家基金是针对非洲等最不发达国家设立的基金，支持最不发达国家编制国家适应气候变化行动计划（NAPA），以及执行 NAPA 中确定的紧急和优先适应措施。我国不是最不发达国家，也不是这项基金的捐资国，目前没有参加这项谈判。

（5）《京都议定书》下的适应基金

发展中国家由于生态脆弱、基础设施比较差，容易遭受气候变化带来的不利影响，因而特别重视适应气候变化问题。在发展中国家的积极推动下，国际社会开始加强对适应问题的重视，适应和减缓并重已成为气候变化国际谈判的重要发展动向。在这个背景下，《京都议定书》下的适应基金被视为支持发展中国家开展具体适应行动的一支重要力量。

需要指出的是，至少截至目前，这个适应基金的资金并非来自发达国家的捐资，它的建立没有体现发达国家应尽的资金义务，所以在气候变化国际合作政治意义上，它不能作为与 GEF、气候变化特别基金、最不发达国家基金相并列的资金机制。

在 COP7《马拉喀什协定》中，10/CP.7 决议决定在《京都议定书》下建立适应基金，支持发展中国家开展具体的适应气候变化的活动和项目，完成 5/CP.7 第 8 段规定的与适应有关的能力建设活动等内容。该决议还规定，适应基金的资金来源为 CDM 项目因转让温室气体减排量而产生收入的一部分和其他来源。随后，又将有关 CDM 项目转让温室气体减排量的部分收入，明确为来自 CDM 项目的 2% 交易减排量经卖出后所获收入。因 CDM 项目在发展中国家开展，开展 CDM 项目获得的收入为发展中国家所有，所以，这项资金来源属于典型的"羊毛出在羊身上"，即从发展中国家获得的 CDM 项目收入中分出一小块，为支持发展中国家开展适应活动进行再分配。

2004 年，COP10 决定制订一个关于适应气候变化问题的五年工作计划，在 2005 年 COP11/MOP1 上制定完成。2005 年 2 月，《京都议定书》生效实施。在这些有利条件下，建立《京都议定书》下的适应基金的谈判在 COP11/MOP1 上正式启动。作为发展中国家积极推动国际社会重视适应问题的一项重要努力，建立适应基金的谈判被视为这个阶段气候变化国际谈判中的重头戏之一。在适应基金如何建立和管理、业务活动如何设置等诸多方面，发展中国家和发达国家的认识之间存在较大差异，使得这项谈判从一开始就出现僵局。

在 2006 年的谈判中，相关热点全面显示出来：

第一，适应基金的管理机构。候选者及其呼声依次为 GEF、联合国开发计划署、《蒙特利尔议定书》多边基金和联合国环境规划署。还有国家希望在 MOP 下成立一个新的专门管理机构。GEF 成为适应基金管理机构的可能性最大，得到发达国家的普遍支持，部分发展中国家也有倾向性支持。

第二，适应基金的决策机构成员组成。发展中国家提出以发展中国家缔约方成员为主，发达国家提出发展中国家和发达国家的成员均衡，问题的主要背景是 CDM 项目产生的、进入适应基金的温室气体减排量所有权归谁所有。发展中国家认为归发展中国家所有，发达国家认为这是国际合作产生，归双方共有。另外，发达国家提出未来可能向适应基金捐资，也成为其争夺决策机构成员位置的重要利用条件。

第三，适应基金来自减排量的货币收入。CDM 项目减排量的 2% 交给适应基金，经卖出后作为基金资金。就如何通过交易产生货币收入和由谁来操作交易，各方意见分歧很大。我国提出应综合平衡四方面基本考虑：发展中国家对适应基金的迫切需求；有利于最大化基金收入、最小化交易风险和低交易成本；发达国家购买减排量的现实情况；进入适应基金的 CDM 项目减排量在政治意义上高于通常的 CDM 项目减排量。我国的观点得到各方普遍认同。

第四，适应基金的合格支持对象。多数国家认为，适应基金的合格支持对象应包括易受气候变化不利影响的《京都议定书》所有发展中国家缔约方，并应体现资助的均衡地域分布考虑。也有观点认为，适应基金应主要支持最不发达国家和发展中国家中的小岛国。

第五，优先支持领域问题。发展中国家认为适应基金应专门用于支持发展中国家急需开展的实质性的适应行动。但如何理解实质性的适应行动，发展中国家和发达国家之间存在分歧。这个问题也涉及气候公约下关于适应的五年工作规划的谈判内容。关于能力建设能否纳入适应基金支持内容，因为在 GEF 关于适应的战略、气候变化特别基金和最不发达国家基金的支持内容中存在相关能力建设支持内容，基于各相关基金资助内容互补的考虑，发达国家反对纳入。

第六，融资要求问题。发达国家认为对融资的要求应纳入适应基金的业务指导原则。但源于开展 GEF 项目所获得的经验和教训，发展中国家强烈反对将获得其他融资作为获得适应基金资助的必需条件。为弥合差距，我国提出折中方案，如果希望所有合格国家均能获得资助，融资只能作为获得适应基金资助的鼓励条件，但不是必需条件。这个方案被各方所接受。

2006 年，COP12 暨 MOP2 在肯尼亚首都内罗毕召开，这是撒哈拉沙漠以南非洲国家第一次承办缔约方会议，非洲国家对会议寄予厚望，提出了非洲国家关注的重点，包括具体落实适应气候变化的五年工作规划和启动适应基金，并希望 COP12/MOP2 把建立适应基金的谈判成果作为给非洲的一个礼物。但是，本次会议关于适应的各项谈判进展缓慢，结果离发展中国家的期望相差甚远。

随 CDM 国际合作的进展，越来越多的 CDM 项目注册成功并进入实施，已经或即将产生温室气体减排量转让收入。因此，迫切需要在《京都议定书》建立适应基金，来接受相应的减排量国际提成，并将其货币化为适应基金资金。同时，发展中国家对尽快建立并使用适应基金怀有迫切愿望，发达国家也希望尽快建立适应基金，从而在一定程度上减轻发展中国家通过适应问题对他们形成的政治压力。这些因素为加速谈判创造了条件。2008年12月，在印度尼西亚巴厘岛召开的COP13/MOP3上，国际社会终于完成了建立适应基金的谈判，决定了以下主要内容：

基金的适用性。适应基金适用于《京都议定书》的发展中国家缔约方，根据符合资助的需求情况、评审条件和符合受资助的优先权，对由发展中国家主导的项目规划和具体项目提供资助。

基金运行实体。基金运行实体是基金理事会，并设有秘书处和托管方等服务机构。GEF秘书处承担适应基金秘书处职能。

基金理事会职能。基金理事会具有制定优先战略、政策和运行指南等13项职能。

基金理事会的组成。根据公平和平衡的原则建立《京都议定书》下适应基金的理事会。

3.1.2.3 "巴厘路线图"长期合作对话下的资金问题

在"巴厘路线图"中，资金问题与减缓问题、适应问题、技术问题相并列，作为支持应对气候变化国际合作行动落实、构建2012年后气候变化国际合作制度的核心内容。国家社会在气候公约下设立了长期合作行动特设工作组，根据"巴厘路线图"的规定，正式启动一项谈判进程，旨在促进公约的全面、有效和持续实施，重点讨论减缓、适应、资金、技术和"共同愿景"问题。随着资金议题谈判被提升到气候公约长期合作层面，资金问题已成为长期合作对话的核心内容之一。

"共同愿景"的核心问题之一是设立2050年减排目标和中期减排目标问题，这些目标的提出可能对未来谈判走向和结果产生较大影响，特别是如何设计发达国家和发展中国家应对气候变化的具体行动，以及他们之间的合作关系。资金合作的走向因此受到"共同愿景"谈判的直接影响，需要统筹兼顾资金与其他要素间的内在联系。

长期合作对话下的资金问题谈判的一个重要内容是为构建未来资金机制提供总体思路，发展中国家、发达国家以及一些机构高度重视，纷纷提出资金问题倡议，一些试探性的活动也在开展。《哥本哈根协议》的有关内容为构建2012年后国际气候制度中的资金问题提供了进一步基础，在这些背景下，长期合作对话下的资金问题谈判将更加引人瞩目。

3.1.3　坚持气候公约资金机制主渠道地位

3.1.3.1　应对气候变化国际合作的现有主要资金机制和融资渠道

在发展中国家和发达国家之间，当前主要有两个已有实践的应对气候变化国际合作资金机制和融资渠道：

第一，以 GEF 为代表的气候公约下的资金机制。GEF 还管理着气候公约下的气候变化特别基金、最不发达国家基金和《京都议定书》下的适应基金。这些基金向发展中国家提供赠款。

第二，《京都议定书》下支持发达国家低成本减排的 CDM 国际合作机制。CDM 是目前唯一成功实践的发展中国家和发达国家之间的减排合作机制，也是目前发展中国家与国际碳市场连接的唯一渠道。通过向发达国家转让温室气体减排量，发展中国家可以获得一定数量的资金。但是，必须明确的是，CDM 只是合作机制，不是资金机制。

发达国家提出，把碳市场融资、私营部门融资作为应对气候变化国际合作的主要资金来源。我们坚决反对这种立场，更不允许发达国家借要求发展中国家建立本国碳市场而变相给发展中国家捆绑强制减排责任。我们注意到，国际碳市场的发展可能为应对气候变化国际合作提供新的资金资源和建立新的合作机制与渠道，一些国际组织、金融机构和企业提出了绿色融资概念，引导私营部门向应对气候变化相关领域投资。对此，我们表示欢迎。但是，来自市场和私营部门的资金是商业资金，不能确保服务于应对气候变化公益事业。因此，这些渠道的资金只能作为补充，不能替代发达国家的资金责任和义务。

发达国家要求发展中国家分担应对气候变化国际合作资金义务，我们同样坚决反对。发展中国家只应履行气候公约规定的义务。

还有国家提出，可把发达国家提供的官方发展援助（ODA）作为一个应对气候变化国际融资渠道。应该注意到，发达国家应为发展中国家减贫提供占其 0.7% GDP 的 ODA 资金[1]，但至今还没有切实实现这项资金义务。所以，必须坚持的是，发达国家向发展中国家提供的应对气候变化 ODA 资

---

[1]　见 2002 年联合国发展筹资会议达成的《蒙特雷共识》。

金不能替代减贫援助 ODA 资金，两者不能混淆。

3.1.3.2 坚持气候公约资金机制主渠道地位

坚持气候公约资金机制主渠道地位，是为了坚持"共同但有区别的责任"原则，也是为了反对发达国家规避或弱化其资金义务的企图。

首先，气候公约资金机制不是一个孤立的机制，它是落实气候公约基本框架下国际合作的关键支撑，同发达国家由于历史排放责任而应尽的资金义务紧密联系在一起。所以，坚持气候公约资金机制主渠道地位的基础，是明确发达国家历史排放责任，坚持"共同但有区别的责任"原则。

气候变化问题归根到底是发展问题。按照气候公约要求，坚持可持续发展，才能有效解决气候变化问题。发展权是基本人权，发达国家以全球温室气体排放累积量已达到很大数额为借口，认为应该限制发展中国家发展，这严重损害了发展中国家的发展权。只有明确发达国家历史排放责任和发达国家切实承担起责任，国际社会才能有效应对气候变化挑战。

发达国家主要负有两方面历史排放责任。一是从工业革命开始到现在的两百多年中，发达国家无约束地使用化石能源，排放的温室气体占全球累计排放量的绝大部分，对全球变暖负有首先责任和主要责任。二是适应气候变化加重了发展中国家负担，在相同发展阶段要比发达国家支付更多的发展成本，发达国家应承担这一额外成本。

"共同但有区别的责任"原则凝聚了国际社会共识，是必须坚持的应对气候变化国际合作基本原则。根据这一原则，气候公约要求发达国家率先减排，并向发展中国家提供必要的资金和技术，帮助发展中国家可支持发展和提高应对气候变化能力。

其次，为了反对发达国家规避或弱化其资金义务的企图，需要量化发达国家历史排放责任和资金义务，通过坚持气候公约下资金机制的主渠道作用，使发达国家的资金义务得到量化体现。

资金和技术是应对气候变化的关键。为此，应量化发达国家历史排放责任，同时量化发达国家向发展中国家提供资金援助的责任。气候公约指出："发展中国家缔约方能在多大程度上有效履行其在本公约下的承诺，将取决于发达国家缔约方对其在本公约下所承担的有关资金和技术转让的有效承诺。""巴厘路线图"的核心文件《巴厘行动计划》指出："发展中国家缔约方在可持续发展方面可衡量和可报告的适当国家减缓行动，它们应得到以可衡量、可报告、可核实的方式提供的技术、资金和能力建设的支持和扶持。"

坚持气候公约下资金机制的主渠道作用，要求发达国家通过安排公共资金保证履行他们对气候公约的承诺，是坚持气候公约作为应对气候变化国际合作基本框架立场的一项核心内容。气候公约第四条"承诺"规定：为开展气候公约为发展中国家规定的应对气候变化行动义务，发达国家应向发展中国家提供相关的全部增加费用（又称"增量成本"），且这些承诺的履行应考虑到资金量应充足和可预测的必要性。发达国家为回避和减轻自身责任，提出以市场机制和私营部门提供大部分资金，还要求发展中国家分担资金责任，显然违反了自己对国际社会的承诺。

3.2   现行气候变化国际合作资金机制

目前，气候变化国际合作资金机制主要包括气候公约下的 GEF、气候变化特别基金、最不发达国家基金和《京都议定书》下的适应基金。

3.2.1   气候公约下的资金机制

3.2.1.1   全球环境基金

1990 年 11 月，25 个国家达成共识，决定成立 GEF，并确定由世界银行、联合国开发计划署、联合国环境规划署作为国际执行机构来共同管理 GEF。GEF 的宗旨是通过提供赠款，鼓励和支持发展中国家开展对全球有益的环境保护活动。GEF 于 1991 年建立时，是设在世界银行内的一个旨在保护全球环境的试点工作机制。1994 年被重组为 GEF 信托基金，世界银行对 GEF 秘书处提供行政支持。根据《重组后全球环境基金通则》（以下简称《通则》），GEF 分别承担着《联合国气候变化框架公约》、《联合国生物多样性框架公约》、《联合国防治荒漠化公约》、《关于持久性有机污染物的斯德哥尔摩公约》等国际环境公约的资金机制职责，接受各公约缔约方大会的指导，并对其负责。目前，GEF 还代管气候变化领域的最不发达国家基金和气候变化特别基金，并承担《京都议定书》下的适应基金的资金使用管理。

GEF 目前有 178 个成员国，最高决策机构为成员国大会，每 4 年召开 1 次，负责审阅运营情况，包括修改《通则》。GEF 设理事会，为非常设机构，每年召开 2 次会议，负责具体运营政策，包括项目审批等。理事会决策采取协商一致原则，如不能达成一致，则投票表决。

GEF 资金来自 GEF 成员国捐资，包括欧美日等发达国家和我国等发展中国家。发达国家捐资是 GEF 资金的主要来源，体现他们在气候公约和其他国际环境公约下的资金责任和义务，我国等发展中国家捐资是体现对应对气候变化和环境保护国际合作的支持态度，树立了我国从全人类共同利益出发、推动全人类环境保护事业发展的负责任大国形象。1991 年，GEF 获得捐资约 1.4 亿美元建立 GEF 信托基金，开始为期 3 年的试运行。1994 年 GEF 改组后获得捐资约 20 亿美元，开始正式第一增资期运行，随后每 4 年进行一次增资。GEF 在第二、三、四增资期分别获得捐资约 27.5 亿、29.2 亿、31.3 亿美元，其中均包含上期未用完的结转资金。现在已进行第五增资期谈判。我国在试运行期和第一、二、三、四增资期分别向 GEF 捐资 572 万、560 万、820 万、951 万、951 万美元，总计 3 854 万美元。

GEF 不是法人实体，GEF 秘书处负责日常运转，世界银行作为 GEF 信托基金的托管人，GEF 不直接管理资金。GEF 项目要通过世界银行、联合国开发计划署、联合国环境规划署等三个国际执行机构实施，后又增加了区域发展银行如亚洲开发银行、联合国工业发展组织等七个机构。

GEF 项目主要在其业务领域和业务规划内开展。现在，GEF 设置有 6 个重点业务领域，包括：气候变化、生物多样性、土地退化、国际水域、持久性有机污染物和臭氧层损耗。在这些领域下，分别设置业务规划。业务规划是获得 GEF 项目赠款的主要渠道。业务规划确定达到规划目标所需的、并应享受资助的措施和技术。业务规划中所包括的投资、能力建设、技术援助、专项研究、公众参与等内容都是为了推动长期有效措施的实施。这些业务规划还提出了发展特定市场面临的障碍，以及消除这些障碍的措施，并通过开展具体项目来消除障碍。

GEF 的气候变化领域内有 4 项业务规划，包括：

第 5 项业务规划"消除节能和能源效率的障碍"。目的是：排除障碍，大规模地应用、实施和推广经济成本最低、已商业化或新开发的、能源效率高的技术，促进能降低温室气体排放的更高效的能源利用；通过成本回收示范和推进主流资金渠道，帮助确保"双赢"项目的可持续性；推动发展中国家广泛应用节能和能源效率项目所需的学习过程。

第6项业务规划"通过消除障碍和降低实施成本，促进可再生能源的应用"。目的是：消除利用商业化或接近商业化的可再生能源技术的障碍；降低由于量小或分散利用而导致的可再生能源利用技术高实施成本。

第7项业务规划"减少温室气体低排放能源技术的长期成本"。目的是：降低有前景但尚未被广泛采用的低费用替代技术的成本，从而推动采用特定的技术，通过学习过程和规模化推广，使生产成本趋于具有商业竞争力。已得到证明但尚未成熟的技术也许特别适合于这种方法。

第11项业务规划"可持续交通"。目的是促进向低排放和可持续交通方式的长期转移。为此，采取选择性的并具有催化促进性的方法。

GEF 将为项目内议定的额外成本提供赠款。从长期看，这种方式的资助，尤其是实现加快实施商业化技术和措施的业务规划要求，GEF 援助能够发挥"催化剂"作用。

GEF 还通过理事会制定的其他业务政策，对 GEF 项目的优先支持内容提出要求。

GEF 支持多种项目类型，包括：

全资项目，指 GEF 赠款金额在 100 万美元以上的项目。全资项目须经 GEF 理事会批准。一般情况下，全资项目的开发准备期为 12～18 个月，项目执行期为 3～6 年。

中型项目，指 GEF 赠款不超过 100 万美元的项目。1996 年 10 月，经 GEF 第 8 届理事会批准，中型项目受理和批准程序得到简化，GEF 首席执行官可以直接批准中型项目。

基础活动项目，为 GEF 向成员国提供技术援助的基本部分，内容包括制定对有关公约承诺的计划、战略或项目规划以及准备提交受援国履行有关公约的信息通报。例如，支持发展中国家编写国家气候变化信息通报。

小额赠款项目。该项目规划始于 1992 年，由联合国开发计划署管理，旨在鼓励当地社区团体和非政府组织开展与 GEF 重点业务领域相关的活动。每个小额赠款项目最多可获得 5 万美元赠款。

截至 2009 年 9 月底，GEF 已向 165 个国家的 2 400 多个项目提供了 89.3 亿美元的赠款。其中，气候变化赠款 28.5 亿美元。

我国是 GEF 的创始国、捐资国和受援国。自基金成立以来，我国与基金一直保持着密切、友好的合作。截至目前，GEF 累计承诺为 86 个中国国别项目提供 7.9 亿美元赠款，其中，气候变化领域项目 37 个，赠款金额共计 46 442.9 万美元。此外，我国还参与了 GEF 气候变化领域内的一些由多个国家共同实施的全球项目和区域项目。

3.2.1.2　气候变化特别基金

气候变化特别基金于 2004 年 11 月建立，由 GEF 托管。截至 2009 年 9 月 30 日，获得 13 个发达国家承诺捐资 1.23 亿美元，实际到位 1.04 亿美元。

气候变化特别基金具体支持以下四个领域的活动：适应；技术转让；能源、运输、工业、农业、林业和废弃物管理；石油输出单一经济国家的经济多元化活动。根据 COP 对建立气候变化特别基金的指导意见，适应是气候变化特别基金的优先支持领域，主要支持发展中国家开展适应行动所需要的能力建设。

2007 年 6 月，气候变化特别基金理事会批准了"实施气候公约 COP12 所确定的指导气候变化特别基金的规划"，明确指出气候变化特别基金作为种子基金来补充其他双边和多边基金，支持的活动必须是国家驱动，费用有效，且要融入国家的可持续发展和消减贫困战略。GEF 已经为气候变化特别基金的适应和技术转让领域制定了运行规则。

3.2.1.3　最不发达国家基金

最不发达国家基金用于支持非洲国家等最不发达国家开展与气候相关的能力建设及有关活动，目前的支持内容是与适应有关的能力建设，首先是编制国家适应气候变化行动方案（NAPA）。然后，最不发达国家在申请使用这个基金时须依据 NAPA，最不发达国家基金支持 NAPA 中确定的紧急和优先适应措施。

最不发达国家基金于 2002 年 11 月建立，也由 GEF 托管，截至 2009 年 9 月 30 日，获得 19 个发达国家承诺向 LDCF 捐资 1.81 亿美元，实际到位 1.55 亿美元。

3.2.2 《京都议定书》下的适应基金

适应基金的资金来源是 CDM 项目减排量转让。《京都议定书》缔约方会议作为《京都议定书》的最高权力机构，无偿收取发展中国家企业通过 CDM 项目转让的温室气体减排量的 2%，然后委托世界银行出售这些减排量，获得收益后纳入适应基金账户。在治理方面，《京都议定书》缔约方大会设立以发展中国家代表占多数的适应基金理事会作为基金运行实体，授权 GEF 秘书处作为适应基金理事会的临时秘书处，授权世界银行作为该基金托管方。

《京都议定书》适应基金是从发展中国家获得的 CDM 项目收益中分出一小块，在发展中国家之间进行再分配。因此，适应基金资金来源与 GEF 等气候公约下资金机制的资金来源有本质差别，没有体现发达国家的捐资责任和义务。

在建立《京都议定书》适应基金的过程中，按照当时 CDM 发展状况估计，适应基金的资金规模在未来几年内仅能达到"数亿美元"。但是，从现在情况看，特别是在 2008 年金融危机爆发后，CDM 项目的发展受到很大影响，能否实现原来预期的不确定性很大。截至 2009 年 12 月，适应基金累计售出 110 万吨已获得的核证减排量，收入 1 840 万美元。

根据 2009 年 12 月适应基金理事会最新召开的一次会议文件，适应基金仍处于准备阶段，尚未资助项目活动。当适应基金拥有的资金达到一定规模时，项目活动将可能开展起来。

3.2.3 现行资金机制存在的问题

3.2.3.1 资金问题挑战

在构建 2012 年后气候变化国际合作制度的过程中，作为核心谈判内容之一，有关资金问题的谈判面临以下挑战：

第一，现有资金机制的资金量严重不足。2007 年 8 月，气候公约秘书处公布的报告《全球应对气候变化所需投资和流动资金》指出：到 2030 年，减缓气候变化所需的额外投资和流动资金为 2 000 亿~2 100 亿美元，适应气候变化所需的额外投资和流动资金约为数百亿美元。该报告强调，气候公约和《京都议定书》下现有资金机制的资金量严重不足。

第二，发达国家缺乏拿出足够资金的政治诚意。气候公约框架内，"巴厘行动计划"的共同愿景、减缓、适应、技术、资金五个要素中，前四个要素的落实都需要资金保障，资金机制谈判与前四个要素的相关谈判日益呈现出相互交织、互为因果的特点。然而，发达国家缺乏履行气候公约义务，拿出足够资金的政治诚意，无视发展中国家开展应对气候变化行动存在巨大资金缺口的实际，想方设法模糊"共同但有区别的责任"原则。

第三，各种资金倡议增加了资金问题乃至气候变化问题的复杂性。如，主要发达国家大力支持世界银行在气候公约之外建立了气候投资基金；一些国家和机构提出的资金倡议违背了气候公约所确定的"共同但有区别的责任"原则，利用资金问题多方出击。

第四，发达国家大力宣扬市场机制和私营部门作用，有推卸责任和义务的意图。一方面，发达国家利用气候公约谈判、主要经济体气候变化会议、八国集团领导人峰会等各种场合，大力强调私营部门参与。另一方面，气候变化问题归根到底作为发展问题，要在可持续发展过程中加以解决，私营部门的参与不可避免，也确实能够作出贡献。因此，我们应坚持私营部门的参与应额外于发达国家政府公共资金支持的行动，坚持要求发达国家切实履行气候公约义务，提供充足的、稳定的和可预测的资金援助，帮助发展中国家应对气候变化的挑战。

第五，发展中国家内部在资金问题上应进一步增加协调与合作。发展中国家各国在发展水平、应对气候变化的能力建设和具体行动需要、国家大小等方面存在差异，利用气候变化国际合作资金机制、开发相关项目的能力也存在差异，造成 GEF 的资金主要流向发展中大国。为此，需要整体和平衡地考虑发展中国家各国应对气候变化的资金需要。

2009 年 12 月哥本哈根气候变化大会上形成的《哥本哈根协议》，为资金问题上的国际合作确定了方向和画出了轮廓，但未涉及操作层面安排。操作层面安排具体体现了上述挑战。例如：发达国家承诺在 2010～2012 年提供的 300 亿美元"快速启动资金"中，发达国家公共资金的出资比例和国家分担比例；发达国家将在 2013～2020 年为发展中国家开展应对气候变化行动动员的每年 1 000 亿美元资金如何落实，其中发达国家公共资金的出资比例和国家分担比例；这每年 1 000 亿美元资金中，私营部门资金的占有比例和可预期程度，以及如何在发展中国家应对气候变化行动中发挥作用；这每年 1 000 亿美元资金中，碳市场资金的占有比例和可预期程度；这每年 1 000 亿美元资金中，其他来源资金的占有比例和可预期程度；各类资金使用中，资金机制如何体现渠道管理作用；资金机制的治理模式如何设计和实施；未来资金机制和现行资金机制之间的关系如何，等等。这些操作层面安排，将是 2012 年以前气候变化谈判中有关资金问题谈判的重点内容，也是在不具有法律约束力的《哥本哈根协议》基础上，构建出具有法律约束力的国际气候制度的基础内容之一，同时也是在 2012 年后国际气候制度下，可以开展实质性应对气候变化国际合作活动的基本保障之一。为此，国际社会将不得不直面挑战，寻找解决方案。

3.2.3.2 现行资金机制面临的问题

GEF 是气候公约的当前主要资金机制，还管理着气候公约下的其他基金。因此，GEF 面临的主要问题机制体现了气候公约现行资金机制面临的问题。

综合考虑 GEF 的业务执行情况，虽然它在保护全球环境的行动中发挥了积极作用，但资金供需矛盾、不完善的法律地位和较弱的执行能力等，使 GEF 的表现并不尽如人意。GEF 的问题主要表现在运行体制、运行效率、资金规模和分配等方面。

第一，运行体制缺乏有效性。GEF 与包括气候公约在内的各国际环境公约的缔约方大会的关系比较松散，缺乏强制性约束。GEF 及其管理的气候变化特别基金和最不发达国家基金接受气候公约缔约方大会指导，但另有独立的 GEF 理事会决定 GEF 事务。GEF 秘书处负责处理日常事务但依托世界银行设立，同时，GEF 项目的申请和实施必须通过世界银行、一些联合国机构和区域发展银行进行。这些 GEF 运行体制上的复杂关系使得 GEF 管理无法体现出高效率和有效性，管理成本也很高，在很大程度上影响了 GEF 业务工作的开展。

由于缔约方大会是对国际环境公约的有关重大事项进行决策的机构，所作出的决议是原则性的和指导性的，这种政治地位使缔约方大会对 GEF 的指导体现为政治指导和业务方向指导，不涉及 GEF 具体业务。而且，缔约方大会进行决策的程序采取联合国通用的"协商一致"程序和每年一次的会议安排，在现在气候公约拥有 189 个缔约方国家的情况下，缔约方大会也难以在操作层面对 GEF 具体业务作出及时反应，提供决策指导或直接进行决策，如进行 GEF 项目批准。所以，气候公约缔约方大会对 GEF 的指导难有针对 GEF 具体业务的实质内容。发展中国家多次提出的 GEF 向缔约方大会报告不足和负责不够的问题，在这个治理机制基础上很难得到解决。

GEF 业务事项的决策是由 GEF 理事会进行的。但是，因为 GEF 理事会成员国没有常设代表参与 GEF 管理，而且 GEF 理事会一年只召开两次会议，所以，GEF 理事会也无法形成对 GEF 业务的实时指导。这也影响了 GEF 运行体制的有效性。

GEF 秘书处负责处理 GEF 日常事务，但是它不具有独立的法律地位或法律地位不明确，无法获得授权来对 GEF 业务重大事项进行决策。而且，GEF 秘书处依托世界银行设立，在人事和行政事务方面缺乏独立性，使得它独立开展业务管理的能力受到制约。受这些因素影响，GEF 秘书处无法独立开展 GEF 业务。

根据关于 GEF 设立和运行的基本法律文件《通则》，GEF 项目的申请和实施必须通过世界银行、联合国开发计划署和联合国环境规划署进行，后经 GEF 理事会决议又增加了 7 家国际机构。因此，GEF 项目的准备、申请和实施必须符合这些国际机构的各自工作规则，经过它们较为繁杂、耗时较多的内部审查批准程序，然后才能进入 GEF 秘书处和 GEF 理事会的工作程序。而且，这些国际机构的业务工作能力水平不一，各自能够为 GEF 项目另行动员的工作资源和资金资源多少不一，甚至有的机构缺乏为项目另行动员工作资源和资金资源的能力，这导致了 GEF 项目的准备、申请和实施工作存在程序复杂和效率低等问题，而且一些项目质量也受到影响。在缺乏独立法人地位的情况下，以及因为机构小、能力不强，GEF 秘书处无法约束这些国际机构，起不到真正的评估和监督作用。即使是 GEF 理事会也无法干涉这些国际机构的工作程序。

第二，运行效率低下。由于运行体制的原因，很多发展中国家受援国抱怨 GEF 项目准备周期长，用款程序复杂，发达国家拖欠捐资导致项目审批中断的情况多次发生。发达国家捐资国也多有怨言，认为在复杂的 GEF 运行管理机制下，难以期望对 GEF 资金使用发挥更大的影响力，从而不利于他们利用 GEF 对发展中国家施加更大的影响，不利于他们更方便地控制国际气候制度的运行。

第三，资金规模和分配方式问题。发达国家向 GEF 的捐资额没有很好地体现其应尽的资金责任和义务，缺乏向 GEF 大幅度提高捐资额的诚意，而且部分发达国家尚未完全履行早已作出的捐资承诺，所以 GEF 资金规模远低于发展中国家应对气候变化的需求。GEF 的管理体制也不利于发展中国家监督捐资国是否兑现承诺。

近年来，中小发展中国家获得 GEF 资金支持的实际情况不理想，关键原因在于发达国家没有很好地履行义务，对 GEF 供资不足。当然，GEF 实施以绩效分配资金的政策，也限制了能力较弱的中小发展中国家使用资金，造成 GEF 援助资金的地缘分配不均衡。国际执行机构执行项目效率较低也是重要原因。2002 年开始，发达国家特别是美国推动建立 GEF 资金分配框架，现已实施。在 GEF 资金分配框架下，GEF 根据项目绩效进行国别资金分配。最不发达国家、小国和项目能力弱的其他国家受此影响较大，能够获得的 GEF 资金量少。GEF 资金规模与应对气候变化等多个全球环境问题的资金需求已存在巨大差距，受 GEF 资金分配框架控制，GEF 资金又比较集中地援助较大的发展中国家，使发展中国家缺少应对气候变化国际合作资金的问题进一步突出。

同时，GEF 项目赠款资助范围有限，只针对与能力建设相关的增量成本需求，只能满足很少部分实际需要，而且除少量示范活动外，不资助减缓和适应气候变化的具体行动，并强调其他渠道配套融资。对于适应问题，只有《京都议定书》下的适应基金资助具体适应行动，但目前资金量很小而难有大作为。

第四，协调多渠道资助问题。如何在资助领域和具体内容方面协调好 GEF 及其管理的多个基金，并保证合理的项目资金供给，始终是 GEF 面临的难题。GEF 的管理结构使得所涉及的国际机构各自为战，也难以形成动员和集成多渠道资金为项目服务的有效合力。

另外，GEF 资金在使用管理上，不允许受援国将所获赠款与该国其他的优先项目相结合，也在一定程度上影响了多渠道资金协同和不同方面的工作活动协同。

因此，发展中国家和发达国家不断质疑 GEF 在气候变化领域的资金机制作用，其中一些国家明确认为 GEF 现行模式不能很好地体现各自意愿，因此对 GEF 不满意，要求改革 GEF。但是，GEF 虽经多次改革，在现行模式范围内仍无法根本解决这些问题。因此，一些国家认为，GEF 的机构法律地位、治理模式、管理结构和业务能力不能满足管理未来可能的上百亿甚至上千亿美元规模援助资金的需求，提出应重建气候公约资金机制和安排新的资金机制经营实体。

3.3 2012 年后国际气候制度中的资金机制设计

3.3.1 未来资金机制设计

3.3.1.1 未来资金机制设计的基本原则

资金是落实国际气候制度安排的关键，是保障国际气候制度有效运行的重要条件。为建立 2012 年后国际气候制度中的资金机制，在资金问题上，必须坚持为构建 2012 年后国际气候制度所应坚持的指导思想，即坚持气候公约和《京都议定书》建立的应对气候变化国际合作基本框架，坚持"共同但有区别的责任"原则，严格遵守"巴厘路线图"的授权。

气候公约明确规定由发达国家缔约方承担出资义务，为发展中国家履行编写国家气候变化信息通报义务的全部成本和应对气候变化的全部增量成本提供资金。发达国家必须按照气候公约规定切实履行出资义务。私营部门和碳市场融资可以作为发达国家公共资金出资的有益补充。

在坚持上述原则的基础上，国际社会可以探讨改革现行资金机制 GEF 和新建资金机制的问题。新建的资金机制需符合公约要求，其法律地位、治理结构、管理方式、运行程序等都应有科学、详细和清晰的设计方案，同时理清新建资金机制同 GEF 的关系，真正做到相互协同，互为补充。

3.3.1.2 未来资金机制设计的几个重点问题

第一，普遍的气候融资问题不能替代气候公约下专门的资金机制问题。面对开展应对气候变化国际合作的巨大资金需要，应务实考虑扩大资金来源，但是，根据发达国家的历史排放责任和"共同但有区别的责任"原则，发达国家公共资金的义务不能弱化，而且应该加强。动员多渠道的资金特别是私营部门资金和碳市场资金不能视为发达国家履行其应尽的资金义务。发展中国家为气候融资而可能提供的资金，不是发达国家动员的结果，而是发展中国家为支持应对气候变化国际合作、维护全球共同发展利益的自愿出资。

第二，应该建立一套标准，用于指导资金机制的具体设计。可以考虑的标准有：发达国家公共资金出资义务的量化；发达国家公共资金出资承诺的可验证性；发达国家公共资金出资的充足性；其他来源资金的可预见性；资金机制对接受气候公约缔约方大会指导的保证；资金机制治理结构中发展中国家和发达国家的公平和平衡参与；资金机制运行的透明高效；资金机制提供援助资金对受援国的公平分配和地缘平衡分配；资金机制援助资金申请和使用的便捷高效；受援国对资金机制援助资金在本国使用的主导；资金机制援助项目与受援国发展项目的协同；资金机制援助项目开展的有效性和为此应进行的监督评估，等等。

这些标准也可以将其延伸到普遍的气候融资问题上，用来评价更加广泛的气候融资机制，例如普遍气候融资资金的充足性、来源的可预见性、分配的公平和平等、额外的资金来源、资金承诺的可验证性、实施的效率和便捷性以及相关资金与接受国发展项目的协同性，等等。

第三，应为发展中国家提高参与资金机制治理和运行、参与普遍气候融资合作的能力提供支持。为使用资金机制援助资金和普遍气候融资，发展中国家应在项目识别、评审、执行和管理方面，对项目独立的评估和监督方面，获得更大权力。为此，国际社会需要认真磋商如何在出资国和受援国之间合理地分配管理权限。

3.3.1.3 《哥本哈根协议》关于资金问题的表述

《哥本哈根协议》虽不具有法律约束力，但它是构建2012年后国际气候制度进程中的新一步。关于资金问题，《哥本哈根协议》指出：

根据《联合国气候变化框架公约》的相关条款，应当向发展中国家提供扩大的、新的和额外的、可预期的和充足的资金并改善对资金的获取，以便能加强并支持减缓、适应、技术开发与转让及能力建设，从而加强气候公约的实施。其中，减缓还包括提供大量资金以减少因毁林和森林退化造成的排放。发达国家的集体承诺是，提供新的和额外的资金，包括通过国际机构森林保护资金，在2010～2012年间提供300亿美元资金并均衡分配给适应和减缓。适应资金将优先考虑最脆弱的发展中国家，如最不发达国家、小岛屿发展中国家和非洲。在有意义的减缓行动和执行透明的背景下，发达国家承诺到2020年每年共同动员1 000亿美元以满足发展中国家的资金需求。资金将来自各种渠道，包括公共资金、私人资金、双边和多边筹措，并包括候选资金来源。将通过效果好和效率高的基金安排提供新的多边适应资金，包括确保发达国家和发展中国家平等代表性的治理结构。这类资金的相当大部分应通过哥本哈根绿色气候基金来安排。

为此，将设立一个高级别委员会，以便研究在实现该目标中潜在资金来源的贡献，包括候选资金来源的贡献。高级别委员会接受缔约方大会指导并向其负责。

决定设立"哥本哈根绿色气候基金"，作为气候公约资金机制的一个运行实体，支持发展中国家开展的有关减缓、适应、技术开发与转让及能力建设的项目、规划、政策和其他活动。其中，减缓还包括提供大量资金以减少因毁林和森林退化造成的排放。

3.3.2 国际社会各方成员关于资金问题的立场

3.3.2.1 发展中国家阵营的立场

（1）"七十七国集团加中国"和主要发展中大国的立场

在中国、印度、巴西、南非等主要发展中大国的协调和努力下，2009年3月，"七十七国集团加中国"向气候公约秘书处提交了代表发展中国家总体观点的资金立场文件，主要内容包括：要求坚持"共同但有区别的责任"原则，由发达国家政府切实履行公约规定的出资义务，提供新的、额外的、可预期的、充足的和持续的资金，其公共财政资金作为主要资金来源，规模应为发达国家 GDP 的一定比例，如 0.5% ~ 1%；资金的使用应体现受援国主导并易于获取，资金机制接受气候公约缔约方大会的指导；资金机制治理结构应透明、高效并体现公平和平衡原则。

2009 年 11 月底，由中国、印度、巴西和南非组成的"基础四国"与七十七国集团代表共同形成"北京案文"。关于资金，"北京案文"提出：根据公约第四条第 3、4、5、7、8、9 款的规定，发达国家应向发展中国家提供新的、额外、充足、可预期和可持续的公共资金，支持发展中国家履行公约下的承诺，支付发展中国家履行有关承诺所产生的经议定的全部费用或增加费用。为此，应在公约下建立全球气候基金，向缔约方会议负责，接受缔约方会议的总体政策指导；上述基金将设立减缓、适应、技术开发与转让、能力建设专项基金或资金窗口；上述基金将由体现缔约方公平代表性的执行理事会进行管理，遵循公开、透明、便捷和有效原则；上述基金将由经进一步改革的 GEF 担任经营实体，多边开发银行可发挥辅助作用；由缔约方会议制定适当的规则和程序，对发达国家履行提供资金义务的情况进行监督和评估；私营部门和碳市场资金可以作为上述基金资金的补充。

（2）小岛屿国家和最不发达国家

对于"七十七国集团加中国"在资金问题上的总体立场，小岛屿国家和最不发达国家虽然没有表示反对，但在其国家立场提案中出现了一些不同声音，包括：征收全球碳税，对人均排放超过 2 吨的国家征收；对除最不发达国家之外的各国征收航空航海税；拍卖碳排放权筹资；按照"污染者付费原则"出资；加强私营部门投资；传统官方发展援助作为气候变化资金来源等。

（3）中国立场

2008 年 7 月 9 日，国家主席胡锦涛在日本北海道出席经济大国能源安全和气候变化领导人会议时，呼吁各国"切实体现对减缓、适应、技术、资金四方面的同等重视"，呼吁发达国家"切实兑现向发展中国家提供资金和技术转让的承诺"，指出"目前气候变化国际合作资金缺口巨大"，呼吁"推动完善全球环境基金等现有资金机制，尽快落实适应基金下的活动，为发展中国家适应气候变化提供新的、额外的资金支持"。

2009 年 9 月 22 日，胡锦涛主席在联合国气候变化峰会开幕式上发表题为《携手应对气候变化挑战》的重要讲话，其中就当前共同应对气候变化提出四点主张，包括"确保资金技术是关键"。胡锦涛主席为此强调："发达国家应该担起责任，向发展中国家提供新的额外的充足的可预期的资金支持。这是对人类未来的共同投资。气候友好技术应该更好服务于全人类共同利益。应该建立政府主导、企业参与、市场运作的良性互动机制，让发展中国家用得上气候友好技术。"

同年 12 月 18 日，温家宝总理在哥本哈根气候变化领导人会议上发表题为《凝聚共识 加强合作 推进应对气候变化历史进程》重要讲话，强调"确保机制的有效性"，提出"国际社会要在公约框架下作出切实有效的制度安排，促使发达国家兑现承诺，向发展中国家持续提供充足的资金支持，加快转让气候友好技术，有效帮助发展中国家，特别是小岛屿国家、最不发达国家、内陆国家、非洲国家加强应对气候变化的能力建设"。

2009 年 5 月 20 日，中国政府公布了题为落实"巴厘路线图"的关于哥本哈根气候变化会议的立场。其中，提出了"减缓、适应、技术转让和资金支持应当同举并重"的原则，认为"资金和技术是实现减缓和适应气候变化必不可少的手段，发达国家切实兑现向发展中国家提供资金、技术转让和能力建设支持是发展中国家得以有效减缓和适应气候变化的根本保证。"关于资金支持，这个立场文件涉及：

机构设置。为有效运作公约下的资金机制，要分别设立适应基金、减缓基金、多边技术获取基金和能力建设基金。资金机制的管理应接受公约缔约方大会统一指导，体现公平性、透明性和有效性原则，确保资金易于获取且管理成本较低。

资金来源。发达国家缔约方政府有义务提供新的、额外的、充足的和可预期的资金。私营部门和碳市场资金资源可作为发达国家缔约方资金的有益补充。

资金比例。发达国家缔约方每年应至少拿出其 GDP 一定比例（如 0.5%～1%）的资金用于给上述基金提供资金支持。

3.3.2.2 发达国家阵营的立场

发达国家阵营包括以美国为首的伞形集团和欧盟为主体。发达国家以金融危机为借口推卸公共资金在气候公约下的出资义务，在资金机制谈判中观点基本一致。如前所述，这些观点主要有：强调气候的全球公共物品属性和所有缔约方的集体出资责任；认为资金来源应多元化，包括发展中国家国内的、双边的、区域的和多边的资金渠道。强调发展中国家要自己解决资金问题，发达国家只愿意承担其"公平份额"；认为私营部门资金量将远大于公共部门，力推私营部门出资为主，公共部门资金作为补充；力推碳市场提供资金，要求发展中国家建立碳市场并参与国际碳市场；征收航空、航海排放税；认为资金机制主要资助对象应是"最脆弱的发展中国家"，应设定对单个受援国资助的上限；要求发展中国家制定低碳发展战略，建立关于资金机制资助的"测量、报告、核实"体系。

（1）美国

就资金问题立场，美国在 2009 年提出两个文件：一是在根据"巴厘路线图"设立的气候公约长期合作特设工作组下提出的"全球气候基金"提案（将后续介绍）；二是根据气候公约第十七条提出的哥本哈根成果案文提案。

　　气候公约第十七条是关于通过议定书的程序。美国根据该条于 2009 年 6 月初提出的哥本哈根气候变化会议成果文件提案，被气候公约秘书处依程序照会各国，并作为哥本哈根气候变化会议文件（FCCC/CP/2009/7），其中第四部分针对资金问题。

　　美方认为：一是发展中国家应对气候变化资金需要大幅度提高；二是资金来源应广泛，例如包括发达国家公共资金、发展中国家公共资金、私营部门和碳市场等；三是私营部门资金将比公共部门多得多，因此发达国家、发展中国家都制定促进私营部门投入的政策非常重要。

　　为此，美方就将来进一步开展资金谈判的相关内容以及是否需要新建一个或多个资金机制，提议哥本哈根成果文件应拟定以下几方面的案文：一是重申附件二缔约方在气候公约第四条第 3 款和第 4 款下的义务；二是赋予现有的或其他的运行实体新职能，为发展中国家提供制定低碳发展战略，建立可测量、可报告、可核查等方面的技术援助和能力建设，使之为接收大规模国内和国际资金做好准备；三是建立一套发挥公共和私营部门专业（融资）能力的方法；四是提出动员国内和国际融资的步骤，资金将来自国内、双边、地区和多边等渠道，包括碳市场；五是考虑连接资金支持和有较高质量效果的行动办法；六是提出如何提升缔约方动员投资的总体努力的有效性和效果；七是解决有关竞争、目标及该种努力的重叠等关切问题；八是确保缔约方的透明和适当参与。

　　（2）欧盟

　　欧盟曾就资金问题多次向气候公约秘书处提交篇幅较长的提案。2009 年 10 月底，由欧盟成员国政府首脑组成的欧盟理事会专门就气候变化资金问题作出决议。欧盟认为，对于资金来源，各国应对气候变化资金应来自国内国外两个渠道，私营部门和公共部门均应参与，市场机制应发挥重要作用；对于出资，欧盟准备承担其认为公平的部分，前提是哥本哈根达成的协议确定了出资规模，各缔约方愿意承担合适的出资义务和提供充足的资金；对于资金的使用，欧盟强调应由"最脆弱的发展中国家"使用援助资金。

　　欧盟根据其研究，认为为确保 2020 年大气升温不超过 2℃，全球用于应对气候变化的净增量投资应达 1 750 亿欧元，其中一半以上要投入发展中国家。

　　欧盟还强调：由于气候的全球公共物品属性，所有缔约方应承担集体出资责任，以确保公共部门出资的公平性；私营部门是投资的主要来源，公共资金在私营投资不足的领域发挥补充性作用；碳市场在减排上具有发挥重要作用的潜力，必须是哥本哈根协议的核心之一，发展中国家应建立碳市场并参与国际碳市场；国际航空和航海排放控制可作为对上述资金渠道的进一步补充；重申 GEF 作为气候公约资金机制地位；强调气候公约内外所有多、双边资金的重要作用。

欧盟认为，GEF 应通过改革提高其效率和有效性，这将有助于 GEF 为实施哥本哈根达成的协议发挥关键作用，成功实现新一轮增资目标。此外，应谨慎引入新的融资工具。

（3）日本

日本曾以"长期合作行动议定书"的形式提交气候变化谈判文件提案，其第十一条"资金"一方面大段引用气候公约关于资金的原则性条文，未提及资金规模、具体用途等关键内容，另一方面提出"公共资金发挥催化作用，撬动私营部门资金和投资"，实际上脱离气候公约。日方的观点实质上是要避实就虚、规避资金义务。

3.3.3 关于 2012 年后国际气候制度中的资金机制设计的一些国际方案

为构建 2012 年后国际气候制度，资金问题地位重要，意义重大，影响深远，是气候变化国际谈判进程中各方的一个重要角力点。国际社会各方都在为 2012 年后气候变化国际合作制度安排进行认真分析和研究，纷纷提出方案，如"七十七国集团加中国"提出的"公约资金机制"方案，发展中国家民间组织"南方中心"提出的"气候变化基金"方案，墨西哥提出的"世界气候变化基金"方案、八国集团环境部长会议提出的"气候变化多边基金"方案、美国的"全球气候基金"方案和美日英倡导、世界银行倡议的"气候投资基金"方案等。

3.3.3.1 "公约资金机制"方案与"气候变化基金"方案

二者虽然倡议者主体不同，一个由发展中国家集团提出，另一个由发展中国家的非政府组织提出，并且在两个倡议中对一些具体问题的考虑存在差别，但是它们所代表的发展中国家基本利益是相同的：

第一，资金机制与气候公约的关系。两者都维护气候公约的主体性地位和权威，严格遵循气候公约"共同但有区别的责任"原则，以及其他相关规则。

第二，资金机制的目标。两者都坚持资金机制的目标是保障气候公约实施的充足性、有效性、持续性，所提供资助应本着气候公约有关义务，即第四条第3、4、5、8、9款等，以及气候公约第十一条所确定的资金机制规则。

第三，资金机制的基本原则。一是坚持气候公约缔约方大会的权威和对缔约方大会负责的原则；二是在治理结构上要求体现透明性、公平性和广泛代表性；三是受援方对资助资金的可获得性和获取方式的直接性；四是受援国需求主导性和决策过程（项目识别、论证和实施）的全程性。

第四，资金机制资金的基本要素。一是资金来源方面，主要来源于气候公约第四条第3款，且资金应是新的和额外性的、独立于现有官方发展援助。具体来源于政府公共部门，辅之以必要的市场机制和私营部门资金。"气候变化基金"倡议资金来源设计主要包括：发达国家政府作出进一步的量化温室气体减排承诺，维护刚刚兴起的国际碳市场，利用CDM向发展中国家提供更多资金；发达国家的环境税收入和在碳市场上交易碳排放权获得收入的一定比例等。二是资金义务方面，"七十七国集团加中国"明确提出，气候公约之外的资金，不应被视为发达国家履行第四条第3款的义务。三是资金应具有预期性和稳定性。四是资金用于支持实施气候公约第四条第1款的增量成本。五是全额资助国家气候变化信息通报的编制。六是资金应以赠款为主，而不是贷款为主。七是资金来源规模上，应该是附件一国家的GDP的一定比例，例如0.5%。

第五，关于资金机制组成与治理结构。一是气候公约缔约方大会是最高决策机构，缔约方大会决定有关政策、规划领域和资金使用合格性标准等。二是缔约方大会指定一个具有公平性和平衡性的基金理事会，并施行具有透明性的治理结构。三是缔约方大会和基金理事会设立一些专项基金，支持一些专项活动，"七十七国集团加中国"初步提出设立气候公约适应基金、多边技术获取基金、风险投资基金、风险管理基金和保险机制等。"气候变化基金"方案要求支持国家气候变化信息通报编写、履行公约第四条第1款、适应、风险、保险、技术转让、能力建设等。每一个专项基金分别设立技术委员会或专家组，为决策提供技术性支持。四是资金机制将设立专业化的秘书处，并通过公开招标筛选信托管理机构。

这两个方案总体上反映了发展中国家的基本利益和诉求：资金机制与气候公约关系的设计维护了气候公约的权威和主渠道作用；资金来源体现了公约义务的继承性和发达国家的历史责任性；资金机制治理基本符合现代治理结构的理念，并强调了缔约方的主体性和缔约方大会的权威性；资金使用基本体现了《巴厘行动计划》几大要素的需求。

但是，这两个方案仍有许多待完善的地方，主要表现在：第一，资金机制治理结构和专项基金设计方面缺乏可操作性；第二，如何处理好未来资金机制与现有资金机制的关系，需要更多的政治智慧。现有的资金机制包括GEF，GEF托管的气候变化特别基金、最不发达国家基金，以及《京都议定书》下的适应基金，如何体现它们在未来制度安排中的地位和作用，需要更加深入的考虑。在"气候变化基金"方案设计中，GEF是潜在的资金机制运行实体之一，可以作为一个或几个专项基金的托管方，但不一定是全部资金机制的运行实体。发展中国家，特别是项目开发和实施能力弱的小岛屿国家和最不发达国家，对GEF过去制度表现出的弊端如项目周期长、审批复杂、获取资金难、配套资金大等，怀有很深成见，早有废弃之心。一些发达国家存在抛开GEF，在气候公约以外另起炉灶的企图。因此，在设计未来资金机制时，必须考虑如何体现现有资金机制的继承和发展问题，特别是必须处理好与GEF的关系，否则关于资金问题长期谈判取得的成果将无法利用，使2012年后气候变化国际合作制度的设计和运行面临难于预知和控制的风险。

3.3.3.2 "世界气候变化基金"方案

"世界气候变化基金"方案的基本内容主要表现在以下几个方面：第一，在目标上，要扩大全球减缓行动，动员所有国家参与应对气候变化，要支持适应行动，要促进技术转移和扩散；要从资金角度支持新的气候变化体制。第二，在治理结构上，由所有捐款国和受援国组成理事会共同管理"世界气候变化基金"倡议。理事会由三个独立委员会构成：科学委员会、多边发展银行委员会、社会组织委员会。理事会每年向气候公约缔约方大会报告。基金由当前已有的多边组织管理。第三，在比较优势方面，增加资金和技术的可获得性，扩大全球减缓行动的范围，拓宽了基金治理的国家参与性，强调资金可预测和监管，但不考虑资金使用的额外性。第四，在资金来源方面，原则上，所有国家都应依据"共同但有区别责任"的原则向"世界气候变化基金"捐款,依多方磋商并考虑温室气体排放量(当前/历史、总量/人均)、碳排放强度、GDP 水平等因素制定标准捐资,每年的筹资量应不少于 100 亿美元。第五,关于资金使用对象,所有国家都能从基金中获益。发达国家只能获取自身捐资额的部分,发展中国家可以获取超过自身捐资额的量。减缓行动的结果应该是真实的,且可测量、可报告及可核实。支持的方面包括开发新能源、传统能源使用、能效提高、可再生能源利用和保护生态等。"世界气候变化基金"倡议鼓励私营部门参与,愿意借鉴"总量管制与排放交易系统"的经验。第六,关于资金使用领域,设立适应基金和清洁技术基金,支持适应和技术转让。前者对最易受气候变化不利影响的国家提供支持,后者支持低碳技术的示范、转移和运用。第七,关于后续问题,需要考虑与已有碳市场的联系、捐款标准的谈判、选择什么多边机构进行托管等。

"世界气候变化基金"方案总体上居于发展中国家和发达国家观点之间,但是本质上向发达国家倾斜。

第一,关于"世界气候变化基金"方案与气候公约基本原则。"共同但有区别的责任"原则是气候公约的基本原则,"世界气候变化基金"方案倡议虽然承认这一原则,但它在发达国家与发展中国家之间强调了"共同",在发展中国家之间强调了"区别",是对"共同但有区别的责任"原则的曲解和背离,实际体现的是发达国家的立场。尤其是在"世界气候变化基金"资金来源方面,依据温室气体排放量、人口规模和 GDP 水平确定国家出资水平,这种看似公平的设计,实质上非常不公平,完全模糊和遮蔽了发达国家对气候变化问题的历史责任及其因此应尽的义务。

第二,关于资金来源与规模。在资金来源方面,"世界气候变化基金"资金预期来自所有国家,包括发达国家和发展中国家,因此弱化了气候公约第四条中发达国家缔约方的责任和义务。在资金规模方面,从现有资金机制的情况看,"世界气候变化基金"方案预期每年不少于 100 亿美元的资金规模过于乐观。根据联合国有关协议,发达国家应拿出 GDP 的 0.7%左右用于援助发展中国家,但是到目前为止只有少数国家的捐献达到或接近这一数字,而绝大多数发达国家,特别是美国、日本、英国等发达国家中的大国远没有履行好这一责任和义务。如美国,在气候变化问题上,对 GEF 尚欠应捐资 1 亿多美元。

第三,关于资金使用。在资金使用结构方面,"世界气候变化基金"方案设立"适应基金"和"清洁技术基金"的想法是可取的，具有积极意义。但是，仅有这两项仍然不完善或不完整。在资金使用对象方面，发达国家也可以使用"世界气候变化基金"倡议，对此，发展中国家不会同意这一安排，发达国家也不会同意将本可以自主支配使用的资金，再经过一整套复杂程序和约束后使用。

第四，关于治理安排。"世界气候变化基金"方案的治理结构设计远非完善，理事会由三个独立的委员会难以发挥应有的作用、取得期望的管理结果。

3.3.3.3 "气候变化多边基金"方案

目前，我们对"气候变化多边基金"方案的设计考虑还缺乏了解。既然"气候变化多边基金"方案的基本思路与旨在消除臭氧层消耗物质国际公约和议定书的资金机制相类似，我们可以推测，"气候变化多边基金"所支持的是促使发展中国家开展"行业减排"，即利用它提供的有限资助，要求发展中国家设置和完成相关行业内的减排温室气体目标。因此，"气候变化多边基金"方案的设计实际体现了发达国家希望用来推动发展中国家变相承诺的企图。但是，减排温室气体的国际合作和消除臭氧层消耗物质的国际合作在对象和内容上存在很大差别，消除臭氧层消耗物质国际公约和议定书的资金机制并不适用于应对气候变化问题。

3.3.3.4 "全球气候基金"方案

美国于2009年10月初在曼谷举行的气候公约长期合作行动特设工作组第七次会议上，就建立"全球气候基金"等问题抛出新提案，主要包括：

第一，建立"全球气候基金"，作为公约资金机制的一个经营实体，支持领域主要是与减缓和适应气候变化相关的，由多边开发银行、国内机构、私营部门、民间组织等执行的项目、规划和活动。"全球气候基金"资金来源是，由除最不发达国家外的所有缔约方按照各自国情和能力捐资，也可经缔约方协商同意，采用可供选择的捐资方式。每个缔约方正式给定捐资水平和来源，以提高资金的可预测性；缔约方的捐资可被指定用于专门领域。增资周期为数年一次，由一个现有的多边金融机构作为受托人。"全球气候基金"的管理应透明、高效和有效果，体现捐资方和受援方的平衡代表性；应建立简化的行政程序，尤其要有利于满足最不发达和最脆弱国家的紧急需求。

第二，GEF 继续作为公约资金机制的一个经营实体，应缔约方要求，支持实施准备、能力建设、技术示范、测量与报告等方面的工作。

3.3.3.5 "气候投资基金"方案

"气候投资基金"由美国、日本和英国共同发起，原名"可持续发展变迁基金"，由世界银行托管，将由世界银行和区域发展银行进行项目实施。

"气候投资基金"包括清洁技术基金和战略气候基金两个子基金。清洁技术基金旨在通过其所提供的优惠资金与多边开发银行联合融资，促进低碳技术转让和应用，使受援国减少温室气体排放。战略气候基金主要是帮助发展中国家在可持续发展的框架下应对气候变化，促进适应和减缓气候变化的投资。

"气候投资基金"捐款国和受援国会议推选出清洁技术基金和战略气候基金信托基金委员会，作为基金的决策机构。清洁技术基金信托基金委员会成员包括 8 个发达国家和 8 个发展中国家。战略气候基金信托基金委员会成员包括 7 个发达国家和 7 个发展中国家。

2008 年 9 月，"气候投资基金"获得发达国家超过 61 亿美元的捐款承诺，其中 50 亿美元将用于清洁技术基金，11 亿美元将用于战略气候基金。截至 2009 年 4 月，美国、英国、日本、加拿大等 9 个发达国家承诺捐款达 61 亿美元。其中，美国承诺捐款 20 亿美元，英国承诺捐款 8 亿英镑（约 15 亿美元），日本承诺捐款 12 亿美元，加拿大承诺捐款 1 亿加元。但是，其中仅英国和加拿大已将其承诺确认为有效捐款，并分别实际出资 1.6 亿英镑和 8 500 万加元。包括美国在内的其他 7 国均尚未将承诺确认为有效捐款并实际出资。

美国力推"气候投资基金"，尤其是清洁技术基金，实质上是要推动在公约资金机制以外另起炉灶，建立以世界银行为运行实体的新模式，掌握应对气候变化的国际主导权。

国际社会高度关注"气候投资基金"。虽无明言，但"气候投资基金"的发起目的、时机选择、工作力度等方面设计确定无疑地表明，它在为未来的资金机制进行试探。发展中国家一直要求阐明"气候投资基金"与气候公约之间的关系，要求其不能干预气候公约谈判进程，并在气候公约框架下开展业务。但是，"气候投资基金"通过设置清洁技术基金和战略气候基金,对发展中国家依发展水平分类资助。另外,"气候投资基金"委托给世界银行运行,未建立与 GEF 的直接合作关系。这些体现了发达国家对未来资金机制的设计意图。

3.3.4 现行气候变化国际合作资金机制改革

3.3.4.1 发展中国家和发达国家关于未来资金机制机构安排的分歧

一些发展中国家认为,应在气候公约缔约方大会下或在联合国下建立新的资金机制,取代现在的 GEF,来保证新的资金机制真正接受缔约方大会的指导。发达国家坚决反对这一观点,表示不愿向按此观点新建的资金机制捐资。国际社会同时面临的一个现实问题是,建立新的资金机制及其管理机构存在很多具体困难,也不能保证可以运行得比 GEF 好。

欧美等发达国家提出应注重发挥国际多边发展银行的优势,作为未来资金机制的管理机构。在世界银行建立的"气候投资基金"就是一种试探。发展中国家对发达国家的观点普遍持抵制态度,认为多边发展银行按股份大小确定表决权的董事会管理方式,将使新建资金机制被发达国家掌控,资金提供也将采用多边发展银行现有模式,赠款援助可能大大减少,不能实现发展中国家意愿,还将冲淡多边发展银行支持减贫和发展的主要工作职责。

上述分歧存在已久。过去几年,为建立《京都议定书》下的适应基金,发展中国家和发达国家之间已有激烈交锋,无法按对方观点达成一致。最终的妥协方案是适应基金仍由 GEF 管理,但另行组建适应基金理事会决定适应基金事务,而不是由 GEF 理事会决定。

3.3.4.2 GEF 改革

发展中国家和发达国家在意见迥异的情况下,为维持合作,需要找到妥协方案。除可能建立新的资金机制外,应不反对由现行资金机制 GEF 在2012 年后继续担任气候公约资金机制,但是,应从根本上对 GEF 现行运行模式进行改革。

为解决存在问题,综合两方意见,改革 GEF 应考虑五方面内容:

第一,明确 GEF 作为气候公约资金机制应具有的地位和应发挥的作用。

要求发达国家真正实现其资金责任和义务，以公共资金向 GEF 捐资体现其量化责任，从其他渠道获得的资金可作为补充。

第二，显著体现发展中国家的地位并加强权力。要求加强气候公约缔约方大会对 GEF 的指导，体现发展中国家对 GEF 援助资金使用的主导地位，加强发展中国家在 GEF 相关机构中的参与。

第三，赋予 GEF 秘书处明确法律地位。GEF 秘书处应成为法人机构，能够接受气候公约缔约方大会提供的授权，从而拥有对 GEF 日常事务进行独立管理的地位并能够真正发挥作用。GEF 秘书处应为此显著提高业务工作能力和高效运行，并保障资金的合理分配使用，为此可以考虑在 GEF 秘书处下建立 GEF 自己的项目执行部门。

第四，保持适当灵活性。允许多边发展银行和一些联合国机构继续参与 GEF，在 GEF 工作框架下拥有一定地位和发挥业务优势，支持 GEF 和 GEF 秘书处实现气候公约缔约方大会提供的授权。同时，可能新建立的资金机制应协调好与 GEF 的合作关系。

第五，形成气候公约下国际合作资金协同体系。GEF 应参与整合目前分散的各项气候变化相关基金和可能新建的相关基金。

3.4 我国与应对气候变化国际资金机制的合作

GEF 及受 GEF 管理的其他基金是发展中国家获得应对气候变化国际合作赠款援助的主渠道，为支持发展中国家履行在气候公约下的义务，支持应对气候变化能力建设，如政策研究、技术服务体系建设、促进融资和技术应用、培育市场、加强公众参与等，已发挥了重要作用。

中国政府负责任地认真履行气候公约规定的义务，主要表现之一就是在气候变化领域同 GEF 开展了密切和富有成效的合作，把应对气候变化纳入国家发展主流，有效地发挥了应对气候变化国际合作资金作用。可以说，GEF 气候变化领域项目是我国把应对气候变化国际合作活动同国家重点战略相结合的典型范例。

3.4.1　我国对于 GEF 赠款资金的管理

财政部是中国 GEF 业务的归口管理部门，是 GEF 对华事务的政策和业务联络单位，负责对 GEF 在华项目进行统一监督和管理。财政部官员担任 GEF 事务的中国政策和业务联络人，GEF 理事会的中国理事由财政部委派。

多年来，财政部与中央和地方有关部门密切配合，共同推动 GEF 对我国赠款项目的实施，取得了丰硕成果。同时，财政部充分发挥多种资金渠道窗口的优势，推动各方资金与 GEF 项目的结合，为我国履行相关国际公约，开展可持续发展事业动员了大量资金。2002 年 10 月，我国政府在北京承办了 GEF 第二次成员国大会，会议取得了圆满成功，通过了《北京宣言》，为 GEF 的发展作出了重要贡献。

为了规范和加强全球环境基金赠款项目管理，根据《国际金融组织和外国政府贷款赠款管理办法》（中华人民共和国财政部令第 38 号，2006 年 9 月 1 日起施行）的相关规定和《全球环境基金通则》，财政部主管部门制定了《全球环境基金赠款项目管理办法》，于 2007 年 6 月 26 日颁布施行，明确了职责分工，规范了赠款项目的申报、审批、实施、监督和检查程序，有力地推动了职责明确、责任落实、分工协作、各司其职的管理体制的建立，增强了财政部门对 GEF 项目管理的权威性，使 GEF 项目科学化、精细化管理水平稳步提高。

该办法所管辖的"全球环境基金赠款"是指由 GEF 或受 GEF 托管的其他基金提供的赠款，适用于我国利用 GEF 赠款开展的所有项目活动，包括项目准备、实施、后评估和资产管理等，并明确 GEF 赠款归国家所有。财政部代表国家接受 GEF 赠款，负责赠款项目管理工作。

该办法要求，我国实施的 GEF 赠款项目应当符合国民经济和社会发展战略，支持国家履行相关国际环境公约，具有全球环境效益，体现公共财政职能，注重制度创新和技术开发与应用，以实现国家和全球可持续发展为最终目标。

财政部是我国 GEF 事务的统一管理部门，负责对我国 GEF 赠款项目进行统一规划、管理和监督。其具体职责为：研究确定 GEF 赠款项目管理原则，制定基本规章制度；根据国民经济和社会发展规划、中国履行相关国际环境公约的行动计划，结合 GEF 业务规划和资金资源，在广泛征求相关国际公约履约部门或行业主管部门意见的基础上，制定《中国全球环境基金项目战略规划》；统筹开展我国 GEF 赠款项目的对外工作，对项目的申报进行政策指导、业务评审及对外确认；负责我国 GEF 赠款项目的磋商谈判，组织 GEF 赠款协议的签署和生效工作；负责对我国 GEF 赠款的转赠安排、资金使用等进行统一管理；负责对我国 GEF 赠款项目的实施情况进行管理、监督和检查。

地方财政部门是地方政府 GEF 赠款归口管理机构，统一负责本地区 GEF 赠款项目的全过程管理。

国内实施机构指申请和实施 GEF 项目的中央或者省级行政（行业）主管部门，负责 GEF 赠款项目的实施和管理，在业务上接受同级财政部门的指导和监督。

考虑到 GEF 赠款项目应发挥的综合作用，该办法要求项目设计应考虑以下因素：国家对项目的主导和推动；全球环境效益；成本的额外性；赠款规模与资金分配；联合融资；能力建设；技术支持队伍；利益相关方参与和协调；公众意识提高；可推广性和可持续性；监测与评估；其他相关内容。

该办法还提出了 GEF 赠款项目的资金管理和实施管理要求。

资金管理。一是在赠款协议和转赠协议签署后，财政部将为国内实施机构开设赠款资金专用账户。专用账户设在与国内实施机构同级的财政部门。二是 GEF 赠款的使用应符合赠款协议和转赠协议规定的范围与用途，任何单位和个人均不得以任何理由和形式滞留、截留、挪用赠款资金或者擅自改变赠款资金用途。三是如项目实施过程中出现的重大问题，财政部有权暂停拨付 GEF 赠款，并视整改情况作出是否继续拨付 GEF 赠款的决定。四是 GEF 项目完工前，财政部门应根据国家有关规定与转赠协议，明确 GEF 赠款所形成资产的所有权归属和处置方式。GEF 赠款形成的资产为国有资产的，国内实施机构应根据国有资产监督管理的相关规定采取有效措施，防止国有资产流失。

实施管理。一是要求国内实施机构成立专门的项目办公室，具体负责 GEF 赠款项目实施与管理工作，并制定相应的项目管理办法和财务管理制度。二是如项目实施过程中出现重大问题，国内实施机构应就存在的重大问题及时作出整改，并将整改情况报告报送财政部。三是建立项目活动批准、备案制度，项目实施进展报告、年度工作计划、年度预决算和审计报告、监督与检查计划等。四是建立评估检查制度，财政部可以组织或委托相关机构对实施中的 GEF 赠款项目开展项目检查，GEF 赠款项目实施结束后，财政部可以组织或委托相关机构对项目开展绩效评估。

为进行成果宣传和推广，该办法要求及时总结 GEF 项目活动成果和经验，编制成果手册。

2006 年，GEF 决定实施"资金资源分配框架"政策，根据受援国的项目绩效情况分配资金，以提高 GEF 资金的分配透明度和使用效益。财政部按照 GEF 的业务规划、政策和优先性要求，结合国家"十一五"规划确定的优先领域，根据部门和地方提出的项目建议，对 GEF 气候变化和生物多样性领域的项目进行了科学合理的安排，积极与 GEF 下各机构进行沟通，并通过发挥 GEF 的"种子基金"和催化作用，促进我国节能减排工作发展。鉴于我国具有较强的项目规划和执行能力以及对全球环境作出的积极贡献，GEF 对"资金资源分配框架"政策作出中期调整后，我国气候变化领域的资金预算总量并没有减少，还略有上升。

同时，财政部积极探索提高相关领域 GEF 项目的规划性，引导过去单一项目申报向规划性项目安排转变。

财政部作为我国政府同 GEF 合作的窗口，将继续发展同气候公约资金机制和各种融资渠道的合作，确保国际合作资金使用工作取得应有成效，支持《应对气候变化国家方案》的实施。

3.4.2　我国应用 GEF 赠款资金开展应对气候变化活动取得的成就

中国政府高度重视应对气候变化工作，在将环境保护和可持续发展作为一项基本国策的同时，同时积极参与相关国际对话与合作。作为 GEF 的创始国之一，中国与 GEF 开展了富有成效的合作，GEF 所管理的基金目前已成为中国利用多边优惠资金开展应对气候变化行动的主要渠道。作为几个国际环境公约的资金机制，GEF 在未来将继续发挥作用。中国作为一个负责任的大国，将始终坚定不移地走可持续发展道路，同世界各国一道为保护全球环境、实现全球的可持续发展贡献自己的力量。中国将继续同 GEF 开展更加深入、广泛的合作，进一步与国家的优先发展目标和方向紧密结合，完善管理，提高绩效，为中国和全球的气候保护与可持续发展事业作出更大贡献。

值得一提的是，我国不仅是 GEF 的受援国，还是少数几个对 GEF 捐款的发展中国家之一。我国的捐款与发达国家根据其在气候公约下的资金义务进行捐款不同，属自愿捐款。虽然我国的捐款金额有限，但显示了中国作为一个负责任大国参与全球可持续发展事业的积极态度。

GEF 项目对帮助中国参与应对气候变化国际合作、促进国家可持续发展发挥了重要作用，加强了我国履行气候公约的能力，促进了一批与可持续发展有关的国家法律法规的建设，引进了一批新技术和先进的管理机制，增强了我国公众的可持续发展意识。GEF 项目具有整体和综合优势，在政策、机制、技术、资金、市场等层面发挥了独特作用，促进了与气候变化相关的多层面能力建设、技术转让和技术发展、公众意识提高与公众参与、广泛利益相关方的参与，特别是市场机制下企业的参与，培育了与气候变化相关的新兴产业和市场。

总体上说，我国的 GEF 项目执行质量较好，资金使用效率较高，能够按计划实施和完成活动，实现计划产出，项目实际活动与计划之间具有很好的一致性，项目的实际产出和预期目标之间具有很好的一致性。一些项目的成果超出了预期目标。我国长期以来通过实施 GEF 项目促进应对气候变化行动的努力得到国际社会各方的高度认可。

我国 GEF 项目的贡献主要体现在以下几个方面：

一是增强了我国履行气候公约的能力，向国际社会展示了中国作为负责任大国的形象。首先，根据气候公约规定，发展中国家编制有关温室气体的各种源的人为排放和各种汇的清除的国家清单工作，公约资金机制应为此提供全额资助。在 GEF 赠款项目的支持下，我国开展了编制温室气体排放清单工作，并已在 2006 年向气候公约秘书处提交了《中华人民共和国气候变化初始国家信息通报》，现正在编写《中华人民共和国气候变化第二次国家信息通报》。项目研究结果还为温室气体排放量的测量提供了技术支持，降低了温室气体排放计算中的不确定因素，对我国今后调整产业结构、改善环境质量、促进社会经济可持续发展以及保护全球环境均具有十分重要的意义和价值。其次，通过项目成果及其可持续性产生了具体和显著的温室气体减排量，带来了全球环境效益，体现了我国对减缓气候变化的实质贡献。

二是参与支持了一批国家发展重点计划与工程的实施。我国 GEF 项目注重在目标上与国家可持续发展框架相结合，在设计上与国家经济和社会发展重点相结合，有目的地参与到一批国家重点计划与工程的实施中，取得了显著成果。例如,"消除节能照明产品和系统的障碍项目"与我国的"绿色照明工程"紧密结合,提高了我国在照明节电、照明质量和环境保护方面的水平,有力地推动了我国高效照明灯具的使用,促进提高了高效照明灯具在我国及全球照明灯具市场占有率。再如,"中国可再生能源发展项目"等项目与国家"光明工程"、"乘风计划"、"送电到乡"和"送电到村"工程紧密结合,还协助推动我国促进可再生能源的开发和利用工作的规模化发展。又如,通过实施"中国农村能源生态建设项目",将农业废弃物转化为清洁能源,改善了农村生态环境,促进了社会主义新农村建设。

为支持落实北京"绿色奥运"和"科技奥运"承诺,财政部、北京市财政局和环保局与 GEF 及联合国开发计划署密切配合,顺利完成"北京奥运绿色公交电动车项目"。项目成果锂电池燃料汽车在奥运期间发挥了重要的运输作用,并向全世界展现了我国对节能环保和提高公众环保意识的重视。

三是促进了国家与应对气候变化相关的法律、法规、政策、技术标准的制定与实施。例如,我国 GEF 项目参与了《中国可再生能源法》、《能源节约与资源综合利用"十五"规划》、《能源节约与资源综合利用"十一五"规划》、《2020 国家可再生能源开发计划和国家农村能源开发计划》、《2020 可再生能源发展战略的风能分项》、《西部农村生态型能源 2020 规划》等的制定工作,支持制订了"国家沼气行动方案"和"垃圾填埋气利用国家行动方案"两部国家行动方案,参与编制了"2020 国家可再生能源开发计划和国家农村能源开发计划",部分工作为"2020 可再生能源发展战略的风能分项"和"西部农村生态型能源 2020 规划"提供了直接服务。"中国燃料电池公共汽车商业化示范项目"还同国家重大科技发展专项之一的"电动汽车专项"紧密结合在一起。又如,通过实施"中国燃料电池公共汽车商业化示范"项目,推动了国家重大科技发展专项——"电动汽车项目"的技术升级和市场化。

GEF 项目的实施还促进了一系列行业规章和技术标准的出台,推动了国家相关法律、政策的制定和完善。例如,"中国可再生能源发展项目"通过建立开发技术标准和质量检测体系,提高了产品的市场准入门槛,引导和规范企业之间的技术竞争。"中国节能冰箱项目"设计并推广了我国第一个能效标识,直接推动了《家用电冰箱耗电量限定值及能源效率等级》和《能源效率标识管理办法》的制定和实施。GEF 项目还支持了其他一些节能和可再生能源领域国家标准的制定，促进了绿色照明、太阳能光伏系统相关国家标准的宣传推广。

四是提高了政府、企业和公众的应对气候变化和可持续发展意识。通过实施 GEF 项目，我国国内各级项目参与方，无论是政府部门还是企业和公众，在应对气候变化相关能力、知识和意识、国际合作经验等方面，都有了一定程度的提高。

为实施应对气候变化国家方案所需要的能力建设，不仅需要在中央层面开展，也需要在地方层面开展。近年来，财政部逐步加大了推动 GEF 资源向地方转移的工作力度，地方参与 GEF 项目的程度不断深化。2008 年启动的"中国城市交通发展战略伙伴关系示范性项目"就是一个突出例子。该项目集城市交通政策制定、能力建设和示范性为一体，利用 GEF 赠款 2100 万美元，支持 9 个省 19 个城市开展城市交通发展规划研究，是涉及省份和城市最多的 GEF 项目，宗旨是通过引导各地优化城市交通规划和管理，提升公共交通能力，控制尾气排放的增长，促进项目城市的清洁健康发展。再如，GEF 管理下的气候变化特别基金向我国提供 500 万美元赠款，支持由财政部国家农业综合开发办公室实施的"适应气候变化农业开发项目"，该项目与世界银行贷款项目互为配套，项目实施区包括河北、江苏、安徽、山东、河南和宁夏等六省区，基本覆盖了黄淮海平原这一我国重要的粮食主产区，将在农业生产和水资源管理中纳入气候变化适应措施，例如，提高地方政府、技术服务机构和农民的适应气候变化意识，开发替代型水源，采取节水农业技术，促进适应型灌溉和排水的设计和管理等，以提高农业适应气候变化的能力。

五是引进了先进的管理理念与技术。中国的 GEF 项目通过技术转让、技术开发和技术应用等方式，在一些方面促进了国内相关技术的发展。尤为突出的是，从"拉动"和"推动"两个方面促进了节能技术和可再生能源技术的技术发展，并利用商业示范促进高新技术的自主开发和应用，促进了已经比较成熟的节能技术和可再生能源技术的广泛利用。我国利用 GEF 资金时注重项目的前瞻性、创新性和导向性，通过项目试点重点推动了节能和可再生能源等领域一大批新技术的推广、转让和研发，进而带动了相关新兴产业的发展与规范。以"消除无氟节能冰箱商业化推广障碍项目"为例，通过实施该项目，中国冰箱行业的节能技术水平显著提高。据初步估算，该项目可使中国冰箱在项目结束后的 10 年中减少电力消耗 1 200 亿千瓦小时，相当于节省 7 175 万吨原煤，减少 1.43 亿吨二氧化碳排放。

　　六是促进和规范新兴产业与市场的发展。促进了中国节能服务产业的形成和迅速发展，促进了可再生能源领域如风电、光伏发电、垃圾填埋气发电等产业的形成和发展，同时推动了这些新兴产业和市场在发展中得以规范。显著提高节能冰箱和高效节能照明产品等大宗消费品的市场占有量。促进了节能冰箱、高效节能照明产品和光伏发电系统等的销售走向世界。例如，在可再生能源方面，GEF 项目的实施促进了我国风电、光伏发电在中西部无电地区的应用推广，并加速了相关产业和市场的培育。其中，"中国可再生能源发展项目"不仅推动了西部地区"光明工程"的实施，还直接带动了中国光伏发电产业发展和市场机制的建立。其中以市场为主导的补贴机制为后来相继启动的类似项目起到了示范作用，并逐步为德国、加拿大等国际援助项目和国内项目实施机构所采纳。

　　七是吸引其他渠道资金支持我国应对气候变化和可持续发展事业。GEF 赠款项目具有"种子资金"的催化能力。中国已获得 GEF 赠款和赠款承诺，直接或间接地吸引和带动了远远大于 GEF 赠款数量的国内外融资，包括世界银行、亚洲开发银行、国际农业发展基金等国际机构和双边政府的贷款、赠款，以及国内各级政府的配套资金、商业银行贷款、私营部门投资等，有力地推动了我国应对气候变化和可持续发展事业。例如，"乡镇企业节能与温室气体减排二期项目"获得 GEF 赠款 800 万美元，直接带动国内各级政府配套资金、商业银行贷款和项目单位自筹资金 2 280 万美元。在项目实施过程中，又将 4 个高耗能高污染示范行业的 9 个示范企业项目成果与经验推广到了其他 100 多家企业，间接带动了更多的资金参加到温室气体减排活动中。

　　财政部还积极创新与 GEF 的合作方式，拓宽合作领域，促进 GEF 资金与财政资金相结合，统筹国内国际两种资源，推动节能减排事业取得突破。2008 年启动的"中国火电效率项目"是将国际赠款资金与国内节能减排专项资金相结合的第一个试点项目，通过借鉴国际经验，加快了落后技术淘汰和先进技术应用，促进了我国电力结构优化，并推动了节能减排财税政策体系改革。"淘汰白炽灯项目"将 GEF 资金与财政补贴相结合，加快淘汰白炽灯和推广节能灯进程，每年推广 5 000 万只节能灯，既是我国节能减排的有力举措，也是参与全球应对气候变化的重要行动。

　　应对气候变化需要社会各方力量的全面参与和投入。为此，通过创新激励机制，有效发挥市场机制的作用，多渠道地动员各方资金，形成多元化的社会投入机制至关重要。GEF 项目在这方面做了大量积极有益的探索。例如，"中国节能促进项目"下形成的节能融资新机制，核心是通过建立担保机制，鼓励银行扩大对节能减排项目的贷款规模。又如，"中国能效融资项目"则通过建立损失分担机制和提供技术援助等形式，推动我国商业银行积极参与绿色信贷业务。

此外，GEF 还充分发挥自身的催化作用，通过联合融资等多种方式直接或间接地带动了国内外融资，规模远远超过基金本身的赠款。其中既包括世界银行、亚洲开发银行、国际农业发展基金等国际机构多边和外国政府双边的贷款和赠款，也包括国内各级政府的配套资金、商业银行贷款等私营部门投资等等。这些来源广泛的资金极大地支持了我国应对气候变化的行动。

展望未来，随着我国应对气候变化的国家行动持续走向深入，积极借助外部力量，统筹国内国外两种资源，创新合作方式是我们的必然选择。我国与 GEF 及气候公约其他资金机制的合作也将沿着这一基本思路继续深化，以期进一步调动和组织资金和技术资源，充分发挥气候公约资金机制援助项目在项目设计和机制创新方面的独特优势，为我国应对气候变化作出更大的贡献。

4

公共财政和应对气候变化

气候变化不仅是自然的产物，更具有公共性质，所以，在应对气候变化过程中，人们所付出的任何努力都具有强烈的公共产品甚至是国际公共产品的属性。社会经济发展的历史证明，对公共产品的需求无法仅仅依靠个人自身或者市场的力量来满足。因此，财政作为解决公共产品供给不足问题的关键力量，是我国应对气候变化、实现可持续发展的重要政策措施保障和资金来源。

4.1 我国公共财政的发展

财政，既是一个经济词汇，又是一个政治范畴，联系着政治和经济两大领域。一方面，财政作为整个国民经济运行中的一个重要内容，是政府主体为实现职能的需要，凭借政治权力及财产权力，参与社会产品或国民收入的分配和再分配，以及由此形成的一系列活动。其中，国家（或政府）作为生产资料的所有者或出资者，凭借财产权力，以上缴国有资产收益的形式，参与国有经济及相关资本组织形式的利润分配，并进行相应的再分配。政府集中一部分国民收入用于满足公共需要的收支活动，实现资源优化配置、公平分配和促进经济稳定和发展。另一方面，财政又是一个与政治密切相关的概念。国家作为社会管理者，凭借政治权力，以税收的形式参与各种经济成分和资本组织形式的收入分配，并作相应的再分配（刘邦驰、王国清，2007）。简而言之，就是通过政府收支活动筹集和供给资金，履行政府职能、满足社会需要、实现社会管理、引导社会发展。

传统计划经济体制下的财政体系不能完全适应我国建设有中国特色社会

主义市场经济的要求，为此，从 1998 年起，国家将"初步建立公共财政的基本框架"列为财政改革的重要目标。党的十七大对做好新时期财政工作提出了新任务，要求"完善公共财政体系，深化财税体制改革，强化财政科学管理，促进科学发展和社会和谐"。

所谓公共财政是指国家或政府将一部分社会资源集中起来，为市场提供公共产品和服务，满足社会公共需要的分配活动或者经济行为。这是一种以满足社会公共需要为目的而构建的财政运行机制模式。它以满足社会的公共需要界定财政职能范围，并以此构建政府的财政收支体系。

当前，我国处在全面建设小康社会的关键时期，正在加快工业化、城镇化步伐，发展经济、改善民生的任务十分繁重。在此背景下，公共财政的内涵和作用正在越来越多地被人们所认识。

4.1.1 公共财政的基本理论

我国的财政体制经历了几十年探索、改革，已逐步转变为适应市场经济发展的有中国特色的公共财政模式。具体来说，这是一种由于存在市场失灵的状态，而依靠市场以外的政府的力量提供公共产品和服务，以满足公共需求为主旨来进行的政府收支活动。其最大特点就在于它无处不在的公共性。

4.1.1.1 公共产品理论

公共产品理论是我国公共财政建立的基础理论。它通过对公共产品、私人产品的定义，划分了政府和市场各自的职责范围，明确了公共财政的定位和任务。

在传统意义的完全市场中，产品的价格和产销量是由市场竞争决定的。当消费者在收入约束下的最优选择与生产者在资源约束下的最优选择相交时，能使边际利益等于边际成本，消费者与生产者同时达到均衡状态的帕累托最优。而达到这一均衡的前提条件是产品具有明显的消费竞争性和排他性。

但不是所有的社会产品都具有上述两种性质，所以，如果仅通过需求和供给的相互作用，往往会出现市场失灵的现象。所以，以此为基准，公共产品理论把社会产品划分为公共产品和私人产品。

私人产品能够满足竞争性和排他性的要求，它完全适应竞争市场，可以由市场根据价格和需求来决定对它的供给。

与私人产品相对应，公共产品是指由公共部门或政府提供的用于满足社会公共需要的商品和服务。公共产品的特点是个人对该产品的消费不会影响其他社会成员对它的消费。增加一个消费者，不会减少任何一个人对公共产品的消费量；而在该产品有效覆盖的范围内，社会成员将共同消费它，不可能将其中的任何人排斥在外。也就是说，公共产品在消费上具有非竞争性和非排他性。

如果强行通过市场机制来实现对公共产品的配置，就会出现市场失灵现象：

第一，消费的非竞争性造成的市场失灵。公共产品具有非竞争性，此时增加消费者的边际成本为零，但是必须收回的提供公共产品的成本却不为零。这种成本的收回不能通过市场机制，只能通过非市场的手段。

第二，非排他性造成的市场失灵。公共产品具有非排他性，容易使消费者产生"免费搭车"心理，坐享由其他人付费所形成的供给，因此，公共产品的提供就会不足，即市场提供的公共产品数量通常将低于最优数量，因而造成市场失灵。

相较于私人产品，公共产品往往关乎国计民生，需求更具刚性。如果不能通过传统市场方式提供，那么只有通过非市场的手段调节，这也就是政府的职责所在。由此，公共财政所要承担的一个重大任务，是在市场失灵的环境下，提供用于满足社会公共需要的、具有非竞争性和非排他性的商品和服务，以维护社会的稳定和国家可持续发展。

4.1.1.2 公共选择理论

依据自由的市场交换能使双方都获利的经济学原理，公共选择理论把传统经济理论的分析方法运用于政治领域分析，探讨政府的决策行为、民众的公共选择行为及两者的关系，从中探索政治经济问题的深层次原因。

公共选择是指通过非市场的集体行动和政治过程来进行政府（财政）选择，是对资源配置的非市场决策（邓文勇，2007）。

公共产品和外部性的存在，特别是公共产品偏好的显示是公共选择的主要理由。对于私人产品来说，由于它的竞争性和排他性，个人只需在市场上通过买卖的选择就可以显示其偏好。而对于公共产品来说，则不存在一种刺激机制来诱使个人真实地显示出他的偏好，且"免费搭车"的动机往往诱使追求效用最大化的个人隐瞒或扭曲自己的偏好，因而造成公共产品的实际供给远离帕累托最优水平。并且由于这个原因，不存在一个公共产品的价格体系，因而不存在一种消费者与生产者之间的信息传递机制，政府将难以正确估计社会对公共产品的实际需求，这将导致公共产品的供给不足或过剩。另外，由于在实际经济活动中，生产者或消费者的活动会对其他生产者或消费者带来非市场性影响，即外部效应，因而存在一种非价格的因素，它无法在自由交换的市场上解决，或者解决成本超过了收益。上述问题的存在表明了公共产品只能通过公共选择来决定它的生产和每个社会成员的承担份额。

要解决这一问题，只能通过市场以外的政府力量，依靠以公共性为核心的财政来提供非竞争性和非排他性的产品和服务，以满足社会大众的公共需求。这恰好是政府赋予财政的职能。

4.1.1.3　公平分配理论

社会公平是指人们在取得收入的机会和权利平等的基础上，根据各自贡献的大小而获得相应的收入。它是一个动态的历史概念，具有一定的相对性，与主体的价值判断有直接联系，受个体利益和各种公平观念支配。

评估公平分配的根本标准是生产力标准，评价一种分配方式是否公平，要看在特定的历史条件下是否有利于生产力发展，是否有利于维护经济基础的稳定与发展。具体来说，社会公平的标准主要包括：分配来源的公平、分配过程的公平和分配结果的公平。政府通过公共财政手段来介入分配和再分配，有利于实现社会的公平分配，包括：第一，利用现有手段如工资和税收等调节收入分配；第二，健全和完善社会保障体系对收入分配的调节；第三，加大扶贫力度，注重对社会结构的调整。

4.1.2　我国公共财政的建立与发展

1998年，党中央、国务院正式提出了积极创造条件，尽快建立"公共财政"框架的要求，形成了在市场经济条件下完成财政转型的基本导向与纲领，强调政府职能重心转向经济调节、市场监管、社会管理和公共服务，财政职能及其作用方式也必须随之相应转换，解决好"既不越位，也不缺位"的问题，为社会主义市场经济体制的建立和完善，为经济社会的全面、协调、可持续发展提供应有的公共服务和必要的保障。经努力，具有中国特色的公共财政体系不断完善，在财政体制、税制、政府与企业关系、财政管理、宏观调控等方面取得了长足的发展，以下简述部分内容。

4.1.2.1 发展和完善公共财政体制

以 1994 年分税制框架为基础，随着经济社会发展与经济体制改革深化，针对财政体制运行中出现的问题进行了调整，主要内容是：第一，调整中央与地方收入安排，包括对个人所得税等税收实行中央和地方按比例分享。第二，完善政府间转移支付制度，包括根据我国经济社会发展的阶段性目标要求，为配合实施中央宏观政策目标和推动重大改革，新增了一些专项转移支付项目，如对农村税费改革、天然林保护工程等的专项补助，积极建立比较规范的专项转移支付体系。第三，调整优化财政支出结构。在财政收入较快增长、国债发行规模扩大、各项支出普遍增加的同时，各级财政用于社会性、公共性支出的比重不断提高，加大对基础设施建设、"三农"、科教文卫、社会保障、环境保护的支持力度，逐步减少对一般竞争性和经营性领域的财政直接投资和补贴，强化政府经济调节、市场监管、社会管理和公共服务四大职能。第四，积极推进以部门预算、国库集中收付、"收支两条线"和政府集中采购为代表的预算管理与公共支出制度改革。

党的十七大对公共财政的体制建设提出了新的要求，全国财政系统着力深化财政体制改革，完善财政转移支付制度，健全中央和地方财力与事权相匹配的体制。第一，明晰划分中央与地方的事权和支出责任。第二，适当壮大地方税收收入。结合税制改革，完善地方税体系，增加地方税收收入以提高地方公共服务的保障能力。抓紧推进资源税改革，促进资源节约和环境保护。在统一内外资企业所得税制度的基础上，进一步统一包括内外资企业房地产税、城建税和教育费附加等税收制度，公平税负，同时增加地方收入。积极稳妥推进物业税改革，研究适当赋予地方一定的税收管理权限。第三，加快发展健全规范的财政转移支付制度。完善一般性转移支付制度，提高一般性转移支付的规模和比例，以增强基层政府统筹安排财力、提供公共服务的能力。其中，改进一般性转移支付测算办法，鼓励和支持那些属于禁止和限制开发的地区加强生态建设和环境保护。第四，改革和健全省以下财政体制，以创新方式提高基层政府提供公共服务的能力和绩效。

4.1.2.2 改革和发展税收制度

1998 年以来，财税部门根据经济社会发展形势变化，继续稳步推进税收制度改革。一是对收费进行全面清理整顿，稳步推进"费改税"和农村税费改革试点。二是进一步加强税收法制建设，深化税收征管体制改革和以"金税工程"为主要手段的税收征管信息系统的建设运用。三是配合积极财政政策的实施和宏观调控的需要，进行了一系列税制调整。

党的十七大以来，全国财税部门着力推进税费制度改革，建立健全资源有偿使用制度和生态环境补偿机制，大力构建有利于科学发展的财税制度。第一，遵循简税制、宽税基、低税率、严征管的原则，优化税制结构，完善以流转税和所得税为主体税种，财产税、资源税及其他特定目的税相互配合的复合税制体系，规范健全财税制度，充分发挥税收筹集国家财政收入和调控经济、调节收入分配的作用，推动经济发展方式转变和谐社会建设。第二，加快流转税改革，健全所得税制度，改革财产税体系，推进资源税制改革，完善特定目的税。尽快在全国范围内实施消费型增值税，促进扩大内需，公平税负。完善高耗能、高污染、资源性产品的出口退（免）税政策，推动资源节约和环境保护。健全加工贸易税收政策，促进转变外贸发展方式。扩大消费税的征税范围，增强其促进节能减排的功能。在健全所得税制度和改革财产税体系的同时，改革特定目的税。例如：按照多用油者多负担的原则，适时开征燃油消费税（以下简称"燃油税"），鼓励节能降耗；研究开征环境保护税，对消耗资源并在生产过程中产生污染的排放行为征税；研究开征社会保障税，统一和降低纳税人负担，完善社会保障的筹资形式，提高基本社会保障的资金统筹层次。第三，深化收费制度改革。按照强化税收、清理收费的原则，完善收费制度，优化财政收入结构，提高公共财政保障能力。第四，建立健全资源有偿使用制度和生态环境补偿机制。在试点基础上，全面推进矿产资源有偿使用制度改革，促进矿产资源合理开发利用。建立排污权有偿取得和交易制度，积极推进在太湖流域等地区开展改革试点。研究建立跨省流域生态补偿机制，并结合主体功能区建设，建立完善生态补偿机制。推动建立健全环境资源的价格形成机制，重点是建立资源开发企业合理负担成本机制，使资源性产品价格真实反映价值；完善城市污水、垃圾处理和排污收费制度，提高收费标准，使企业排污成本内部化，促进污水、垃圾处理产业化。

4.1.2.3　加强财政管理

根据党中央、国务院的部署，自 1998 年开始，全国财政系统在加强财政管理，提升财政资金使用效率，提高财政管理的科学化、精细化水平上取得了重要进展。一是通过部门预算、"收支两条线"、国库集中支付、政府采购制度改革等一系列预算管理制度改革，提高预算的公开性、透明度和完整性，建立了符合公共财政要求的现代预算管理框架。二是财政法制逐步健全，行政审批制度改革和财政法制宣传教育有序推进，财政的行政执法、监督水平明显提高。三是财政监督机制逐步健全，初步建立起实施监控、综合稽查、整改反馈、跟踪问效的财政监督机制。四是财税信息化建设取得显著进展。五是进一步实行财政开放和发展财经国际协调，积极参与国际会议和推动双边与多边财经合作，统筹利用国际国内两个市场、两种资源，有力地支持和配合了我国改革开放全局。其中，积极参与国际经济规则制定与协调，较好地争取和维护了国家利益。

4.1.2.4　优化财政支出

随着公共财政建设的不断深入，全国财政系统不断调整和完善公共财政支出体系，增强社会公共产品与服务的供给能力，"民生财政"特征日益突出。随着政府职能的逐步转变和市场在资源配置中基础性作用的增强，财政职能和支出保障范围也相应调整优化。财政部门坚持以人为本，深入贯彻落实科学发展观，着力建立保障和改善民生的长效机制，公共支出功能不断强化，在支出结构优化中重点保障公共服务领域的支出需要，其中包括支持生态建设和环境保护，促进建设资源节约型与环境友好型社会，推进创新型国家建设。财政支出结构的调整优化，有力促进了经济发展方式转变和社会主义和谐社会建设。

4.1.2.5　加强宏观调控

由于受到亚洲金融危机的影响，1998 年中国经济面临前所未有的下滑压力，国内市场需求不旺，外贸出口增幅急速下降，居民储蓄倾向增强，物价持续走低，经济运行中出现了通货紧缩的迹象。为应对亚洲金融危机的冲击和国内市场需求不足带来的挑战，1998 年二季度后中央审时度势，果断实施了积极财政政策，主要通过扩大预算赤字、增发长期建设国债等手段来增加财政支出，以实现增加投资、促进消费、扩大出口的目的，进而拉动经济增长。扩张性的积极财政政策的实施，有效带动了地方、部门、企业配套资金和银行贷款，投资总规模达 3.2 亿元，每年对 GDP 增长的贡献约为 1.5% ~ 2%，既成功扩大了内需，又促进了经济结构的调整，同时也积累了反通货紧缩的宏观调控经验。

随着世界经济的逐步复苏和积极财政政策实施过程中政府投资的拉动，我国经济已走出通货紧缩和需求不足的阴影，进入了新一轮上升期。与此同时，也出现了一些行业、地区投资过旺和低水平重复建设倾向有所加大等问题，中央根据经济形势发展变化，决定 2005 年开始正式实施稳健财政政策。几年间，财政政策加强与货币政策、产业政策等的协调配合，使我国经济运行呈现出增长较快、结构优化、效益提高、民生改善的良好局面。

2008 年 10 月后，国际金融危机爆发，对我国经济造成严重冲击，中央明确提出实施积极的财政政策。主要着力点：一是扩大政府公共投资，着力加强重点建设。大幅度增加财政赤字，2009 年全国财政赤字的预算安排达 9 500 亿元。两年内中央政府增加公共投资 1.18 万亿元，带动引导社会投资共计 4 万亿元。其中，大力支持科技创新和节能减排，推动经济结构调整和经济发展方式转变。加大财政科技投入，完善有利于提高自主创新能力的财税政策。大力支持节能减排，稳步推进资源有偿使用制度和生态环境补偿机制改革，促进能源资源节约和生态环境保护。目前，积极财政政策已经并正在继续显现成效。

改革开放以来，我国综合运用多种政策工具对经济运行实行宏观调控，逐步形成了预算、税收、贴息、国债、转移支付、出口退税等工具手段协调配合的财政调控机制，促进了结构优化和经济又好又快发展。总体来看，财政宏观调控实现了"四大转变"，即：由被动调控向主动调控转变，由直接调控向间接调控转变，由单一手段向组合工具调控转变，由以企业和个人为具体调控对象向以市场变量为调控对象转变。这些转变标志着我国建立起在市场经济条件下，基本适应不同经济运行形态需要的包括目标定位、手段组合、时机选择、组织实施等一系列要素在内的财政宏观调控系统。

4.1.3 我国公共财政的基本内涵和主要职能

4.1.3.1 我国公共财政的基本内涵

第一，公共财政是符合科学发展观的财政。贯彻十七大精神、践行科学发展观，要求强化和完善财政的功能，使之成为促进社会经济协调发展的重要保障。

财政体制的变迁体现了科学发展的要求。"收入主要来自于国有部门，支出主要投向于国有部门"是传统财政收支运行的基本格局。从"国家财政"到"转型财政"再到"公共财政"三个阶段的变迁，让财政收支运行格局发生了巨大变化。这正是对发展观的认识从"物化发展"到"以人为本"，理解不断科学和深入的具体体现。

科学发展观指引公共财政正确运行。科学发展观的本质是"以人为本"，公共财政就是要站在最广大人民群众的立场上，为人民谋幸福，为公众谋福利。科学发展观的根本方法是"统筹兼顾"，构建公共财政就是要统筹城乡发展、统筹区域发展、统筹经济社会发展、统筹人与自然和谐发展、统筹国内发展和对外开放。科学发展观的目标是"建设和谐社会"，公共财政就是通过财政手段处理好人与自然、环境、社会的和谐发展。科学发展观提出"全面、协调、可持续发展"，公共财政履行发展职能，必须坚持树立科学的发展观，把促进发展作为财政工作的出发点和落脚点，为全面、协调和可持续发展创造物质基础。因此，科学发展观的指导保证了我国公共财政的正确运行。

第二，公共财政是支持民生、促进和谐社会建设的财政。根据经济发展阶段理论，在市场经济发展的较高阶段，公共支出的重点将转向民生支出如教育、卫生和社会福利的支出。世界各国的经验也很好的验证了这一点。对我国来讲，支持民生、促进和谐社会建设更是公共财政的关键。可以说，我国现阶段的公共财政就是以民为本的民生财政。相对其他国家，在我国特殊国情背景下的公共财政民生化还具有独有的一些特征，例如，二元经济背景下的统筹特征。

第三，公共财政是以公共产品提供与管理以及弥补市场缺陷为基础的财政。在此方面，最根本的特征在于以公共产品提供与管理以及弥补市场缺陷为基础的公共性，具体表现为：

弥补市场缺失。市场和政府是整个社会的两大系统。财政是政府的分配活动或者经济活动，因而市场经济下财政的首要问题和根本问题就是政府与市场的关系问题。政府及其财政只能做市场不能做而又需要做的事，只能站在市场活动之外去有所为地为市场活动提供服务，从而表现为一种"公共"的活动。

提供公平服务。政府对待市场活动主体的方式可以分为"区别对待"和"公平服务"两大类。在"区别对待"的政策下，政府只着眼于或偏重于某些经济成分，只着重于支持或者扶持某些部门、行业的发展，而压抑和否定其他一些部门、行业的发展，实质上是政府以非市场手段对市场进行了不应有的干预，否定市场机制的有效配置资源的能力，明显违背了社会主义市场经济的本质要求。公共财政要求政府通过公平、公正、公开的方式，为每一个市场参与者提供平等的服务。因此所有的市场主体都无法依靠政府权力索取额外的价格和利益，也不会因政府权力的干预而支付额外的费用。这不仅说明公共财政与市场经济的本质要求相适应，也证明了公共财政的公共性。

提供公共产品。在市场经济条件下，利润目标和社会目标往往是对立的。公共产品，由于其消费非排他性和生产成本高的自身特点，往往不被追求自身利润价值最大化的独立经济个体所重视，产品供应短缺。而这些公共产品又常常关系到国计民生，因此，依靠公权力运作的财政工作自然而然的承担起了公共产品提供的重任。作为保证国家整体经济健康、顺利运行的财政体系，必须时时处处以国家、社会公众价值最大化为追求的核心目标，将自己的工作重点置于市场机制缺失的领域内，以弥补市场失效、提供公共产品和服务为己任。努力做到既不"缺位"也不"越位"，维护良好的整体经济秩序。

第四，公共财政是以科学化、精细化管理为基本要求的财政。虽然经过几十年的艰苦努力，我国经济正处在腾飞期，但在国家全面建设小康社会的关键时刻，发展经济、改善民生的任务十分繁重，无论是中央还是地方，财政收支压力仍然很大。所以，我们必须强调财政工作的有效性，也就是要花同样多的钱，为人民办更多的事。为此，财政工作科学化、精细化管理是必经之路。

4.1.3.2 我国公共财政的主要职能

随着我国有中国特色社会主义市场经济的深入发展，政府的定位已不能完全立足于同市场进行职能替换，即：政府不仅要致力于弥补"市场失灵"，而且还应增进市场的自我调节能力。这事实上赋予了我国公共财政推动制度变革与保证经济增长的双重目标：既有市场经济条件下的一般，即公共财政；也有社会主义条件下的特殊，即促进经济增长或者调节经济功能。这也决定了当前我国公共财政的职能特征。

第一，公共财政在资源分配上的职能。资源配置，广义地来说是指社会产品的配置，狭义地来说是指生产要素的配置。市场是资源配置的一种方式，政府财政也是资源配置的一种方式。公共财政配置资源的职能是指公共财政通过财力的分配，引导社会资源的流向，最后形成一定的资产结构、产业结构、技术结构和地区结构的功能，其职能目标是保证全社会的资源得到有效的利用，通过财政分配最终实现资源的优化配置，以满足社会及成员的需要。

在社会主义市场经济条件下，公共财政之所以具有配置资源的功能，是由于市场存在缺陷而不能提供有效的资源配置。公共财政配置资源的机制和手段主要有：根据社会主义市场经济体制下的政府职能需要，合理安排财政收支占 GDP（GNP）的比例；优化财政支出结构和合理安排政府投资的规模与结构，调节全社会资源配置的数量和方向；通过税收方面的税种开征与停征、税率高低与优惠减免，鼓励和限制一些产业和产品的发展，达到资源的优化配置；对国有资产收益分配的调整和财政补贴，决定和影响资源的配置；国债的发行可影响积累和消费，又会影响资源的配置；中央对地方财政的转移支付可影响地区的资源配置；提高财政配置本身的效率。

第二，公共财政在国民经济管理上的职能。在市场经济条件下，收入分配是由生产要素的供给和生产要素的定价决定的，而由市场决定的收入分配状况，可能合乎也可能不合乎社会的愿望。因此，要求社会有一种公平分配的机制。政府财政在进行再分配方面显然处于比较有利的地位，因为政府拥有强制征税的权力，该项权力使得政府能够大规模地进行财富再分配；政府能够通过税制解决由于要素市场的不完全性与垄断定价所产生的收入分配问题；政府还可以通过安排预算支出来实现收入的再分配。因此，财政具有收入分配的职能。

财政的收入分配主要是通过调节各分配主体之间的物质利益关系，实现公平合理分配收入的目标。所谓分配主体，是指分配过程的参与者。财政是政府分配主体的代表，并在分配中起主导作用，自然具有调节各分配主体之间的分配关系的职能。财政主要通过税收转移、间接再分配、现金或实物的转移、税种的设置等措施，来实现收入再分配。

第三，公共财政的结构性调整职能。经济稳定和增长职能主要是指财政通过调整税率、改变预算支出与税种来影响物价水平、就业水平以及经济增长，目标是保持高水平的资源利用、适度而稳定的物价水平、对外收支平衡以及合理的经济增长率等。经济增长和经济稳定是相辅相成的，持续稳定的增长是经济发展的基本要求，适度的经济增长又是经济稳定的重要内容。利用财政手段来促进经济稳定和增长，主要的任务是调节总需求与总供给的平衡。从总量上看，当社会总需求超过社会总供给时，财政可以减少支出和增加税收，以减少总需求，紧缩投资，抑制通货膨胀；相反，当社会总供给大于社会总需求，社会总需求不足时，财政可以扩大支出，减少税收，以刺激总需求，扩大投资，增加就业，促使经济稳定增长。从结构上看，总需求与总供给的结构失衡，主要表现在现有产业结构格局下，各产业部门生产的产品种类、规格不能满足社会生产和消费的需求。解决这种结构性矛盾，单纯从总量上限制生产或鼓励生产，紧缩或增加投资，是不能解决问题的，必须对产业进行结构性调节控制。即可通过税收、投资，实行区别对待的政策，有针对性地调整产业结构和产品结构，压缩长线产品的生产，增加短线产品的生产。

第四，公共财政对公共产品提供、分配、管理和促进的职能。在市场经济条件下，尤其是转型时期，由于利益主体的多元化、经济决策的分散性、市场竞争的自发性和排他性，某些旧体制还在起作用，新体制还不健全，还存在许多的漏洞和问题，因此需要加强财政的监督和管理。财政监督管理职能的内容主要应包括：一是通过对宏观经济运行的监督管理，对宏观经济运行指标跟踪、监督，及时反馈信息，发出预警信号，为国家宏观调控提供决策依据，从而为经济正常运行创造良好的市场环境；二是通过对微观经济运行的监督管理，规范经济秩序，主要是建立健全和严格执行财政、税收、会计法规，为市场竞争提供基本的规则，保护正当的市场竞争，同时严肃财经纪律，依法治税，依法理财，保证国家财政收入；三是通过对国有资产营运的监督管理，主要是实施价值形式的监督管理，在搞活搞好国有企业的同时，实现国有资产的保值和增值；四是通过对财政工作自身的监督管理，不断提高财政分配效益和财政管理水平。

4.1.4 公共财政与市场机制的协同

4.1.4.1 财政对市场发展的支持和对市场失灵的弥补

在市场经济条件下，市场在资源配置中发挥着基础性的作用。市场机制是市场运行的实现机制，它作为一种经济运行机制，通过供求机制、价格机制、竞争机制等手段，引导企业和个人的行为，调节市场的供给和需求，实现并优化资源配置。市场失灵的存在使得像气候这样的公共产品并不能像一般的资源那样得到市场的有效配置，人类对气候的消费在很长的一段时间内是无序的，在工业革命带来的社会化大生产结合后，这种无序性便迅速放大，人类的经济社会发展与气候之间的矛盾开始大量累积。

解决气候无度消费的基本思路，是建立针对气候影响因子的市场机制，并采用政策手段对人类经济活动，特别是高污染、高排放的经济活动进行限制。在现代经济社会中，推行上述两个思路最好的办法就是将公共财政的力量纳入进来，既通过发展税收制度和进行大规模财政投入开展应对气候变化行动，又加强对市场力量的引导，扶持低排放、高效率的先进制造业和现代服务业发展。社会主义市场经济条件下的公共财政，是在科学发展观的指导下，坚持以改善和纠正"市场在公共领域配置资源失灵"为标准，坚持以人为本，坚持经济社会与自然生态和谐发展的公共财政。我国公共财政施力的范围和重点应该是市场失灵的领域，主要表现在以下方面：

第一，财政能够在公共产品提供中纳入市场机制。财政可在运用自身力量克制市场缺陷的同时，积极创造各种条件在公共产品提供中引入市场机制，以增长公共产品的供给，提升公共服务的水平，加强公共产品提供和运行中的效率。市场机制的核心是价格机制[1]，能否纳入市场机制的关键是能否给公共产品的建设与使用确定价格。从历史的经验看，财政通过扶持公共产品私权体系建设可以有效地解决定价问题，从而在公共产品的提供中纳入市场机制的基本原则。此外，财政在提供公共产品私权保障的时候，也需要

---

[1] 王维平. 把握市场机制保障公共产品. 甘肃日报，2007 – 09 – 13

注意公共产品自身的效率取向，即公共产品是以公平地满足社会居民的共同需要为目的，广覆盖、公平享有和低门槛限制是公共产品的应有之义。财政在建设公共产品私权体系的进程中，一定要充分考虑公共产品的本质需求，市场化的基础是人的需求，而气候等公共产品市场化的基础是人的基本需求得到满足。

第二，财政能够有效地提供公共产品。从经济学角度看，由于公共产品是每一个社会成员的切身需求，因此在提供方的选择中，必须选择有效率的主体来执行和完成。政府作为公共利益的维护者，在公共产品的建设和维护中有着天然的"规模经济"优势。随着人类社会经济文化的不断发展，社会成员对公共产品的需求层次越来越高、种类越来越多、效率性也越来越强，因此赋予政府提供公共服务的财力就越来越多。从世界各国的情况看，第二次世界大战以后，随着政府承担社会公共服务和事务的内容越来越多，财政收入占 GDP 的比重也越来越高，目前世界平均水平保持在 30% 左右。政府的财力增强后，可以通过直接公共产品提供、准公共产品补贴和引导市场力量进入公共产品的建设和维护的方式有效地提供能够满足公众需要的公共产品。

第三，财政能够对外部效应作出有效处置。正外部效应产生的收益具有非排他性，与公共产品一样无法定价；负外部效应会对他人造成损失却不承担相应成本，因此都很难通过市场来解决。政府可以利用经济、法律和行政手段来解决外部效应，通过财政对能产生正外部效应的经济行为进行补贴，并对产生负外部效应的经济行为进行惩罚（征税），从而使得这些经济行为的个人效益与社会效益，个人成本和社会成本趋于一致，增加市场经济中的正外部效应，减少负外部效应。

第四，财政可以有效改善分配上的过高差距。根据公共选择理论，社会的收入水平处于均匀分布的时候是社会收入分配最具公平的点（基尼系数为 0），但实际上，这种公平的存在并不是最有效率的点。通过相关政策的有效推动，经济社会会突破匀质社会的约束，向更高水平的"纺锤形"社会形态迈进，而这种形态是被发达国家证实了的最有益于经济发展和社会稳定的社会组织形式。我国大规模经济建设和社会改革起步较晚，即使从新中国成立算起，也只有 60 多年的时间，经济社会既面临着提高收入水平、减少收入差距的发展目标，又需要提高效率，提升经济社会的稳定性。根据这一要求，必须充分发挥财税政策的作用，既通过累进所得税缓解市场带来收入分配上的过高差距，又通过转移支付补贴低收入者的收入状况，并为最低收入者（市场经济中难以获得利益分配的群体）建立良好的社会保障体系和公平发展环境体系，既提供良好的社会上升通道，又为创业提供支持，建立有效的产业培育环境，为社会中下层的知识和技能的市场化运用创造良好的环境。通过上述措施的安排，可以在有效提高收入水平的同时，减少收入差距，实现分配效率的提升和社会形态的改进。

在应对气候变化的问题上，由于经济社会的"纺锤形"格局的逐步形成，使得社会需求层次较匀质社会更高，产品更集中，价格变化的承受力也更强。因此，当人类社会向低碳转型，政府通过各种经济手段鼓励环境经济、低排放经济、节能经济和新能源经济的发展的时候，由于"纺锤形"社会形态的作用，可以为低碳发展和应对气候变化的经济措施提供发挥作用的良好空间；可以为高技术产品提供广阔而集中的市场，从而通过规模经济形成高新技术产业在全球范围内的竞争优势，成为我国后危机时期的新经济增长点。

4.1.4.2　市场对财政效力的放大与强化

公共财政是"与市场经济相适应的财政模式"。公共财政是市场经济条件下的财政，与市场经济密不可分。在性质上，公共财政既是市场经济的有效补充，弥补其作用盲区或者市场缺陷，也是和谐社会建设的有力支柱，可以创造公正、平等、法治、友好的社会环境，有利于人与人之间形成"民主法治、公平正义、诚信友爱、充满活力、安定有序、人与自然和谐相处"的社会和谐。因此，市场应与公共财政有效结合以应对经济社会发展的需要，对财政不能有效发挥效力或者无法发挥效力的领域进行补充，放大与强化财政的效力。

第一，市场经济拓宽并规范了财政关系涉及的经济主体和分配范围：在市场经济条件下，财政关系涉及的经济主体包括国内外市场的参与者以及社会经济生活的各个层面。在市场机制下，一国的财税政策既要面对国内众多的市场主体和不断完善的信息与商品流通，还要应对各种外来侵扰或进行必要的海外生产与投资。财税政策的影响超出了国家的范围，也使得通过运用合理的财税政策利用"国内和国外"两个市场成为可能。

第二，市场经济改善了财政管理的水平。近年来，我国财政管理立足于提高绩效、扩大范围，使得我国财政管理水平迅速提高，财政投入的效果不断提升。在管理提高的进程中，财政部门大量借鉴市场机制下优秀企业的做法，建立了从立项分析、决策机制、过程监管到效果评价的完整体系，在各个环境完善了管理制度，规范了管理手段，提升了管理效率。

第三，市场经济扩大并强化了财政的职能。随着商品经济的发展和生产社会化程度的提高，财政的职能从取得财政收入，提供经费，控制、调节经济运行的控制，协调社会利益，拓宽并转变到了在市场进行资源配置的基础上，调节资源和收入的分配，引导生产经营方向，调整产业结构、产品结构和技术结构，平衡社会总供给和总需求等。市场经济的发展，不仅为财政关系的发展创造了物质条件，而且扩展了财政的职能，使财政从单纯的政府收支管理转向综合的宏观调控，在现在社会经济生活中发挥的效力得到了放大与强化。

在应对气候变化的问题上，传统的环境政策主要通过政府的强制命令，将约束性的节能减排量化指标层层分解下去来实现节能减排目标。但是，在市场经济发展逐步规范和成熟的进程中，这种单一行政手段的实现难度逐步增大，缺乏灵活性和长效机制，对市场自身运行带来的损害和成本很高，有时还会对社会经济的发展造成限制，难以取得令人满意的效果。当前，应逐步通过市场机制的介入，利用市场的优势和作用，强化市场对公共财政体系的协作，在优化资源配置的基础上，优化和放大财政政策效力，使公共财政的政策效果和作用得以提升。

4.1.4.3 公共财政与市场机制的协同

通过对财政和市场各自优势和相互关系的分析，可以看到财政和市场有其相应的作用范围。市场应该与财政相互配合，分工协作，充分发挥各自的比较优势。应该由社会和企业承担的开支和其他责任，财政不能越位负担，否则会加重财政的包袱；而应该由财政解决的资金问题和其他责任，财政不能推给企业或社会，这会形成财政"缺位"。财政应该在其边界内行事：凡是可以通过市场解决或者由市场解决可以得到更好效果的事项，财政就不应该介入；若是市场不能解决或者通过市场解决不能得到预期效果的事项，财政应该进行干预以获得更好的效果。

市场参与的主体是企业，企业的社会分工和天职使得它的本质是盈利。但在应对气候变化的工作中，一些内容在市场上是不盈利或者很难盈利的。一直以来，我国主要通过强制命令手段，将约束性的节能减排量化指标层层分解下去，以实现节能减排目标。仅从现阶段来看，我国减排利用的指标控制、总量控制、行政协调等行政手段还是非常有效的，但从长远考虑，仅仅依靠行政手段过于单一，缺乏长效机制和灵活性，要实现减排目标具有很大难度。要解决这个问题，使市场在应对气候变化的问题中健康持续地发挥作用，单纯依靠市场自身的调节作用是不行的，这就需要将财政手段和市场手段结合起来，以竞争机制、价格机制等市场的机制来引导，充分发挥市场的积极作用，然后通过运用各种各样的机制使财政与市场进行有效的配合。要解决这个问题，不仅需要市场机制自身的运作，更需要政府的政策引导、财政补贴、法规约束，只有这样才能够使这个市场发挥作用，促进持续减排、持续防治污染、保持经济的可持续发展。

气候变化及其影响是一个长期的过程，从长远考虑，为应对气候变化和实现国家的减排目标，建立一个财政政策手段与市场手段有效配合的框架和长效机制。一般认为，建立节能减排的长效机制需要五个要素：一是基于市场竞争的价格，这是最重要的，要充分发挥节约、增产和创新这三个价格的基本作用；二是有效的政府监管，特别是针对外部效应比较强的温室气体排放；三是规制份额"产品"的交易，它是负的外部性的产品，用最低的成本来达到政府配额规定的东西，达到双赢的结果；四是政府采取鼓励政策，比如对于节能减排产品，短期看可能没有收益，但是对整个社会来说具有长期效益；五是养成好的消费习惯。我们要把这五个因素联系起来形成一个可以度量、可以比较、可以核查、可以检验的体系，以市场作为起步，以行政进行引导和规范，建立一个全新的市场化体制，与经济手段、行政手段和法律手段紧密结合，从而形成一个激励减排、约束排放的体制机制，促进节能减排事业的发展，促进经济和社会的进步。

同样的道理还可以推广到国际社会。因为气候变化是一个全球问题，影响着世界上的每一个国家，要保护环境，就需要国际社会的合作，否则很难达到预期的效果，需要各国政府在生产、资金、技术支持和转让等方面制定政策进行引导和合作。

总之，政府与市场要合理分工，搭配协调，各负其责、各司其职，充分发挥比较优势，并考虑不同国家、同一国家的不同发展阶段的具体情况，相机处理二者的关系，综合发挥财政和市场的协调作用，这必将大大提高资源配置效率、增进社会福利水平。

4.2 公共财政在应对气候变化行动中的地位与作用

4.2.1 公共财政与应对气候变化

气候变化不仅是自然的产物，更有其公共性质，因此，人们在应对气候变化的过程中所付出的任何努力都具有强烈的公共产品甚至是国际公共产品的属性。社会经济发展的历史证明，对公共产品的需求是无法仅仅依靠个人自身或者市场的力量来满足的。因此，财政作为解决公共产品供给不足问题的关键力量，是我国应对气候变化、实现可持续发展的必然选择。

第一，在科学性方面，体现实践科学发展观的需要。胡锦涛总书记在党的十七大报告中强调：加强应对气候变化能力建设、为保护全球气候作出新贡献。加强应对气候变化工作，是落实科学发展观的具体体现，也是建设资源节约型、环境友好型社会、实现可持续发展的重要举措。公共财政作为国民收入与分配的主渠道，是国家行使宏观经济调控职能的工具，是市场经济配置资源的必要补充，更是科学发展观实践于经济领域的具体体现。以科学发展观为思想指导的公共财政，把扶持的目标盯住影响、制约经济社会发展，且同样具有科学性的应对气候变化工作，帮助化解那些仅仅依靠市场的力量难以有效解决的问题，不仅必要，而且必须。

第二，在社会性方面，体现实现社会公益和保障民生的需要。全球气候变化不仅对人类赖以生存的大气、水等自然要素，而且直接关系农业生产、工业发展、城市发展、居民生活等经济社会发展的各个方面。所以，气候变化问题不仅是环境问题，更是发展问题，包括民生问题和社会问题。我国现阶段的公共财政是以民为本的民生财政，支持民生、促进和谐社会建设是公共财政的重点，其社会性十分显著。因此，把支持应对气候变化视作是公共财政的本职工作，不仅表现了环境的和谐，也展示了社会的和谐，充分体现出公共财政和应对气候变化在构建和谐社会方面的融合与统一。

第三，在公共性方面，体现加强公共服务和公共产品支持的需要。气候是全球最大的公共产品之一，应对气候变化工作包括减缓和适应两个方面，服务对象涉及全社会，服务范围覆盖整个国家和全球。其非排他和非竞争的特质决定了它无可争议的公共性。以满足社会公共需要为目的而构建同时又能体现市场经济根本要求的公共财政，最根本的特征就在于以公共产品提供与管理以及弥补市场缺陷为基础的公共性。在这一基础上，公共财政对于应对气候变化工作的支持有着不可或缺的价值，满足国内社会甚至全球的公共需要。

第四，在有效性方面，体现加强精细化管理的需要。应对气候变化的努力是集众人之合力，以最小的代价，力图换来最大的可扩充的效益。由于资金资源的稀缺性，公共财政一直要求通过科学化、精细化管理，做到"花更少的钱，办更多的事"，实实在在体现有效性原则。

第五，在国际性方面，体现加强国际合作的需要。气候变化是一个全球性问题，气候变化问题的解决亦离不开国际社会的协作。各国财政因世界经济一体化而联系日益紧密，可以根据各国发展阶段和发展水平，依据气候公约和"共同但有区别的责任"原则，携手为应对气候变化作出贡献。我国公共财政可为此开展积极国际合作、承接国际援助和履行国际义务，促进加快全球应对气候变化合作的进程。

4.2.2 应对气候变化中财税政策的作用

4.2.2.1 财税政策的主体作用

在应对气候变化的工作中，财税政策应发挥主体作用，这是由其自身属性和基本职责所决定的。总体来看，如上所述，公共财政是具有科学性、社会性、公共性、有效性和国际性的财政，能够提供及管理公共产品以满足公共需要，促进资源的优化配置、调整并优化经济结构，促进国民经济发展。在具体实践中，财税政策可以在许多方面对应对气候变化发挥作用。

（1）积极参与和支持控制与减少温室气体排放的直接行动

第一，财税政策对减少工业生产中温室气体排放的作用。气候公约所指的气候变化是人类活动导致的气候变化。对这些人类活动，公共财政可以运用财税政策施加影响。

我国自改革开放以来，经济实现了高速、持续的增长，但因经济增长长期依靠能源消耗的支持，工业企业又多是高能耗、高排放、资源利用水平低的"两高一低"型企业，所以，单位产出的能耗和资源消耗水平明显高于国际先进水平。同时，由于我国仍是一个发展中国家，工业化、城市化、现代化进程远未实现，为进一步实现发展目标，未来的温室气体的排放还会增加，这对于我国乃至全球应对气候变化的进程以及环境保护都会产生重要影响。因此，无论是从节约资源、提高资源利用效率角度，还是从保护气候角度，作为一个负责任的发展中大国，中国应对温室气体的排放进行合理和严格的控制，减少温室气体排放的增量。财政可从收入和支出两个方面采取行动：

一是采取以税费收入为主的财政收入手段。通过完善、调整现行税收制度，研究开征新税种，如环境保护税、碳税等，提高资源税、消费税等税率，加大排污费等的罚款力度，从而提高高消耗、高污染企业的成本，控制"两高"行业的进一步扩张以及严格限制新建高能耗、高排放的项目。对于节能减排型企业，可以对其实行减税、免税、退税等税收优惠政策，扶持这些企业的发展。通过税收杠杆的调节，严格控制温室气体的进一步排放，并促进低碳产业的发展。

二是加大财政投入，优化财政支出结构。通过加大财政资金的投入，建立落后产能淘汰机制，加快对落后产能、落后技术、落后企业的淘汰进程，或安排财政资金对某些行业进行技术改造，改变其高能耗、高排放的生产局面，使这些企业向低碳生产经营方式转变；对于利用节能减排技术和设备生产经营的企业和节能减排项目，通过在财政预算中安排节能减排支出为经常性支出并加大支出力度，稳定提高支出比例，将财政补贴、财政贴息、政府采购等财政支出手段多向这些企业和项目倾斜，甚至可以通过政府直接投资，支持节能减排企业和项目的发展。通过财政支出的转向，不仅可以起到控制温室气体排放的作用，还能促进低碳产业的发展，实现产业结构的调整和优化。

在能源问题上，国家一直高度重视能源节约问题，把节约资源作为基本国策，长期坚持开发与节约并举、节约优先的方针。利用预算内投资和其他财政资金，可以引导企业积极开展节能技术改造，提高能源开发转换效率，财政补贴等支出手段的推广又能加快重点节能工程的实施、推动重点领域节能减排、提高能源开发转换效率，从而能够为减缓气候变化发挥重要作用。

通过建立可再生能源发展专项资金，能够有效支持可再生能源技术的研发与推广，大力推进新能源的开发和利用；加大财政投入和运用税收激励，可重点支持目前仅靠市场机制难以有效运作的太阳能、风能、生物能等可再生能源和新能源开发利用，加快示范工程的建设。这项专项支持可在形成市场竞争的条件后逐步退出，以保证和充分发挥市场和企业在可持续能源行业投融资活动的基础性和主体性作用。所以财政的支持，能够加快新能源产业发展的速度，以规模化带动产业化。通过优化能源结构，减缓气候变化进程。

发展循环经济需要政府在产业政策、技术政策、消费政策、教育政策等方面发挥重要作用，支持循环经济的发展。而财税工具正是这些政策的操作手段和实现形式。只有通过财税手段的合理运用，才能将这些政策落到实处，真正发挥作用。具体来说，应综合利用税收、财政贴息、预算支出、财政补贴等手段，例如，可以通过完善废弃物综合利用和再生资源回收利用的税收优惠政策，并加大国债和中央预算内投资对发展循环经济重点项目和企业的支持力度，通过安排财政资金引进先进技术，鼓励和引导市场经济主体循环利用能源和资源，减少环境污染，促使市场经济主体在进行经济行为的同时，减少对能源、资源的过度使用，减少对环境的污染和破坏，协调好加快经济发展与保护环境、节约资源之间的关系。

第二，财税政策在城市化进程中减少温室气体排放的作用。中国人口众多，劳动力就业压力巨大，每年有1 000万以上新增城镇劳动力需要就业，随着城镇化进程的推进，目前每年有上千万的农村劳动力向城镇转移[1]。据统计，城市消耗着世界约75%的能源，其温室气体排放量占全球总排放量的80%左右（蔡博峰等，2009），其中很大一部分又是城市交通燃烧矿物燃料和建筑物供暖或制冷、电器运转耗能产生的。另外，城市化进程加快还占用了农村的耕地面积和森林覆盖面积。

财税政策可对控制城市化过程中的温室气体排放发挥引导和控制作用。一是调整、完善税收制度。在消费税方面，可以扩大征税范围，适当提高燃油税税率，并对不同排量的汽车实行差别税率，对使用绿色燃料或安装尾气净化装置的汽车提供减免税等税收优惠政策，从而在消费环节控制温室气体的排放。还可以完善城市维护建设税，将其征税范围扩大到乡镇，并适当提高税率，使其不仅为城市环境基础设施提供资金，还为新农村建设提供资金来源，从而统筹城乡发展。二是加大对农村和偏远地区的投资，加大政府的转移支付力度，同时采取财政贴息、低息、财政补贴、减免税收等政策，引导民间资本一起参与农村和落后地区的开发和生态建设、农村基础设施建

1　中华人民共和国国务院新闻办公室.2008.中国应对气候变化的政策和行动

设，农村能源供给和替代、促进农村经济发展和产业升级，改善农村的投资环境，提高农村产业的劳动力吸纳能力，减缓农村人口向城市转移的速度。三是加大对城市基础设施的投资力度，实现基础设施的改造升级，完善城市公共交通体系，制定相应政策限制城市中机动车的出行量，并鼓励市民使用公共交通工具，控制城市交通的温室气体排放量。另外，还应加大对新能源、新技术和新型节能建筑材料、产品的开发，综合运用财税手段鼓励企业建设节能建筑和研发建筑内的节能供暖、制冷设备，减少城市建筑能耗造成的温室气体排放。

第三，通过财税政策手段的合理运用，也可以对农业、林业发展，对土地用途的改变进行影响。

在财政收入政策方面，主要应借助税收杠杆的作用进行控制。通过税收制度的改革，扩大征税范围，比如，将水资源、森林资源、草场资源等严重短缺和受破坏及浪费严重的资源列入资源税的征收范围；逐步扩大对土地的征税范围，强化保护耕地、林地、牧地的意识，保证对土地资源的合理开发（彭高旺，2008）。通过税收优惠，鼓励企业和个人植树造林，对植树造林所发生的费用可以在企业所得税、个人所得税前扣除，植树造林收益在一定时期内免征所得税。

在财政支出政策方面，公共财政可以安排一部分财政资金，对种植业农户进行补贴，或通过政府采购手段，增加对种植业产品的政府采购，限制某些消费性畜牧产品的生产和消费，从而提高农业生产者的积极性，减少农业生产者改变生产结构的情况，促进实施有利于减少温室气体排放的农业生产措施。

针对减少农业、农村温室气体排放，可以通过完善财税扶持政策，加大财政投入力度，引导农业生产者科学施肥，推广保护性耕作技术，建立生态补偿机制，同时，大力发展农村沼气，推广太阳能、省柴节煤炉灶等农村可再生能源技术。并继续推广低排放的高产水稻品种和半旱式栽培技术，采用科学灌溉技术，研究开发优良反刍动物品种技术和规模化饲养管理技术，加强对动物粪便、废水和固体废弃物的管理，加大沼气利用力度等措施。另外，财政部门还应尽可能优化项目申报审批程序，加快项目批复进度，细化补助标准，针对各地区实际情况，加大投入力度，并鼓励和引导社会各方面加强扶持力度，从而减少地方财政及农户压力，加快项目普及。

随着我国重点林业生态工程的实施，植树造林活动取得了巨大成绩，最近20年中国植树造林面积为全球最大[1]。除此之外，财税政策还能通过完善生态补偿财政转移支付制度、提供财政补助等，积极支持天然林保护、退耕还林还草、草原建设和管理、自然保护区建设等生态建设与保护政策的实施，进一步增强了林业作为温室气体吸收汇的能力，有效增强了温室气体吸收汇的能力，减缓了气候变化的进程。

（2）积极参与和支持经济结构调整和发展方式转变

气候变化具有长期性，应对气候变化的根本措施在于调整经济结构，转变发展方式。我国制定和实施了一系列产业政策和专项规划，将降低资源和能源的消耗、推进清洁生产作为产业政策的重要组成部分，推动产业结构优化升级，努力形成"低投入、低消耗、低排放、高效率"的低碳产业和低碳经济发展模式。产业政策的具体实施在多数情况下都需要财政政策的配合才能付诸实践，需要综合运用各种财税政策支持产业政策的实施。只有通过财税政策的税收杠杆作用和财政资金的支持，才能促进经济结构的调整和经济发展方式转变，将产业政策变成具体可操作的形式。

（3）财税政策对应对气候变化措施的激励作用

对于会给气候变化带来不利影响的因素，可以通过财政政策进行控制、减缓和治理，而对于气候变化应对过程中的有利因素，财税政策也可以对其进行维护，激励其发展壮大。对气候变化有利的因素主要有清洁能源的推广、公众环保意识的提高等。若要进一步利用这些有利因素以应对气候变化，必须要有大量资金的支持，可以通过公共财政运用财税政策提供其必需的资金，促进这些有利因素不断发展壮大。例如：

① 财税政策对清洁能源推广的激励作用。清洁能源主要包括太阳能、风能、水能、氢能、生物能等，清洁能源不会像火电那样产生大量的碳排放，因而受到青睐，目前世界各国都在积极发展清洁能源，这对于全世界范围内的碳减排有重要的意义。

我国作为能源消费的大国，加快发展清洁能源，既能缓解能源供应紧张、培育新兴低碳产业，创造新的经济增长点，又可以应对全球气候变暖，减少温室气体排放，在国际上树立起负责任的大国形象。

考虑到我国清洁能源的阶段性特征和发展状况的滞后，以及发展清洁能

---

1 解振华. 最近20年中国植树造林面积为全球最大. http://news.163.com/08/0311/11/46OGTLIN0001124J.html

源尤其是可再生能源对我国未来能源安全和环境改善的重大战略意义，我国必须把扶持清洁能源的发展作为政府政策体系的一项重要任务。国际经验表明，公共财税政策是政府宏观政策体系的重要内容，对促进清洁能源的发展具有重要作用。

激励清洁能源发展的具体财税政策的可能措施有：

第一，调整和完善清洁能源相关的税收政策。例如，在资源税方面，可实行差别税率，对可再生资源和国家鼓励的新型绿色资源实行低税率；在消费税方面，对低污染产品或符合一定节能减排标准的产品实行减税或者免税优惠；在增值税方面，对节能减排效果好的节能设备和产品，实行增值税减免优惠，甚至可以实行增值税即征即退措施；在企业所得税方面，可以提高对可再生能源、替代能源开发活动和节能减排技术和产品的研发、引进费用的税前列支比例，对于相关固定资产实行加速折旧的方法，对企业的节能减排技术、产品的技术转让、技术咨询等收入给予所得税减免的优惠措施等。

第二，加大清洁能源研究开发的政策支持力度。政府可以在财政预算中设立节能环保支出科目并作为一项经常性支出，并稳定提高此项支出的比例，主要用于清洁能源和清洁生产技术的研究开发。通过科技水平的提高，从根本上支撑可再生能源的发展。

第三，完善国家财政对清洁能源的补贴政策。财政可以对于企业由于引进先进的清洁生产设备和技术、改进生产工艺等造成的产品成本高于社会平均成本的现象，给予价格性补贴（林鹭，2008），从而对接受补贴者会产生激励作用，使其能够获得社会平均利润率，提高其开发、利用清洁能源进行生产经营的积极性。

第四，加大国家对清洁能源的绿色采购力度。财税政策运用政府采购手段直接引导和调控节能行为，激励企业向生产节能和绿色产品方向发展。政府采购应对清洁能源、资源循环再生产品和其他节能产品实行优先购买、高价购买的政策，鼓励企业开发清洁能源、进行清洁生产、引导社会进行绿色消费，从而激励节能减排事业的发展。

② 财税政策对提高公众低碳发展意识的激励作用。社会公众是碳产品的最终消费者，公众低碳发展意识的高低决定着碳产品使用量的多少，随着国民经济的发展与国民素质的提高，我国公众的环保意识已逐步提高，但仍然有很大的提升潜力。财政政策在提高公众低碳发展意识中也可以起到巨大的激励作用，可以通过合理安排财政资金支出，加大对环保宣传的投入，例

如，投放公益广告、组织环保公益行等手段来提高社会公众对于气候变化问题和低碳发展的关注度。通过政府采购的示范作用，引导社会公众正确的消费行为，培养公众的节约节能意识。

4.2.2.2 财税政策的引致作用

虽然财税政策的自身属性和基本职责决定了其在应对气候变化的工作中应发挥主体作用。但是，由于任何政策手段的运用，在带来收益的同时，也会产生一些副作用，而且收益和副作用之间往往存在时滞，这就很难在一个特定时期内准确判断某一政策实施的全面效果，另外，一种政策的运行，必然有其政策效力发挥不到或者效力不佳之处。因此，若单一运用财税政策应对气候变化，而缺乏相应的配套政策和系统性的政策框架体系，这不仅会使政府负担大大加重，而且政策的效力也不明显。所以，必须要以财税政策为主导，借助其他政策和机制的力量，与财税政策进行协调搭配，充分发挥财税政策的引致作用。

（1）财税政策与货币政策的搭配方案和运行机制

财政政策和货币政策是宏观经济调控中两种最常见的手段，在调节社会总供求间的关系，促进经济结构的优化方面有十分明显的作用。两种政策手段都有其各自的调控作用和效果，调控侧重点、作用层次和力度等方面均存在一定的差异性。结合各自的比较优势，有利于对应对气候变化工作形成更有效的支持。

① 财税政策和货币政策在应对气候变化中的着力点搭配。财税政策着力于调节经济结构，货币政策着力于调节货币供应量，从而间接作用于经济结构的调整。通过财税政策和货币政策在应对气候变化中的着力点的搭配，可以发挥更全面的效应，达到更好的调控效果。

第一，财税政策和货币政策在产业结构调整中的着力点搭配。目前我国的产业结构不合理的情况较严重，传统高能耗、高污染的产业发展仍占优势，而节能减排的低碳产业发展不足。若要有效应对气候变化，实现我国的减排目标，必须对经济结构进行调整，促进产业结构优化升级。财税政策通过社会财富的分配对国民经济进行调节，对社会经济结构有直接影响，在经济结构的调整中应发挥主导作用。财税政策通过税收收入和调整财政支出的规模与结构，运用税收优惠、减免政策，进行政府直接投资、提供补贴、贴息等，将低碳产业作为重点扶持产业，扶持其逐渐成为主导产业或支柱产业，并运用税收杠杆，提高高耗能、高排放企业的生产经营成本，限制其进一步扩张，从而逐渐淘汰高耗能、高排放的产业，或安排财政资金支持其进行有效的节能减排技术改造、运用节能减排新技术和设备进行生产经营，促进这些企业向低碳产业转型，调整产业结构优化升级，从而使整个社会的经济结构得到优化，逐步向低碳经济发展模式转变。但是一国的财政资金在某一方面的投入毕竟有限，大部分资金还应当靠企业和社会来解决。而节能减排的创新型企业大多规模较小，风险较大，资金需求量巨大，但融资又比较困难，此时就需要货币政策调节货币供应量多流向这些企业，解决低碳企业的融资难题，以推动低碳产业的发展，而对于高能耗、高排放的企业，通过减少对其的货币供应量，限制这些企业的扩张，从而通过调整整个社会中的货币总量，间接调整经济结构，促进优化升级。

第二，财税政策和货币政策在能源结构调整中的着力点搭配。我国正处在工业化发展中期阶段，能源结构主要以化石原料为主，在使用过程中排放大量温室气体。而我国正处在高速发展阶段，要实现发展目标，未来对温室气体的排放还将进一步增加，若不进行能源结构的调整，节约能源并提高能源使用效率，将十分不利于气候变化的应对进程。能源结构的调整主要应当靠财税政策发挥主导作用，因为在能源结构的调整过程中，涉及许多具有公共产品和外部效应的问题，必须通过公共财政发挥作用。财税政策通过合理安排财政资金，支持可再生能源的研发和推广，大力推进新能源的开发和利用，重点支持一些大型的、一般投资者不愿投资的新能源、新技术开发项目；通过财政补贴、贴息和税收优惠政策，激励、促进企业和社会进行新能源的开发和利用；通过财政直接投资、政府采购等，优先以高价采购新能源、新技术和新型节能产品，并进行推广，从而推动企业运用新能源和节能技术、节能设备进行生产。但是同样，由于国家财力的限制，财税政策只能在方向上进行引导，起到示范效应，不能面面俱到，顾及到社会经济的各个层面。因此，不仅应通过财税政策支持部分机构、企业进行新能源、新技术产品的研发，全社会都应该参与到这个过程当中。而新能源、节能减排新技术、新产品的研发和使用过程中的资金量需求巨大，仅靠财税政策无法解决全部需求，有许多企业、个人具有创新潜力而缺乏资金，此时就需要货币政策进行补充，与财税政策进行协调，提供优惠的利率和汇率政策，还可对节能效果显著的企业提供优惠的信贷政策。通过调节全社会的货币供应量，从而加强能源结构的调整效果。

② 财税政策和货币政策的搭配方案。财税政策和货币政策的搭配模式主要有："双扩张"的搭配模式、"双紧缩"的搭配模式、"一松一紧"的搭配模式和"双稳健"的搭配模式。各种搭配模式都有其各自的政策力度和适用情形，节能减排的一些产业属于高新技术产业，在我国才刚刚起步，仍处于初级发展阶段，企业规模普遍较小，社会公众对其认知程度较低，因此市场需求较小，且市场前景不明确，而传统行业面临改变能耗大、排放多、污染严重情况的要求，因此，需要通过积极的财税政策和适度宽松的货币政策的这种搭配模式，以尽快拉动社会总需求、调整经济结构。但是这种模式的效应过于猛烈，不宜长期使用，否则容易造成某些行业的过热发展，反而起到相反的效果。因此，必须根据社会经济发展的具体情况，适时对财税政策和货币政策的搭配模式进行调整，以使两种政策在应对气候变化的过程中形成一种长期有效的机制，长期支撑我国的应对气候变化工作。

另外，财税政策和货币政策可以在以下几方面进行搭配，发挥组合效应：

第一，调控层次的协调配合。财税政策的调控对象主要是政府收支，而货币政策的调控对象主要是货币供应量，两者的调控层次具有差异性。在积极应对气候变化的过程中，资金需求量巨大，财税政策对于税负和支出的规模调整直接关系到国家财政关系的处理，并受实现国家职能所需财力数量的限制，因而需要货币政策运用社会资金调整货币供应量进行配合（刘邦驰、王国清，2007）。应当通过财税政策的运作直接影响社会经济结构，辅以货币政策从流通领域间接对经济结构进行调节。

第二，政策工具的协调配合。财税政策主要通过完善、调整现行税收制度，开征新税种，实行税收减免与税收优惠和差别定税等税收政策，通过财政预算中对节能减排项目和产业的资金安排，调整财政支出的结构和力度、对低碳产业进行财政补助等方式，从而扶持低碳产业的发展，促进高能耗、高污染企业节能减排，逐步向低碳产业转型，从而使产业结构优化升级。货币政策应根据国家财税政策的指向，配合财税政策的投入方向和投入力度，主要通过设定和调整利率、结汇期限以及信贷投向、信贷周期等信贷政策，对低碳产业提供更多资金支持，控制对高能耗、高排放企业的资金流，从而扶持低碳产业的发展以有效应对气候变化。

第三，政策时效的配合。财税政策在制定过程中时滞较长，制定时要经历的审批过程需要相当长的时间，而低碳产业属于高新技术产业，技术更新迅速，经济波动较快，财税政策在制定过程中的时滞很可能会影响其效力，使财税政策效应不能在恰当的时候发挥，甚至在不恰当的时候发挥效力，从而使经济波动更加严重。而货币政策的执行时滞较长，需要相当长的时间才能充分发挥作用，这期间极易受到各种因素的干扰，从而影响货币政策对气候变化的调节效果。这两种政策在时滞上的差别，决定了必须将两者有机地结合起来，以保证调控的及时性和政策效力的最大化。

财税政策与货币政策相互协调运行后可以形成合力，对于我国的节能减排和低碳产业的发展能起到良好的效果，促进我国国民经济又好又快地发展，实现经济社会的健康可持续发展。

③ 财税政策与货币政策搭配后的效果。

第一，通过两种政策的搭配运行，可以有效弥补市场机制的不足。通过前面分析，经济问题必须通过经济的手段来解决，但仅仅靠市场机制的运行不能有效应对。通过综合运用增加税收种类和利率、缩紧信贷、提高利率等财政手段和货币手段，调节市场主体的经济行为，将企业的外部不经济转化为其内部成本，使企业不节能减排就会增加成本，从而使利润降低，增加企业节能减排、保护环境的内在动力，引导企业自觉节能，通过自身消化污染的因素。另外，也可以根据国家产业政策，通过税收优惠、放宽信贷、降低利率以及汇率方面的优惠等财税政策和货币政策，支持节能产业的发展，促进新能源的开发。财税政策和货币政策协调配合后，对市场机制存在的不足的弥补更有效，使资源得到更加优化的配置，对促进环境的保护和经济的可持续发展起到了更大的作用。

第二，有效降低执行单一政策时的成本。应对气候变化是一个长期工作，而财税政策作用力度大，适合短期内进行调解，货币政策具有微调效果，可以长期使用。财税政策与货币政策搭配运行后，综合两者在时效上的长短差异，可以使政策在长期内发挥效力。并且，通过分析可以看出，单一运行其中某种政策时，其政策成本非常大，且效果明显度不高。若把两种政策结合起来运用，比如可以在对某个项目的社会投资启动之时，考虑更多地利用利率杠杆间接刺激投资而减弱国债直接投资强度，减少政策成本。通过彼此间纠正偏差，发挥比较优势，协调运行，必然减少单一执行政策时的成本，从而达到以最小的成本发挥最大的效益的结果。

第三，通过两种政策的搭配，能在保证国民经济稳定的同时，取得切实的成果。在应对气候变化的过程中，国际的交流与合作不断增多，我国面对的国际、国内环境也更加复杂。因此单一政策往往难以应付多重的、复杂的局面。通过财税政策和货币政策的协调搭配，可以将宏观与微观有机地进行结合，不仅有利于保证宏观经济均衡，也促进了局部市场或经济领域的效率与均衡。比如，在发展低碳经济方面，不仅需要国家财政税收政策的引导，也需要金融工具的创新加以扶持，以促进经济持续、稳定的增长；在优化经济结构方面，不仅需要财政支出、税收优惠等进行引导，也需要信贷支持、利率优惠等货币政策的促进，以使我国新能源产业尽快发展，使国民经济尽快转入低碳经济轨道，促进社会经济结构的优化。

（2）财税政策对市场力量的借助和规范

① 财税政策对市场力量的借助。在应对气候变化的问题上，财税政策借助市场力量推动企业进行节能减排可以达到更好的效果。因为我们可以将减排看作是一种资源，将温室气体排放权或碳排放权看成是一种产品，运用市场机制最大的特点——优化资源配置，来对其进行优化，可以提高效率，优胜劣汰，以最低的成本取得最大的效益。碳排放权交易市场的建立，有利于节能减排技术尽快的革新与进步，有利于形成合理的产业布局，并且可以促进经济持续、稳定的发展。同时，利用市场的力量可以使财政关系涉及的经济主体和范围更加广泛，并且为财税政策的实施创造了良好的物质条件，拓展了其职能的发挥空间，加强职能的行使效力。市场和财税政策进行有机结合，可以更有效地促进企业节能减排，应对气候变化。

② 财税政策对市场力量的规范。虽然通过借助碳排放权交易市场的力量可以使财税政策效力得到强化与扩大，更有效地应对气候变化，但这个新兴的市场也有许多需要财税政策来加以规范和引导的地方。最终我们仍需要通过公共财政的干预，坚持市场机制中有益的部分，尽量消除其不利于社会经济发展的因素。

在碳排放权交易市场的建立和完善的过程中，政府首先应对市场主体进行规范。若不具备市场主体资格的企业参与市场活动，分割市场利益，或者受追求利润最大化动机的盲目驱使和无节制的冲动而见利忘义，则会对整个市场的秩序带来十分严重的后果。因此，应该对进入碳排放权交易市场的企业或组织的主体资格进行严格的审核，依法确认市场主体，使符合市场主体资格的生产经营企业进入市场从事交易活动，同时把不符合的企业或组织排斥在市场活动之外，从而避免他们为了实现其个人利益而扰乱市场运行。另外，还需规范市场主体的经营功能和责任义务，保证市场的有序运行。

其次，政府应对市场客体进行规范。市场经济中的客体指的就是市场，对市场的规范主要指对市场运行规则进行规范。市场规则主要有市场竞争规则和市场交易规则。在碳排放权交易市场中，要通过制定相关法律法规来维护市场的公平竞争，使市场主体之间就碳排放权进行平等地交易，减少市场上信息的不完全和不对称，最大限度地减少市场失灵现象，要求市场主体依靠自身的比较优势和经营才干来获取竞争收益。公平竞争是市场有序化的基本要求，没有公平竞争就不可能实现优胜劣汰，从而也不利于节能减排技术的创新和企业的进步。在市场交易规则方面，要规范交易双方的交易方式，使一切交易公开化和透明化，对于碳排放权也需要明码标价，以货币为价值尺度进行公平交易，不允许幕后活动与黑市交易。交易行为也需要规范，双方应在自愿互惠的基础上进行交易，不允许一方企业强制另一方企业将碳排放权出售给自己，禁止一切非正当的交易。另外，还需要规范交易价格，不允许交易者无根据地定价，将有限的碳排放权的价格随意提高，破坏市场价格的稳定。

最后，对于交易的对象——碳排放权也需要进行规范。政府应该对碳排放量以及碳排放权作出合理的、明确的规定，不允许随意更改，将其控制在一定标准之内并进行监督，这样才能有利于控制整个国家的碳排放量，以减缓、控制气候变化进程，有效应对气候变化。

通过财税政策对市场力量的借助和规范，可以弥补市场失灵的部分，对市场不合理之处进行有效的改善与规范，使应对气候变化的市场更有效率，更持续、健康地发展，在节能减排、发展低碳经济中发挥更大的作用。同时也可以通过市场机制的运行对财税政策效力发挥不够的地方进行补充，强化并放大财税政策的效力，充分保证财税政策在应对气候变化工作中的主导作用。综合发挥财税政策和市场机制的协调作用，使其各负其责，各司其职，充分发挥比较优势，将大大推动我国低碳产业的发展，促进低碳经济发展模式的建立。

4.3 应对气候变化行动中的公共财政支持手段

低碳财税政策体系应包括两大组成部分：一是对市场主体的节能减排行为起激励作用的财政支出政策体系，如国债投入、财政补助、贷款贴息，以及政府采购等政策措施；二是对市场主体的耗能排放行为起约束作用的税收政策体系，主要是指与能源消费有关的各种税、费征收措施，如碳税、能源税、环境税等。此外，建立相互协调、相辅相成的财税政策与货币政策协同体系也是公共财政框架下加强应对气候变化能力的重要举措。

4.3.1　应对气候变化的一些税收政策和措施

应对气候变化的税收政策和措施是低碳经济发展模式税收体系的重要组成部分，也是低碳经济培育和扶持的重要突破口。当前，主要税收政策和措施可包括环境税、燃油税、资源税、碳税和环境税等。

4.3.1.1　环境税收政策和措施

环境税是国家为了实现宏观调控自然环境保护职能，凭借税收法律规定，对单位和个人无偿地、强制地取得财政收入所采取的一种特殊调控手段，是一种既重经济效益又兼顾公平的环境经济政策手段。

目前，我国仍缺少以保护环境为目的，针对污染环境的行为或产品征收环境税，它的缺失既限制了税收对污染环境行为的调节力度，也难以形成专门用于环境保护的税收收入来源。

从发达国家的情况来看，普遍采用了开征环境税的方式来推进节能减排工作的进展。而通过环境税的开征，尤其是硫税和碳税的开征，减少了污染的排放。如瑞典1991年开征的硫税使石油燃料的硫含量降低至法定标准的50%以下，轻油的硫含量也低于0.076%（规定界限0.2%），每年SO_2排放量预计降低1.9万吨。

而我国以往的税收调节政策，重点在于鼓励企业在生产环节中节能、减排、降耗。在环境税收政策和措施试点并推行后，将可以对企业已经发生的环境污染、占用资源等行为进行"惩罚性"征税，更具有强制力，将进一步增加政府利用宏观税收调节环境污染行为的杠杆作用。需要强调的是，对于企业排污技术标准和相关税率，因为需要多个部门共同探讨提出可行性方案，所以难于在短期内开征环境税。

4.3.1.2　燃油税税收政策及影响

征收燃油税目的就是在石油资源十分稀缺的前提下，千方百计地提高石油资源的使用成本。征收燃油税，可以在一定程度上降低无谓的损耗。在交通事业发展过程中，既要提高个人购置家用轿车的成本，又要增加家用轿车使用成本，逐步提高燃油税的税率，让公众习惯于使用公共交通工具，从而最大限度地节约资源、保护环境，提高公共交通设施的利用效率。有利于鼓励社会节约能源、减少污染。首先，燃油税有助于小排量和节能环保汽车的发展，促进公共交通发展，抑制浪费。有助于节能减排，推动汽车工业的技术进步和结构调整，有利于形成节约型的生产方式和消费方式，促进科学发展。其次，改革可推动技术进步。征收燃油税是以经济手段促进发展方式转变，调整产业结构，实现资源优化配置，推进国家节能减排战略的必然选择。另外，燃油税的开征还有利于汽车产业升级，促进厂家研制更高性能的发动机和节能技术。燃油税从燃油经济性上体现运输成本，将鼓励交通运输装备制造业和运输行业开发使用更加专业化、大型化、燃油经济性更高的运输工具，使企业升级改造，节能减排。最后，优化产业结构再添助力。实现经济长期平稳较快发展，必须下决心转变发展方式，对经济结构进行战略调整。在市场化程度和对外依存度较高的情况下，运用好关税杠杆调整产业结构、经济结构，显得非常迫切。运用关税杠杆调整结构，不仅要限制"两高一资"产品出口、促进能源资源节约和环境保护，还有一个重要方面，是支持企业参与国际技术合作交流、促进技术创新能力提高和产业结构优化升级。

4.3.1.3 资源税政策及措施

资源税是以各种自然资源为课税对象，对在我国境内从事一切应税资源产品开发和生产盐的单位和个人，因资源贮存状况、开采条件、资源优劣、地理位置等客观存在的差别而形成的级差收入征收的一种税。出台资源税的主要作用一是为了调节资源级差收入，有利于企业在同一水平上竞争；二是加强资源管理，有利于促进企业合理开发、利用；三是与其他税种配合，有利于发挥税收杠杆的整体功能。

1994 年，我国对资源税进行了修订，但其征收目的不是针对环境保护，而是为了促进国有资源合理开采、节约使用并有效配置，合理调节资源级差收入水平，促进企业之间开展公平竞争。2004 年起，我国陆续调整了煤炭、原油、天然气、锰矿石等部分资源品目的资源税税额标准。2006 年，财政部、国家税务总局又取消了对有色金属矿产资源税减征 30% 的优惠政策，恢复全额征收；调整了对铁矿石资源税的减征政策，暂按规定税额标准的60%征收；调高了岩金矿资源税税额标准，统一了全国钒矿石资源税的适用税额标准。2007年8月1日起，我国铅锌矿石、铜矿石和钨矿石的资源税率大幅上调。这是我国自1994年开征资源税以来，第一次大幅度调整上述类矿石的资源税。2008年，财政部、国家税务总局又调高了焦煤资源税税额，并对盐资源税税收政策进行了调整。这是在近期一系列税收政策调控基础上，再次对高污染、高能耗以及资源性产品等"两高一资"产业加以调控。主要作用如下：

第一，将节能减排的外部性内部化，促进社会形成节约意识。不论节能还是减排都会引发外部性问题，也就是私人边际成本和社会边际成本的背离，各种环境成本不能在市场规律作用的价格机制中体现出来，从而使得能源和污染的市场价值偏低，进而导致过高的需求。通过征收资源税，可以从源头上调高资源产品的价格，使相关的环境成本内部化，从而保护资源和环境，防止上游行业供给过快。资源税与调控资源有密切的联系，可以促进合理采伐，保护储量促进资源耗用者加强成本核算，降低物料消耗对相关产业中耗用资源成本低或需要鼓励发展的产业实行减、免、返等税收优惠政策，提高其市场竞争力加强对高能耗产业的约束，促使其提高技术降低资源的物耗成本，促进全社会形成节约意识。

第二，矫正节能减排带来的代际不公平。可持续发展的要求使得能源和环境不仅要满足当代人的需求，还需要考虑到子孙后代在发展中的需要，但符合理性经济人假设的市场主体会追求自身当期经济效应的最大化，因此仅靠市场很难有效解决资源和环境的代际不公平问题。通过征收资源税，可以对企业开发、使用资源产品的行为进行引导，使之不再忽视下一代人的利益。

第三，有利于资源循环利用和新兴能源的开发，保护生态平衡。资源税只对原生资源征税，对人为开发的资源产品不征税，将资源税与调控资源紧密结合起来采用经济手段减少原生资源的使用，提高要素综合利用率，有利于促进资源循环利用，保护非再生、不可替代资源，开发新兴能源，从而保护生态平衡。

第四，促进资源节约技术的开发和利用。资源节约技术的进步主要来自于发明创新、向国外引进和提高本国的劳动生产率三方面。资源税可以有效影响上述三方面，有利于刺激产业结构升级、节能降耗技术的不断创新和推广应用。

4.3.1.4 碳税政策及措施

碳税政策的建立和开征过程是非常复杂的，不仅要综合权衡政策实施的社会经济环境影响，还要考虑政治和社会的接受程度。由于碳税对收入分布、国际竞争力等产生的影响是衡量其能否在政治上被接受的重要因素，碳税政策导致的竞争力损失和分配效应并不是很大（Zhang 等，2004），但是在温室气体减排目标的限定下，税率有可能会逐渐增大进而导致剧烈的经济影响，而且碳税收入的利用方式对碳税政策的最终经济影响具有决定性的作用。

中国碳税政策模拟的研究正在迅速发展。目前，这些研究主要集中于分析既定减排目标下的碳税税率及其对社会经济的影响。碳税的成功实践，在为国际社会应对气候变化提供可借鉴经验的同时，客观上也对中国碳税的实施施加了压力。未来，发达国家利用碳税差异制造绿色贸易壁垒，必将对中国产品的国际竞争力产生不利影响。

4.3.2 应对气候变化的财政投入手段

从国际实践经验和国内的相关研究来看，推行有助于节能减排要求的财政投入方式和手段，对低碳经济顺利发展意义重大。有效的财政投入手段包括财政基本支出、财政转移支付、财政专项资金、财政补贴和贴息、创新资金机制等。

4.3.2.1 应对气候变化的财政基本支出政策

财政基本支出是在市场经济条件下，政府为提供公共产品和服务，满足社会共同需要而进行的财政资金的支付。财政基本支出是国家将通过各种形式筹集上来的财政收入进行分配和使用的过程，因此，财政基本支出既对经济运行形成总需求的拉动，又为国民经济产出提供总供给的调控。

第一，财政基本支出的总需求调控可以有效推进节能减排的发展。财政基本支出形成了以投资和政府购买为主要形式的低碳产品需求。由于政府拥有较强的公共财力和巨大的引导效应，财政基本支出对节能减排的倾斜可以对市场需求产生明显的影响，进而形成对节能减排的稳定支撑。财政部门积极贯彻落实科学发展观，按照应对气候变化国家行动方案的总体部署，促进经济结构调整和可持续发展，支持应对气候变化和节能减排工作，积极推动实现2010年末单位GDP能耗比2005年降低20%的目标。在出台的应对全球金融危机挑战的4万亿元经济刺激计划中，与应对气候变化和节能减排、可持续发展直接相关的资金占到相当比重，其中2 100亿元用于节能减排，3 700亿元用于结构调整和技术升级，两者合计占4万亿元的14.5%。下一步，中央财政将为实现2020年单位GDP二氧化碳排放强度比2005年降低40%~45%的减排目标继续提供有力支持和保障。

第二，财政基本支出的总供给调控可以形成低碳发展的基础。财政基本支出中的投资在扩张总需求的同时，还将直接或引导市场力量形成有效的总供给，进而形成支持低碳经济快速发展和有效提升的重要基础。2000年以来，中央财政共安排1 800多亿元资金，用于支持节能减排和新能源发展，包括开发利用可再生能源和新能源、淘汰"两高一资"落后产能、推进城乡建筑节能、鼓励高效节能产品消费使用、示范推广新能源汽车、加快环境保护设施建设等。以节能和可再生能源为例，从2007年到2009年末，支持2 280个年节能量在1万吨标准煤以上的节能技改项目，拉动企业和社会投资1 200多亿元；目前已初步建立起覆盖风资源测评、风电设备产业化、上网电价、税收优惠等方面的政策体系；开展"金太阳工程"，综合采取财政补贴和电价优惠等政策，鼓励太阳能利用；以及积极支持生物燃料乙醇、秸秆能源化、农村沼气等生物质能利用。此外，中央财政还安排900多亿元支持天然林保护，约2 000亿元支持退耕还林，大力发展森林碳汇。

4.3.2.2 应对气候变化的财政转移支付政策

为实现节能减排而进行的调整产业布局、优化区位分布措施会造成某些地区财政收入的流失，因此在调整布局、优化分布的过程中会受到来自于地方政府的阻力，从国家角度出发，中央财政要统筹安排转移支付，通过转移支付手段对在改革中财政受损的地区进行补贴，补偿其损失，但又适时推动清洁的、适合其地区特色的战略性产业的发展。除了转移支付手段之外，国家还可以通过加大对改革利益受损地区的投资力度来提高地方的积极性，具体来说，财政可以通过投资新项目来弥补某些地区因产业结构调整和区位优化所造成的损失。

第一，推进公共服务均等化，加快财政体制向公共服务型转变。按照主体功能区战略对强化公共服务均等化的要求，加快财政支出体系的改革步伐，调整财政支出结构，加大对公共事业的财政投入，把更多的财政资金投向公共服务领域，特别要加大财政对教育、卫生、文化、就业与再就业、社会保障、生态环境保护、公共基础设施建设、社会治安等方面的投入。结合服务型政府建立，加快公共财政建设进程，促进财政体制向公共服务型转化，进而为财政转移支付在减少纵向及横向财政失衡、缓解地区差异方面的功能发挥提供体制保障。

第二，完善促进区域产业互动发展的机制和跨区合作制度。根据不同地区和产业的实际情况，建立多种区际合作机制，形成区域合力，是提升产业国际竞争力、实现全国范围内节能减排的重要途径。长期以来，我国地方政府的发展机制往往以区域经济增长率等主要经济指标为参照标准。这种发展机制使得地方政府在经济活动中出现了一些短视和本位主义行为，出现地方保护主义、恶性竞争，重复建设等一系列问题。因此，为了鼓励跨区域合作与协同，改变各产业集群之间独立发展、互相竞争的状况，要加快建立与完善衡量地方经济发展与考核地方政府绩效的合理标准，制定跨区域投资的产值考核与税收分享制度和土地资源共享的税收分享制度。同时，要在经济意义上建立和完善具有实质性权力的超行政区划的协调与监督机构，建立和完善地方政府跨区域的联席会议组织、合作联盟等不具有实质性权力的协调机构。通过创新区际合作机制，推动跨行政区划的产业集群整合发展。

4.3.2.3 应对气候变化的财政专项资金

财政专项资金是国家财政部门下拨的具有专门指定用途或特殊用途的资金。这种资金要求进行单独核算，专款专用，不能挪作他用。在当前各种制度和规定中，专项资金有着不同的名称，如专项支出、项目支出、专款等。专项资金按其形成来源主要可分为专用基金、专用拨款和专项借款三类；而按其用途则可以划分为创新资金、技术改造资金、产业促进资金和贸易发展资金等多种类别。财政专项资金由于其投向的特定性，运行的封闭性和管理的特殊性，对应对气候变化，支持低碳经济发展有着重要意义。已有的和一些可供考虑的财政专项资金如：

第一，以企业节能减排为目标的财政专项资金。我国仍处在工业化进程的中期阶段，粗放的生产模式导致大量企业处在高能耗、高排放的低效状态下。根据成本效益原则以及针对企业普遍面临的一些困难。国家财政通过给企业提供节能减排和技术改造专项资金来支持节能减排技术的研发，采取节能减排技术的企业和项目给予相应的税收优惠，以及对企业在采取节能减排新技术之后可能会产生利润上的损失进行适当的补贴，则可以很好地刺激企业节能减排的积极性。

第二，以提高中小企业的新技术采用能力的财政专项资金。目前我国中小企业总数已达 4 200 万家，约占全国企业总数的99.8％，遍布社会各个行业。随着社会主义市场经济的发展，中小企业在国民经济的作用日益重要，为我国经济的健康持续前进作出了巨大贡献。但在另一方面，中小企业虽然占据着国民经济总量的半壁江山，可是却存在着规模小、能效低、科技创新能力不足的问题，这也成为推动我国节能减排事业发展、应对气候变化目标的一道主要障碍。对于创新能力偏弱的中小企业，财政部门要以专项资金投入等方式支持其技术研发工作；对高新技术企业要给予融资和税收上的优惠，通过财政扶持解决这些对节能减排有重要意义的高新型中小企业资金短缺的问题，使它们能够健康地成长。

第三，以支持产业升级为目标的财政专项资金。我国产业结构不尽合理，初级产品生产的比重依然过大，由于农产品和畜牧品这类初级产品的生产加工会带来高的碳排放，且初级产品的经济附加值远低于下游产品，因此，加快产业结构调整，促进初级产品向经济效益高、碳排放量小的高级产品及服务业的转变，对于我国实现单位 GDP 排放强度下降40％～50％的目标有着极其重要的意义。调整不同产业的税收政策和专项资金手段的利用能促使企业自主调整生产结构，实现生产的规模化和集约化，最大化地提高生产效率，变粗放型的经济增长为集约型的经济增长。

第四，支持现代服务业的发展的财政专项资金。第三产业的生产要素集中于智力和资本，碳排放要远远低于第一产业和第二产业。因此，大力发展现代服务业可以有效地减少单位 GDP 碳排放量。此外，现代服务业作为第三产业的主力军，可以把第一产业和第二产业中的一些重要部门整合在一起，这不仅提高了效率，而且还减少了碳的排放。国家财政对于第三产业应大力支持，通过设立专项资金，广泛运用税收、补贴等多种政策推动服务业的发展和壮大。

第五，提高出口产品附加值，改善贸易条件的专项资金。我国在世界分工格局中处于首尾地位，我国既是原材料的提供者，也是产品最终的组装者，产品的附加值较低，对环境的影响巨大。发达国家通过境外制造等方式，把一些高能耗、高排放、高污染的产业转移到中国来，进一步加剧了我国碳排放的强度。而造成这种分工格局的重要原因就是我国企业的自主知识产权不足，创新能力弱，因而在世界分工中处于弱势地位。为了实现国家提出的应对气候变化目标，就要改变我国在世界分工格局中的位置，通过贸易专项资金对出口进行宏观调控，支持中间产业的发展，鼓励企业进行新技术研发，促使企业拥有自主知识产权，限制高能耗、高排放、高污染行业的发展。

4.3.2.4 创新资金机制

创新资金机制的关键是促进资源和力量的集成。2006年8月，国务院批准成立中国清洁发展机制基金及其管理中心。基金将在国家可持续发展战略的指导下，特别是在《中国应对气候变化国家方案》的指导下，发挥"种子资金"作用和资金合作平台、行动合作平台和信息收集与传播平台的作用，配合国家主渠道，加强国家应对气候变化的能力建设，提高公众意识，加强国际合作，支持和促进减缓气候变化和适应气候变化的行动。在本书第6章中，将对基金工作予以专门介绍。

4.4 公共财政在应对气候变化中的国际经验借鉴

低碳经济是一种以低能耗、低排放为特征的经济发展模式。为了应对全球气候变暖所带来的巨大挑战，以提高传统能源使用效率为主要途径，以技术创新推动可再生能源的生产与消费比重为关键的低碳发展方式成为了世界各国在新世纪减缓气候变暖、实现经济与社会自然的协调发展的必经之路。

它山之石，可以攻玉。学习和借鉴西方发达国家在应对气候变化和发展低碳经济方面的经验，对我们发展有利于支持和促进应对气候变化和低碳发展的财税政策与措施，有着十分重要的意义。

4.4.1 发达国家的低碳财税政策

在促进低碳发展的众多政策中，财税政策仍是发达国家的主要手段之一。按照政策所要达到效果的不同，发达国家低碳财税政策可分为两大类：

一是促进低碳发展的财税政策，如，旨在鼓励市场主体进行能效投资、节能技术研发、新能源投资的财政补贴、预算拨款、税收减免以及贷款贴息等措施；二是抑制高碳生产、消费行为的财税政策，如，旨在提高能源使用成本，鼓励节能降耗、控制温室气体排放的能源税、碳税等手段。

4.4.1.1 财政补贴

从20世纪70年代开始，财政补贴就是发达国家鼓励企业实施能效投资的首选政策，即使是在今天，其仍然是比较流行的财政激励措施。在对能效投资项目进行补贴时，有些国家关注的是大企业的减排项目，而有些国家则关注的是中小企业的减排项目。如，澳大利亚的《温室气体减排计划》，补贴的对象就主要集中在大的温室气体减排项目上，尤其是年减排量超过25万吨二氧化碳当量的项目。为了配合《温室气体减排计划》的实施，在2002/2003年度的联邦财政预算中，澳大利亚政府决定拨款4亿美元，用于随后5年内的减排项目补贴支出。在该计划实施后的前两轮补贴申请中，总计有15个项目共获得了约1.45亿美元的投资补贴。《温室气体减排计划》全部完成后，预计减排量可达2 700万吨二氧化碳当量。与澳大利亚相类似，挪威《工业能效网计划》的补贴对象也主要集中在能耗大户（即年耗电量超过50 GWh的用户）及温室气体排放大户实施的能效项目上。

与澳大利亚不同的是，荷兰政府专门针对中小企业制定了相应的能效投资补贴政策，对于企业花费在热回收、热泵，以及吸收式冷却技术上的研发成本，可申请财政补贴的比例最高可达相应投资成本的25%。苏格兰的《清洁能源示范计划》补贴对象也是中小企业，主要是针对企业在提高能效、应用可再生能源技术等方面发生的成本支出进行补助。

在丹麦，财政补贴政策优先考虑的对象是能源密集型行业，以及与政府签订了自愿减排协议的公司。财政补贴资金来源于绿色税收收入。尽管大多数补贴给了增值税注册纳税人，但从1993年到2001年，能够获得政府补贴的项目范围还是非常的广泛，且80%的补贴给了能源密集型行业。

而在有些国家，项目能否获得财政补贴，还附加了一些效益指标要求。如，挪威政府规定，对于1990年到1993年之间实施的投资项目，其获得财政补贴的条件是投资项目的内部收益率须在7%~30%之间。

4.4.1.2 预算拨款

英国提出了"碳预算"考虑，并希望与财政预算建立紧密联系。其他发达国家虽无明确的"碳预算"安排，但一些与发展低碳经济有关的支出项目，如低碳技术研发、节能示范项目，以及可再生能源开发等，都列入政府的公共预算当中。

在英国，每年的政府预算中都有大量的财政资金安排用于节能技术研发、能效示范项目投资上。2009年，为了配合"碳预算"的执行，英国政府安排了14亿英镑的预算资金，直接投向与发展低碳经济有关的领域，其中，90%的资金被用于支持海上风力发电、提高能效，以及支持低碳产业与绿色产业发展。另外，英国还计划在未来10年内，逐步向能源技术研究部门提供55亿英镑的财政资金，用于节能技术的研究与开发。

4.4.1.3 税收优惠

在发达国家，根据能效投资项目性质的不同，企业可享受的税收优惠待遇也不同，主要包括：加速折旧、税前扣除，以及免征进口关税等。

加速折旧政策。在加拿大、荷兰，以及日本等国，企业为提高能效而投资的设备，可享受加速折旧的政策待遇。如，在加拿大，企业购买的专门用于提高能效或开发再生能源的设备可按30%的比例加速计提折旧，而一般设备投资的年折旧率在4%～20%之间。根据加拿大1996年出台的税收优惠政策，可享受加速折旧的投资项目主要有：专用垃圾发电设备、主动式太阳能系统、小规模水力发电装置、热回收设备、风能转换系统、光伏发电设备、低热发电设备等。2001年，投资可享受加速折旧的范围进一步扩大到高炉煤气发电设备。另外，根据加拿大政府的规定，即使是与能效设备投资有关的无形支出，如，可行性研究费用、谈判成本，以及选址费用等，也可以加速摊销。

日本为了鼓励企业提高能效及开发新能源，于1993年颁布了《能源节约与再生资助法》。根据该法的规定，凡企业购买下列设备的成本，可按30%的比例加速计提折旧：热泵、CHP系统、社区供热供冷设备、高效电动火车、低排放机动车、高能效纺织机械制造设备、太阳能发电设备、中小规模水电机组，以及再生纸与塑料生产设备等。

为了鼓励环保技术研究与开发，1991年，荷兰正式实施《环保设备投资加速折旧计划》，符合条件的环保设备，可加速计提折旧。对列入规定目录的有利于改善环境的设备，折旧率最高可达100％。这些设备主要包括：节水、节能设备；可减少土壤、空气、噪声污染的设备；以及降低垃圾数量的设备等。另据规定，与购买合格设备有关的咨询成本也可以加速摊销。

法国规定，对于在2007年1月1日前购置的节能设备、生产可再生能源的设备，可在购置当年按100％的比例计提折旧。

税收抵免或税前扣除政策。税收抵免是指按企业投资成本计算的可直接抵扣的税额。如，日本规定：对于企业购置用于提高能效的设备，可按购置成本的一定比例来计算所得税的抵免额。税前扣除是指按企业投资成本计算的税前扣除额。如，荷兰的《能源投资扣除计划》规定：对于企业购置的节能设备，其50％左右的成本可从购置当年企业的税前利润中扣除。可享受税前扣除的设备类型，可从荷兰政府公布的能源目录中查询。而英国的《资本加速回收计划》则规定，对于企业在节能技术方面的投资，只要符合能源技术目录所规定的条件，其成本支出可从投资当年企业的应税利润中全部扣除。

4.4.1.4　贷款贴息

所谓贷款贴息是指财政给予能效投资项目的贷款利息补贴，能获得贴息的能效投资项目贷款也称为公共贷款或软贷款。因此，软贷款的利率一般都比市场利率低得多。与投资补贴一样，贷款贴息的主要目的也是促进企业在提高能效方面进行积极的投资，但是，在欧洲许多发达国家，投资补贴是比贷款贴息应用更多的政策工具。

4.4.1.5　征收能源税或碳税

在税收政策方面，发达国家主要是通过开征与温室气体排放有关的税种（如，能源税/碳税等）来促进低碳经济发展的。

20世纪90年代初期，能源税或碳税率先在北欧国家开始实施，随后被逐步推广到欧洲其他国家。目前，开征能源税/碳税或类似税种的欧洲国家有：丹麦、芬兰、挪威、瑞典、德国、意大利、瑞士、荷兰、捷克、奥地利、爱沙尼亚，以及英国等。

1991年，碳税政策在挪威正式实施，征税面涉及65％的二氧化碳排放

量。其中，对使用煤及焦炭的水泥行业、制陶行业，免征碳税，而造纸业、
鱼粉加工业，则可享受税收优惠待遇。同时，对使用燃料油的造纸业、鱼粉
加工业，需要缴纳碳税。而对于所有的制造业、温室园艺业使用的电力，需
要缴纳电税。根据挪威2004年财政预算草案的规定，如果企业签订了提高
能效的协议，那么，就可享受电税减免待遇。

1991年，瑞士开始实施碳税制度。出于竞争压力的考虑，对于工业
能源用户，政府只要求其缴纳50%的碳税。同时，对于某些能源密集型
行业，如，商业园艺业、采矿业、制造业，以及造纸业等，则可免缴碳
税。2002年，根据形势发展的需要，瑞士政府相应地提高了碳税、电税
税率，但在增税的同时，调低了针对劳动收入所征的税负，因此，碳税及
电税增加后，真正受影响的只有消费者。对于工业用户而言，虽然碳税有
所增加，但碳税的减免比例却从原来的50%提高到了70%，这种调整大
大地抵消了碳税增加所带来的影响，也使相关行业的整体税负水平不会发
生大的变化。虽然征收碳税可以控制工业企业的能耗规模，但瑞士政府还
是十分重视与工业企业签订自愿减排协议，因为通过企业的自愿减排，往
往可以取得更好的效果。

1993年，丹麦开始对其居民和企业征收碳税。1996年，为了实现二
氧化碳与二氧化硫的减排目标，丹麦议会根据"绿色税制框架"颁布了
一项新的税收法案。根据新颁布的法律，在丹麦，能源消费需要缴纳三种
税负：碳税、硫税，以及能源税。在实施碳税初期，相对居民而言，企业
还可享受税收返还及减免待遇。随着气候变暖压力的不断增加，社会要求
提高碳税税负的呼声也不断高涨，与此同时，企业出于竞争压力的考虑却
要求降低税负。在这种增税与减税的矛盾争执之中，丹麦政府出台了一个
折中方案：如果企业与政府签订自愿减排协议，那么，就可以获得相应的
减税待遇。

根据生态税制改革的要求，1999年，德国开始对一些特定的能源征收
能源税，这些能源主要包括：发动机燃料油、轻质燃料油、天然气，以及电
力等。征收能源税获得的财政收入，德国政府一般都将其注入雇员社会养老
基金之中，同时，相应地降低雇员与雇主缴纳社会保障税（费）的比例。
2000年，德国对重质燃料油也开始征收能源税，同时，还提高了发动机燃
料油与电力的能源税税率。

1996年，荷兰开始征收能源调节税，其目的就是要通过增加使用成

本，以减少能源消费对环境造成的不利影响。能源调节税的适用范围主要
包括：燃料油、汽油、液化石油气、天然气，以及电能等。能源调节税的
征税对象主要是居民及小规模能源用户，并实行累进税制。而对于能耗大
户则实行低税率政策，主要是通过鼓励他们与政府签订自愿协议，来减少
其能源消费量。荷兰在征收能源调节税的同时，则对纳税人的其他税负
（如收入所得税）实行或减或免的政策，使得整个宏观税负不致发生太大
变化，因此，税源的扩大并没有带来整体税负的增加。另外，对于社会、
教育，以及非营利性机构等，在纳税申报时，最高还可以获得50%的税
收减免待遇。

英国在2001年引入了气候变化税。在向商业与公共部门出售电力、煤
炭、天然气、液化石油气等能源时，需要征收气候变化税。但对于炼钢、酿
造、印刷等能耗大户，如果能够达到政府认可的节能目标，那么，可以享受
80%的税收减免待遇。对于向家庭和非营利性慈善机构销售的能源，可酌情
减免气候变化税。另外，可再生能源的销售免缴气候变化税，商业性风能项
目也可以享受相应的税收优惠政策。政府通过征收气候变化税而获得的财政
收入，一般都经以下方式回流到企业：一是降低雇主缴纳国民社会保险税
（费）的比例；二是对企业在提高能效及应用节能技术方面发生的支出，政
府给予相应的资助。

4.4.2 发达国家低碳财税政策的经验及启示

发达国家的低碳财税政策主要有四项特征：一是在促进低碳发展过程
中，碳税或能源税受到广泛的重视与运用；二在实施低碳税收政策过程
中，大多秉持了税收"中性"原则，保证了宏观税负的基本稳定；三是
注重发挥政府资金投入的"杠杆"作用；四是注重发挥市场机制的配合
作用。

4.4.2.1 碳税应用范围的扩大化

自从1990年芬兰在全球率先开征碳税以来，目前丹麦、挪威、瑞典、
意大利、瑞士、荷兰、德国，以及英国、日本等国家也相继开征了碳税或类
似的税种（气候变化税、生态税、环境税，或能源税等）。征收碳税的理论
基础是庇古的"污染者付费"说，其目的是借政府"有形"之手解决环境

领域的市场失灵问题，也就是通过成本内化来促进企业减少温室气体的排放。

4.4.2.2 碳税收入运用的定向化

对大多数发达国家而言，征收碳税或能源税的主要目的是为了提高能效，降低能耗，并非是为了扩大税源，增加财政收入。因此，在使用上，相应的碳税收入一般都具有定向性或专款专用的性质。为了鼓励市场主体节能减排、促进低碳经济的发展，政府需要增加相应的财政支出，而这些支出往往都来自于碳税收入。如，英国的气候变化税是针对各行业在使用煤、电、气时征收的一种税金，其收入的绝大部分在使用时又通过各种方式回流到企业，其中，70% 左右的收入是通过减免社会保险税的方式返还给企业，10% 左右的收入用作对企业进行能效投资的财政补贴，5% 左右的收入拨给碳信托（Carbon Trust，一个由英国政府投资设立、并致力于节能减排的基金）。

在征收碳税时，大多数国家秉持的是税收中性原则，即在开征碳税的同时，相应地降低了其他税收收入的比重，从而保证在总体上不增加市场主体的税收负担。

4.4.2.3 低碳财税政策的杠杆化

在促进经济低碳化的过程中，既需要对传统产业进行低碳化改造，又需要对新能源进行开发投资，而政府的财力却是有限的。所以，发达国家十分注重低碳财税政策的引导作用与杠杆作用，政府除了对节能减排项目进行直接的财政补贴外，还常利用担保基金、循环基金，以及风险基金等作为杠杆工具，引导社会资本参与各种能效项目、新能源项目的开发。

4.4.2.4 低碳财税政策重在鼓励市场主体节能减排的自主化

为了控制温室气体的排放，虽然通过强制性的税收措施能够起到一定的效果，但这并不是解决问题的最有效手段。由于控制气候变化既非政府单方面的责任，也非企业、家庭，以及个人单方面的责任，而是全社会共同的责任。所以，发达国家在实施低碳税收政策时，还非常注重鼓励市场主体节能减排的自主性，即对于与政府签订了自主减排协议的行业或企业，若能达到协议商定的节能减排目标，可以享受税收减免待遇。如，2001 年，英国政府开始对工业、商业、农业以及公共领域征收气候变化税后，与一些企业签订了气候变化协议，以鼓励它们自主减排。在英国，与市场主体签订气候变化协议的政府部门是环境、食品与农村事务部。气候变化协议的签订的过程大致是：环境、食品与农村事务部首先与各行业协会商定相应的减排目标，然后，再与各行业协会或单个的企业签订气候变化协议。在气候变化协议中，签约的能源密集型企业都有约定的能效改进目标，这里的目标既可以是绝对指标，也可以是相对指标（如，单位产值的减排量）。对于最终能够达到预期目标的企业，在缴纳气候变化税时，可享受 80% 的免税待遇。而对于达不到目标的企业，可以通过英国温室气体减排交易系统购买二氧化碳排放权，相反，若企业超过了既定的减排目标，可将结余的二氧化碳排放权通过温室气体减排交易系统出售掉，并获得相应的经济收益。

4.4.2.5　税制调整的"绿色化"

为了促进经济的低碳化，自 20 世纪 90 年代开始，发达国家普遍实施了税制的"绿色化"改革，在目的上，就是使税制从整体上不仅有利于经济的发展，也有利于资源、环境的保护。在措施上，一是开征有利于控制气候暖化、保护环境的新税种，如碳税、气候变化税以及生态税等；二是调整原有的税制中不利于环境保护的相关规定。在理念上，从"谁污染、谁付费"转向"谁环保、谁受益"，征收环境税的出发点已不再局限于筹集环境治理资金，而是逐步扩大到改进生产方式、生活方式，努力实现低碳化。

4.4.2.6　行政措施、财税政策、市场机制的协同

在节能减排的过程中，发达国家一般会综合性地运用到行政措施、财税政策，以及市场机制等手段，并不断地通过提高这些手段之间的协同化程度来更好地促进节能减排目标的实现。其中，行政措施主要包括：减排行政指令、节能条例，以及强制性的行业准入标准等。气候变暖主要是由于市场失灵造成的，因此，需要借助政府之手，通过行政措施来加以纠正。虽然行政措施具有很强的目标性，但减排的最终效果还取决于微观市场主体的执行意愿与力度，在行政措施的具体实施过程中，政府还需要通过财税优惠政策对其进行激励。从功能上划分，目前发达国家采用的低碳财税政策主要包括两大类：一是出于限制能耗目的，而提高其使用成本的税收政策；二是出于鼓

励利用新能源的目的，而降低其开发成本的财政支出政策。除了财税政策的激励外，减排目标还需要借助市场机制来实现。当前，在某些发达国家实施的"限额—交易"制度就是一种市场化的减排管理手段，它有助于市场主体降低减排成本。

5

我国应对气候变化的财税政策和措施

　　针对气候变化问题作为发展问题的本质，公共财政通过多种财政政策组合，采取多种财政手段，在应对气候变化和低碳发展行动中发挥着重要作用。本章在产业结构调整、能源结构调整、区域发展布局、低碳消费模式引导、进出口贸易发展、科技研发与应用、低碳发展融资等方面，介绍财政工作的一些应对气候变化具体政策和措施。

5.1　促进产业结构调整的财税政策和措施

　　产业结构的发展是经济发展的重要内容之一。一个国家经济发展的过程，在很大程度上是产业结构不断调整和优化的过程。21 世纪以来，世界经济进入一个新的发展时期。无论是发达国家还是发展中国家，都在积极致力于本国的结构调整，加快产业发展。我国的产业结构调整已经取得了巨大成绩，并逐步形成经济发展与产业结构调整协同推进的局面。财税政策和措施在此方面正在扮演重要角色。

5.1.1　我国产业结构面临的挑战

　　面对应对气候变化和低碳发展的需要，我国产业结构面临诸多挑战，例如：
　　工业所占的比重高而服务业的比重低。从 2000 年以来，我国一直存在着第二产业在 GDP 中的比重过高而第三产业比重太低的产业结构问题。到 2009 年，第二产业在 GDP 的比重为 46.8%，虽呈缓慢下降趋势，但仍较其他国家在相同发展阶段的比重高 10% ~ 20%。而同期我国第三产业在 GDP

中的当年价格比重只为 42.6%，虽呈缓慢上升趋势，但与其他相同发展阶段的国家相比仍低了 10% ~20%。

各产业的结构升级和优化有待尽快提高。在农业方面，传统农业依然占较大比重，农业生产结构需要调整，以适应现代农业发展和农业生产率提高的要求，农业生产技术发展和优质高效农业发展有待加速。在工业方面，资源密集型加工工业所占比重偏大，技术密集型产业的比重有待提高，高技术含量和高附加值产品的比重仍然较低，工业技术更新改造的技术进步步伐需要加快，工业结构需要实现由高度加工化阶段向技术集约化阶段的较快转变。在服务业方面，城乡第三产业的发展仍然以传统服务业为主，新型服务业的比重低，符合经济发展水平的高层次服务业发展滞后，服务业结构不能满足工、农业结构升级的要求。

区域产业结构存在趋同问题。在我国各地区产业结构变动过程中，普遍存在区域产业结构趋同的问题。各地区主导产业选择雷同，中部地区与东部地区经济结构相似率为 93.5%，西部地区与中部地区相似率为 97.7%[1]。而且，各地区的劳动密集型产品在商品总额中占主要地位，各地区之间分工协作程度较低。

重化工产业占经济的比重提高过快。2009 年，我国工业增加值达到 134 625 亿元，规模以上工业年增长率达 11%。但如果按行业划分，则可以发现，轻工业增长较平稳（9.7%），而重工业（含化工工业）增长过快。其中，汽车制造业增长 20.3%，船舶制造业增长 20.7%；非金属矿物制品业增长 14.7%，化学原料及化学制品制造业增长 14.6%。

根据低碳发展的要求，减轻整个产业结构中高能耗、高排放产业的比重，推进产业结构调整和优化升级，适度引导相关产业在进行必要的技术改造后进行地区转移，是转变经济增长方式、提高经济增长质量的重要途径。

5.1.2 利用财税政策和措施促进产业结构调整

5.1.2.1 促进产业结构调整

财政作为国家宏观调控的重要手段，对我国经济结构的调整起着重要的作用。在产业结构调整中，财税政策既可以通过总需求调控引导产业的自我调整和发展，也可以通过总供给管理的方式实现对具体产业、技术和生产工

1　根据 2001 ~2009 年国民经济和社会发展统计公报整理计算而得。

艺的支持，是国家用来实现产业结构合理化的最直接、最有效的经济杠杆。我国不合理的产业结构的形成与当前分配结构中的不合理因素密切相关，而财政分配结构和投资结构则是不合理因素的主要构成。因此，对不合理的产业结构进行调整也应着重依靠财政分配结构和投资结构改革。

第一，稳定财政收入增长，形成政府直接投资的调控和引导效应。经过1994年的分税制财政体制改革，我国初步解决了多年来困扰财政和宏观调控工作的"两个比重"问题，政府拥有了对市场干预的必要力量，也能够在投资、公共服务提供和社会公平维护等方面发挥良好的作用。当前，最主要的任务是确保在金融危机下财政收入稳定增长，避免形成过大的财政风险，同时为危机中的社会和谐、经济刺激、金融稳定提供支持。

政府投资是各国财政的一项基本功能，1998年公共财政体系建设以后，财政对经济建设的直接投资开始进行必要的调整，主要是提升国家对攸关国计民生产业的控制力，提高经济的增长效率，推进市场经济建设和完善。从投资的构成来看，单纯的公共财政投资逐渐减少，以财政投资为手段，适度引导社会资金和外国资本流向，带动经济社会和谐发展、优化产业结构和提升技术成果应用转化的投资逐步增多。在应对气候变化方面，财政可以以高新技术产业培育，新能源的研发、应用和推广，新材料和新产品的市场化等内容为重心，以多类可再生能源构成、高能效的生产模式、清洁的能源消耗产品和低排放的生产生活模式的培育，迎接气候变化所带来的挑战，以适应国家为应对气候变化而承担一系列国内和国际义务所进行的政策干预和调整。

第二，进一步推进税制改革，促进产业结构优化。由于我国目前的税制结构不尽合理，税收在产业结构优化中的作用远远没有得到发挥。因此，我们应按照发展节能减排产业政策的要求对现有税种、税率、减免税等进行适当调整和合理搭配。当前应适度推进增值税扩围，将必要的生产性服务业首先纳入增值税的征收范围，以享受消费型增值税带来的税收优惠，支持并鼓励现代服务业的发展。在企业所得税方面，应在内外资企业所得税统一的基础上，加大对新能源、新材料、新技术和新产品企业的支持力度，提供必要的所得税减免，或者加速折旧、投资抵税等税前扣除。资源税和环境税方面，应进一步深化研究、探索改革。资源税改革一方面要扩大征收范围，将水资源纳入其中；另一方面从定额征收改为定率从价计征，而这一改革将增加煤炭、石油和天然气企业的税负。环境税要确立中性征收原则，即其征税目标是明确将企业经营活动的环境负外部性消除——企业的环境负外部性越大，环境税负担越重；企业的环境负外部性减少，环境税负担相应降低。

第三，合理运用财政补贴，推进间接化、引导化、规范化的财政补贴机制建设。财政补贴是世界各国普遍用来调节产业结构的重要财政杠杆，但从我国实践看，补贴的结构仍存有缺陷，补贴效益较低，并且补贴趋向长期化、固定化和基数化，降低了资源配置效率，阻碍了产业结构的调整与优化（马海滨，1992）。为了支持节能减排工作，应尽快建立起有利于节能减排产业政策实施和提高补贴效益的财政补贴机制，把财政补贴与推进企业的技术进步结合起来，与优化产业结构、产品结构结合起来，借助市场力量，改革对一些企业和商品的补贴办法，调整补贴方向，界定补贴范围，使财政补贴真正符合国家产业政策的要求，有利于瓶颈产业和短线产品的发展，有利于产业结构的调整和再造，促进节能减排行业的发展。

5.1.2.2 促进企业参与产业结构调整

产业结构调整是推进我国低碳发展的基础。从过程上看，产业结构调整依赖于包括节能减排技术在内的先进技术研发、使用与推广，依赖于企业的技术改造和新建企业的准入规划，依赖于现代服务业的长足进步与发展，还依赖于国家对新兴产业的培育与扶持。在产业结构调整的过程中，研究、分析、规划并实施好适当的财税政策和措施，对于促进产业结构调整，迎接低碳经济挑战具有十分重要的意义。

（1）支持现有企业采用节能减排的新技术

节能减排是我国促进实现经济又好又快发展的一个重要抓手，事关我国经济的可持续健康发展。节能减排的主体是企业，企业不仅仅是产品制造者和社会财富的创造者，更是社会责任的承担者。产业结构转型是实现节能减排的有效路径，在微观上，产业结构调整依赖于企业的经营行为自主地采用节能减排的新技术。对于支持企业采用节能减排新技术，国家采取了相应措施给予扶持。

第一，对节能企业实行税收优惠政策。对于采用节能减排措施的企业国家要给予政策优惠，从而鼓励更多的企业参与到节能减排的行动中，具体的措施有：

制定节能技术标准。对高新节能技术的研究、开发、转让、引进和使用予以税收鼓励，具体手段包括：技术转让收入的税收减免、技术转让费的税收扣除、对引进节能技术支出的税收优惠等。

制定节能产业税收优惠政策。如可以给予节能企业一定程度的所得税减免；在增值税优惠政策中，允许对企业购置的节能设备进行进项税额的抵扣，进而可以鼓励企业购置和使用先进节能设备；对节能设备实行加速折旧；鼓励节能投资包括吸引外资，实行节能投资退税等。

加大税收优惠，扶植引导节能产业的发展。如降低节能企业各种税负，以及节能产业设备、仪器的进口关税，对于清洁生产给予一定的税收优惠等。改变原有的单一的减免税的优惠形式，采取加速折旧、税收支出等多种优惠形式，大力发展循环经济和绿色经济。

正确灵活地运用关税手段，如降低税率、开征特别关税以及反倾销税等，积极参与国际竞争，保护国内环境和资源。降低石油、天然气进口关税率或者实行零关税，从而大幅度提高石油、天然气的进口量，达到减少国内自身供应量的目的，为子孙后代留下资源（肖坚，2008）。制定利用全球节能和环保技术的税收政策，促进对这些技术的吸收、消化和应用，鼓励采用清洁煤技术，开发高效、洁净、经济新能源，如风能、太阳能等。

第二，完善财政补助措施，加大对节能减排科技创新的支持。科技创新需要大量的资金支持，企业往往难以提供充足的资金进行新技术的研发，因此，财政部门应采用财政补助手段缓解企业的资金压力，促进它们加大在节能减排领域的科技创新力度。例如：

促使高新技术对节能减排作出更大贡献。加快科技体制改革，建立"以企业为主体、以市场为导向、产学研相结合"的技术创新体系。扩大财政创业风险投资，对风险高、具有重大意义的节能减排新技术，采取风险投资的方式予以支持。用好节能减排奖励资金，加大对节能减排技术改造项目的支持，切实改变重点产品能耗过高、重大节能减排技术运用不够的局面。产业研发资金也要向节能减排倾斜，并且要集中资金，形成合力，争取重点突破。

加大对节能减排产品生产企业的支持力度。由于开展节能减排的企业最初往往本大利微，因此，许多发达国家在发展循环经济、促进节能减排过程中，往往通过财政补贴对相关企业予以支持。我国在构建有中国特色的应对气候变化体系时，也应考虑采用经常性的直接财政补贴，如物价补贴、企业亏损补贴、财政贴息、税前还贷措施，支持节能减排企业发展。

第三，完善对高能耗、高排放产业的税收政策。高能耗、高排放行业是节能减排战略实施中的重点和难点。如果仅让市场对该产业进行调节，节能减排工作很难落到实处。因此有必要在税收政策中明确奖惩机制，调动企业的积极性。2008 年 1 月 1 日新实行的《企业所得税法》的一些条款已经初步体现了这种思想。如新《企业所得税法》第三十四条规定"企业购置用于环境保护、节水节能、安全生产等专用设备投资的投资额，可以按一定比例实行税额抵免"，通过税额抵免这种奖励形式，可以在一定程度上调动企业在相关领域的投资积极性。但仅仅有奖励机制是远远不够的，这不仅导致节能减排主动权掌握在企业手中，而且如果扣除的比例偏低，小于企业的治理污染成本，那么企业为了自身利益的最大化仍不会落实节能减排。因此有必要精细化奖惩机制，通过实际测算，使得给予高能耗、高排放企业的奖励足以弥补企业治理污染的成本，而对企业的惩罚要远大于企业不落实节能减排的收益，甚至还可以通过对那些没有达到排放标准的企业在标准税率的基础上增加额外的惩罚性税率（惩罚性税额必须不小于企业落实节能减排的成本），提高它们的生产成本，降低市场竞争力，促使企业加大节能减排投入，改进工艺，控制成本，实现节能减排目标（张磊、蒋义，2008）。通过这样的措施，切实调动高能耗、高排放企业落实节能减排的热情，有效贯彻国家的调控意图。

第四，引入合同能源管理机制。合同能源管理机制的实质是以减少的能源费用来支付节能项目全部成本的节能业务方式（朱丽燕，2009）。财政部门可以对实施节能新机制的企业给予资金上的支持，补偿其承担的风险。推行合同能源管理，还需要培育专业化的节能服务公司，为实施节能改造提供诊断、设计、融资、改造、运行、管理等一条龙服务。对此，国家已制定相应的财政税收政策，鼓励基于合同能源管理的节能服务产业发展。

第五，充分发挥政府采购在促进节能技术进步中的重要作用。政府采购有助于节约财政支出，但节约支出、提高支出效率并不是建立政府采购制度的唯一出发点。政府采购是社会总需求的一个组成部分，它对社会经济的流通、生产、分配和消费环节均有重要影响。这个制度的建立和发展，直接反映政府介入社会经济的规模和深度，也反映着公共财政在经济生活和社会生活中的地位。因此，政府采购制度的实行不仅具有财政意义，更具有广泛的社会意义和政治意义。从国外经验看，良好的政府采购制度的主要功能之一是发挥宏观调控作用。政府采购客观上对于不同的产品和行业有一定的选择余地，可以据此体现不同的政策倾向。于是市场经济国家的政府通常把环境保护、生态平衡、资源节约与合理开发利用等特定政策目标纳入政府采购的考虑因素。在我国，随着国民经济和社会的快速发展，能源和环保问题日益突出，节能减排已成为国家未来中长期确保融资安全、改善环境质量、实现社会经济长期可持续发展的一个重大战略问题（苏明等，2005）。这就从客观上决定了节能减排更应当成为我国宏观调控的一个重要政策目标，也应当将节能减排纳入政府采购的考虑因素范围，我国未来政府采购的空间很大，节能减排的潜力也很大，如加大对于节能减排相关产品的采购力度，将大大推进我国节能减排事业的发展。

（2）建立新建企业节能减排的评价与激励机制

促进产业结构调整，实现节能减排不能仅仅依靠现有企业的努力，更重要的是对新建企业的控制。对于新建企业要严格要求，建立健全评价与激励机制，使新建企业的排放标准从生产伊始就能符合节能减排的要求，并且其减排效果要具有长期性，短期内不会被淘汰。例如：

建立促进节能减排的财税奖惩机制。可以实行税率与企业节能减排挂钩措施：对同一行业和生产同一类产品的低能耗、低排放企业实行低税率；对高能耗、高排放企业实行高税率，当其节能减排达到一定水平时自动适用较低税率。采用这样的方式不仅能够促进企业向低能耗、低排放的方向发展，鼓励企业开展资源循环利用和综合利用，而且还从另一侧面支持了节能减排重点工程的开展、高效节能产品和节能新技术的推广，推动了我国节能管理能力建设及污染减排监管体系的建设。

建立健全节能减排指标体系、监测体系和考核体系。对高耗能高排放行业制定强制性能耗限额标准，建立和完善主要用能设备能效标准。将节能减排指标完成情况纳入各地经济社会发展综合评价体系，作为领导干部综合考核评价和企业负责人业绩考核的重要内容，从而调动政府和企业负责人节能减排的积极性和主动性。

扶持创新型中小企业发展，鼓励中小企业采用新技术。我国中小企业数量众多，占企业总数的98%，且遍布各个行业。此外，与大企业不同，中小企业既是新技术的创造者和应用者，同时又因其有限的资金规模而在技术改造和市场准入中处于弱势。所以，财政部门应大力支持中小企业尤其是那些积极采用节能减排新技术的创新型中小企业的发展，确保国家节能减排和应对气候变化的整体目标能在它们的支持与配合下顺利实现。

大力发展服务于中小企业的直接融资和间接融资。在我国，融资难一直是困扰中小企业生存发展的关键问题，资金不足也已成为众多中小企业进一步发展及技术革新的瓶颈。解决这个问题的有效手段是发展对中小企业的直接融资和间接融资，有效地解决困扰中小企业发展的资金问题，充分发挥中小企业在节能减排中应有的积极作用，还能促进中小企业的进一步成长与发展。

通过财税政策鼓励中小企业进行技术创新。数量众多的中小企业拥有新技术研发的巨大潜力，可以通过适当的财税政策来鼓励中小企业的新技术研发，调动中小企业的积极性。例如，为了刺激中小企业进行技术研发，财政部门可以对中小企业技术创新给予相应的政策扶持，安排资金支持、税收减免支持。

5.1.2.3　支持产业结构升级

大力倡导和发展环境保护与节能减排，不仅给我国工业化进程和产业升级带来了挑战，也为我国加快工业化建设和产业升级带来了更多的发展机遇和拓展空间，同时，产业结构的调整也可以促进节能减排事业的发展。

（1）进一步完善税收支出政策

将产业差别作为确定税收支出政策的主要取向，促进产业布局和产业结构的合理化，对税收支出的所有制规定也应弱化，放宽对优惠对象的条件限制，使得不同所有制、不同盈利状况、不同区域的企业均能享受到应有的优惠，改变目前使用较多但针对性和灵活性较差的减免税、低税率税收支出方式的现状，结合产业政策，采用间接税收支出政策（付俊花，2007）。降低大口径宏观税负水平可以从两个方面入手：首先，清费立税，降低"费负"水平。清费立税，杜绝收费越位现象是降低我国大口径宏观税负水平的关键步骤。对于既不合规又不合理的收费应坚决予以取缔，对于准税收性质的收费，要在纳入预算管理的基础上逐步并入税收。其次，适当降低增值税税率。由于我国采用的是生产型增值税，若换算为消费型其税率将从目前的17%上升到23%，增值税税率的降低应与增值税的转型相结合，尽快将增值税由生产型转变为消费型。

（2）促进节能减排高新技术产业的税收政策

第一，率先在节能减排高新技术行业推行消费型增值税。在扣税方法上，可允许抵扣当年新增固定资产或新增固定资产中机器设备所占的进项金额或进项税金，减轻企业税收负担。

第二，制定鼓励企业自主开发节能减排高新技术的税收政策。加快研究和制定鼓励企业自主研制、开发和推行节能减排高新技术的税收政策，尤其是要鼓励非高新技术企业对节能减排高新技术的自主开发。

第三，取消"划圈"优惠的粗放式做法（张嫄、李腾，2008），要在产业上界定高新技术与非高新技术。在税收优惠政策上则应只针对高新技术而不管其是在圈内还是圈外。

第四，加大对传统产业中实行节能减排的行业的税收优惠力度，以提高传统产业的节能减排水平，使传统产业的节能减排的步伐赶上当前节能减排高新技术产业化的步伐，实现传统产业与高新技术产业在节能减排方面齐头并进的良好局面。

5.1.2.4 支持现代服务业的发展

服务业是国民经济的重要组成部分，服务业的发展水平是衡量现代社会经济发达程度的重要标志。我国正处于全面建设小康社会和工业化、城镇化、市场化、国际化加速发展时期，已初步具备支撑经济又好又快发展的诸多条件。加快发展服务业，提高服务业在三大产业结构中的比重，尽快使服务业成为国民经济的主导产业，是推进经济结构调整、加快转变经济增长方式的必由之路，是有效缓解能源资源短缺的瓶颈制约、提高资源利用效率的迫切需要，是适应对外开放新形势、实现综合国力整体跃升的有效途径。加快发展服务业，形成较为完备的服务业体系，提供满足人民群众物质文化生活需要的丰富产品，并成为吸纳城乡新增就业的主要渠道，也是解决民生问题、促进社会和谐、全面建设小康社会的内在要求。为此，必须从贯彻落实科学发展观和构建社会主义和谐社会战略思想的高度，把加快发展服务业作为一项重大而长期的战略任务抓紧抓好。[1]

加快发展现代服务业对于促进全社会范围内的节能减排具有非常重要的意义，据有关专家测算，工业能耗约占全社会能耗的70%，而第三产业的单位能耗仅为工业能耗的25%左右。如果在我国国内生产总值中将服务业的比重提高1个百分点，而将工业的比重相应降低1个百分点，则我国的万元GDP能耗就能降低1%。换句话说，降低工业发展速度，加快服务业发展速度，我们就能逐渐走出经济增长高能耗的困局。我们可以采取以下财税政

1　国务院.2007.关于加快发展服务业的若干意见.国发〔2007〕7号

策支持现代服务业的发展：

第一，不断完善公共财政体系，增加对现代服务业的投入。服务业的发展主要依靠市场机制配置资源，同时也要注意发挥政府投资的引导和带动作用。这就需要建立完善公共财政体系和财政专项基金，增加对现代服务业的投入。公共财政是为市场提供"公共"服务并弥补市场失效的国家财政，它受"公共"的规范、决定和制约。市场经济的要求呼唤着公共财政，只有公共财政才能适应和有利于市场经济的存在和发展。根据公共财政服从和服务于公共政策的原则，按照公共财政配置的重点要转到为全体人民提供均等化基本公共服务的方向，合理划分政府间事权，合理界定财政支出范围。

第二，放宽现代服务业的市场准入标准，加大对非公有制经济的财税支持。

第三，创新财政资金支持方式，增强现代服务业发展后劲。按照现代服务业发展的需要，应当改变财政资金的扶持方式，财政资金主要发挥的应是引导和推动作用。例如：

积极推进信用体系建设。加强与各金融机构的沟通与协调，建立健全银政合作机制，开辟信贷支持现代服务业发展的"绿色通道"，引导银行在独立审贷的基础上，对符合服务业产业导向目录的新建、扩建、改建项目，优先发放贷款资金。

建立健全中小企业融资担保体系。通过财政资金引导，吸引和鼓励更多的社会资本参股建立为民间投资服务的信用担保和贷款担保机构，切实解决中小企业和民营企业融资担保问题。完善融资渠道，探索政府出资与民间资本合作的新形式。

大力扶持符合要求的服务业企业进入资本市场。鼓励企业通过股票上市、企业债券、项目融资、股权置换等方式筹措资金，同时中央财政和省财政应向其服务业引导资金，支持支柱行业重大项目的开发建设。鼓励各类上市公司通过资产置换、股权转让、收购等方式进入服务业。

用好政府采购政策，引进和培育服务业投资主体（秦赣江等，2008）。如前所述，政府采购不仅可以节约财政支出，而且是政府通过财政调控经济的重要手段。政府可以把发展现代服务业的政策目标纳入政府采购通盘考虑，从而体现政府的政策倾向。

第四，改革增值税和营业税，促进生产性服务业的发展。

第五，规范服务业税收优惠政策。

第六，优化税收政策，鼓励生产性服务业的研发投入和降低生产性服务业的产出价格。对研发的税收鼓励会从两个方面促进生产性服务业的发展，一方面，能够鼓励知识较为密集的生产性服务业本身的技术创新；另一方面，能够提高整个经济对研发的偏好，从而提高制造业及其他产业对科学研究事业、商务服务业等生产性服务业的需求。此外，降低生产性服务业产出的价格能够提高其他产业对其产出的需求（李文，2008）。

5.2 推进能源结构调整的财税政策和措施

能源结构是一次能源总量中各种能源的构成及其比例关系。通常由生产结构和消费结构组成。一次能源资源丰富的国家和地区，影响其生产结构的主要因素有：资源品种，储量丰度，空间分布及地域组合特点，可开发程度，能源开发及利用的技术水平。在能源生产基本稳定、能源供应基本自给的基础上，能源生产结构决定着能源消费结构。随着能源技术的创新和低碳经济的发展，能源结构中清洁可再生能源的生产和消费要求越来越高，国家应通过适当的税收刺激、生产补贴、投资扶持和融资担保等手段对能源效能技术和新能源技术的研发、应用、推广提供支持。

5.2.1 我国的能源结构和调整需要

我国能源结构调整的基本原则是在确保国家能源安全的情况下，加大提高能效技术和新能源技术的研发、应用、推广，合理控制和调整传统能源在国家能源生产和消费结构中的比重，推进能源通用化进程。

5.2.1.1 我国能源结构的基本状况

当前，我国能源结构基本上呈现出以煤炭为主体的化石能源生产、消费迅速发展，以风能、太阳能、核能等为代表的清洁能源快速推进的良好局面。具体包括：

（1）能源生产迅速扩张，结构更趋合理

2000年，我国一次能源生产总量是12.9亿吨标准煤，截至2009年，产量达到了 29.6 亿吨标准煤。目前，我国已经成为世界第二大能源生产国，2009 年我国化石能源生产总量比 2000 年提高了 6.73%，同期全球的比例从约 10% 提高到 15% 以上。各种能源在我国一次能源中所占的比重，2009 年与 2000 年相比，石油从 18.1% 下降到 11.2%，天燃气从 2.8% 上升到 4.1%，水电、核电、风电等其他能源从 7.2% 上升到 8.4%。

（2）能源消费总量快速增长，人均消费远低于世界平均水平

2009 年，我国能源消费总量是 31.5 亿吨标准煤，成为世界上第一大的能源消费国。2000 年我国一次能源消费占全球的比重是 10.41%，截至 2009 年，我国一次能源消费占全球的比重提高到了 15.8%。现在世界人均能源消费量是 2.38 吨标准煤，而我国人均能源消费量是 1.87 吨标准煤，只有世界平均水平的 62%。

（3）可再生能源开发利用快速上升

2009 年可再生能源利用量折合 2.2 亿吨标准煤，相当于一次能源消费总量的 8.5%。可再生能源比重较大的是水力发电，我国水力发电量达 4 800 多亿千瓦时，占整个发电量的 16%。风力发电装机容量 2008 年一年新增了 719 万千瓦，累计达到 1 309 万千瓦，且在 2009～2010 年间继续保持快速增长，新增风电装机容量高居世界第一，成为全球新能源研发、生产与应用的领先国家之一。

为大力提倡使用可再生能源，我国制定了《可再生能源法》和《可再生能源中长期发展规划》，在这个规划中提到了一系列措施，包括对可再生能源发电，电价高出部分在全社会进行平摊。为了鼓励风力发电，我国对风力发电减半征收增值税，一般增值税是 17%，对于风力发电只征 8.5%。在内蒙古和甘肃的河西走廊布置了一系列超过百万千瓦乃至千万千瓦的大型风力发电基地，现在都已基本建设完成。

5.2.1.2 我国能源结构调整的基本原则

第一，立足于我国的能源资源基础。建立能源体系应立足于我国能源储藏、地区分布和能源工业发展规律等。从总体看，我国能源资源的特点是富煤缺油少气。首先，我国煤炭资源分布广泛，到 2008 年底，煤炭探明储量 1 186 亿吨，占世界总的 11.6%，但分布不均匀。其次，我国石油储量并不丰富。到 2000 年底剩余探明储量 24.6 亿吨，占世界总量的 1.8%，生产量占世界 4.8%。自 1993 年我国成为石油净进口国以来，进口量大幅度增

加，2000 年达 7 000 万吨，全球金融危机以前的 2008 年达到 2 亿吨，是世界石油的第二大进口国，石油对外依存度达到 51.4%。最后，我国天然气资源探明储量相对不足，占世界总量的比例很小。这是我们调整能源结构、确定长期能源结构目标必须考虑的重要因素，并需结合社会、经济、政治等因素进行综合权衡。

第二，综合考虑技术经济上的可行性。随着我国社会主义市场经济体系的建立和完善，市场将在资源配置方面发挥着越来越大的基础性作用。从技术上看一些能源品种可以使用，但由于不经济却没有得到广泛的使用。如果不考虑经济性强制推行使用某一种能源，会给产业造成较大的冲击。

第三，以国家能源安全乃至经济安全为目标。供应稳定是能源安全的重要标志。有了能源安全，才能保证国家的经济安全。

第四，有利于实现可持续发展目标。我国的工业化已经没有了发达国家工业化时的国际环境和资源条件，我们不能走高耗能高消费的道路，而要建立资源节约型的国民经济体系。可持续发展就是要正确处理人与自然的关系，实现生态系统的良性循环；要使单位产出的资源投入最少，产生的废弃物最少。实现能源的可持续发展应遵循三条准则：一是以开发利用可再生的能源资源为主，对其开发量不应超过其可再生能力，以免过度使用造成资源耗竭；二是向环境中排放的废弃物不应超过生态的同化吸收能力，以免严重污染环境；三是包括煤炭、石油、天然气等在内的不可再生的能矿资源消耗量，应得到新增或新发现的储量补充，以保证有一定的可采储量，或者说储采比必须保持在一定的水平上。此外，我们选择并确定能源结构目标时，还应考虑到承担起与我国发展水平相适应的保护全球环境的义务。

第五，有利于提高人民的生活质量。能源是人民生活的必需品，在保证国家能源安全的同时，也应保证人民的能源安全使用，提供价格合理、服务优良和洁净的能源。只有将提高人民生活水平作为发展目标之一，能源产品才有市场，能源业本身才能得到持续发展。

5.2.1.3 我国能源结构调整与新能源发展

近年来，我国能源工业应认真贯彻落实科学发展观，以构筑稳定、经济、清洁和安全的能源供应体系为目标，在努力增加能源供给、顺利实现能源从发展瓶颈向重要动力转变的同时，大力调整和优化能源结构，加快产业技术进步，提升风能、太阳能、核能等清洁能源在能源消费中的比重，加大能效技术投入，为今后一个时期国民经济又好又快发展打下基础。

我国能源的资源结构、供给结构和需求结构中的矛盾由来已久，如以煤为主的资源禀赋难以支撑工业化过程中的结构升级，油气采储比明显不足，能源瓶颈与利用中的效率低下，能源结构单一导致的含碳物高排放等。因此，能源结构调整是一项长期的战略任务。

第一，遵循市场和价值规律，促进能源结构的优化升级。从长远看，需要运用市场手段，调整能源结构：一是减少对化石燃料的补贴，征收环境税以优化结构；二是形成合理的市场定价机制。为了提高能源业的国际竞争力，必须提高整个能源系统的经济效益。近年来，我国减少对煤炭的补贴取得的效果非常明显：既减少了煤炭的生产和消费，也大大降低了环境污染的压力。作为一种重要战略物资，我国石油价格水平一直由国家控制，虽然保证了国家能源安全，但也带来不少的副作用。1998 年以来，我国开始对原油成品油价格形成机制进行改革，并逐步与国际石油价格接轨。为了实现能源结构升级的长期目标，可采用的其他措施还有：继续给水电建设予以大力支持，给水电、风电等可再生能源优先上网，利用太阳能的热水器给予补贴；通过技术创新，推进可再生能源的产业化，从而实现建立可持续的以可再生能源为主的能源体系的目标。

第二，立足国情优化能源结构。从长远看，我们应当充分使用"两种资源、两个市场"，把握时机，从国际市场进口石油补充国内不足，但也不应过分依赖进口。近年来，美国煤炭在能源消费结构中的比例回升，德国的燃煤锅炉也能很干净，这些事实说明，随着技术进步煤炭也可能成为一种清洁的能源。因此，需要通过技术进步，提高煤炭洁净化的水平，逐步使人们改变煤炭是一种"肮脏"能源的看法。从长远看，一是在加大利用国际资源的同时，积极实施石油进口替代战略，充分利用我国丰富的水能、太阳能、风能等新能源和可再生能源，在大电网建设成本效益不好的地区，鼓励分散发电；二是加快洁净煤技术的开发利用，提高煤炭在发电中的比例，改善终端能源的消费结构。我国正在电力工业中积极推进"上大压小"。截至2009 年底，全国累计关停 5 545 万千瓦，提前一年半实现了"十一五"关停 5 000 万千瓦小火电机组的任务，每年可节约原煤 6 404 万吨，减少二氧化碳排放 1.28 亿吨。

第三，提高能源效率和节约应成为长期的战略方针。我国综合能源效率较低，比工业发达国家低 10% 以上，应采取措施迅速提高能源效率。降低单位能耗不仅可以节约能源，也可以提高经济效益。在具体做法上，首先要提高发电的热效率，降低能耗，节约能源。我国单位国内生产总值的耗油量相当于美国的 1.8 倍，日本的 3.2 倍。其次，在能源的生产和消费中，也有很大的节能空间。同时，应加强对高耗能产业、高耗能部门的科学管理，促进企业运行机制的转换，逐步建立现代企业制度。积极推进节能法规、节能政策、节能标准的建设；依靠科学技术，大力推进节能技术进步；加强能源管理的基础工作；加快节能服务产业化的进程，加强节能技术和产品的推广。"九五"以来，我国试行的节能服务公司的做法，在融资、管理和服务等方面积累了一定的经验，应当继续探索，推进能源服务的社会化。继续实行鼓励节能的财政、金融、税收政策，禁止上高能耗高污染的项目，加强对重点耗能企业的管理；尽可能提前实现能源"零增长"条件下的我国经济持续快速健康发展。

第四，依靠科学技术，发展新能源和可再生能源。在我国能源政策中，必须继续加大对新能源产业化研究与开发的支持力度，我国在新能源和可再生能源方面开展了广泛的研究工作，特别是结合农村和边远地区的需要，进行了有针对性的应用推广，取得了较好的效果。但支持力度仍然不够，产业基础较为薄弱。

5.2.2 利用财税政策和措施推进我国能源结构调整

我国能源结构调整是适应低碳发展要求的一个系统性工程，既要保证国家能源安全，又要适应低碳经济的挑战，还要在国际新能源的竞争中取得优势，政府的有效指导和财税政策的全力支持非常重要。推进能源结构调整的财税政策重点是加大财政对节能减排和新能源发展的投资力度，提供必要的税收优惠，引导市场力量为能源结构调整提供良好外部环境等。

5.2.2.1 以节能减排为导向的财政研发投入机制

研究与发展投入是衡量一国科技竞争力的重要指标。改革开放以来，我国财政研发投入的规模总体呈逐年上升之势，财政每年用于研发投入的力度不断加大。1978 年我国财政用于科研的支出为 52.89 亿元，占 GDP 的比例为 1.46%，占财政支出（含债务）的比例为 476%。到 2009 年 1~11 月财政科学技术投入达 1 886.6 亿元, 占财政支出 (含债务) 的比例为 3.36%。改革开放以来财政研发投入的总额虽然增长超过了 17 倍, 但是科研支出占 GDP 以及财政支出的比重却在下降。我国政府研发投入在全社会研发投入中的比重 1990 年为 54.9%, 之后逐年下降, 1995 年为 50%, 到 2000 年为 33.4%, 目前仍维持在这一水平。

企业投入主体地位一直保持, 2009 年, 企业研发投入仍然占全社会研发投入的 57%。1978~2003 年, 我国财政研发投入绝对额呈逐年递增态势, 特别是从 1999 年开始增长加速, 年均增长率在 16% 左右。但是其相对额却在递减, 1978~2009 年财政研发投入占 GDP 的比重从 1.46% 下降到 0.81%, 占财政支出的比重也从 4.76% 下降到 3.50% 以下。财政研发投入整体上的下降趋势十分明显。

实践证明, 科学技术是增强国家竞争能力、促进经济增长和减少能源消耗、维持低碳发展模式的关键因素, 而充足的研发经费则是保证科学技术得以发展的必要条件, 也是促进低碳发展的重要条件之一。近年来各国政府已日益重视研发投入对国家科技实力、能源可持续利用和经济增长的重要性, 因而各国政府财政研发投入的经费也越来越多。

发达国家的经验表明, 一个国家在经济发展初期, 研发投入占 GDP 的比例一般在 0.5%~0.7%; 在经济起飞阶段, 该比例则上升到 1.5% 左右; 进入稳定发展期, 该比例应当保持在 2.0% 以上。而在前两个阶段, 政府的科技投入应当占主导地位。在进行科技追赶的工业化初期, 政府投入的研发经费增长很快, 它是一国研发总投入的主要部分。随着经济的发展, 企业研发投入将逐步替代政府投入, 成为最主要的研发投入资金来源。而我国改革开放经历 30 余载后, 目前仍处于工业化阶段, 尚未成熟的科技投入体系使得许多重大科研项目仍需要我国政府的支持, 因此, 政府的研发投入对于本国的技术创新和经济增长极其重要。

作为发展中国家的中国政府, 面对全球气候变化和低碳发展要求的新形势, 应不断加大财政研发经费投入, 发挥政府研发投入在全社会研发投入中的主渠道作用。首先, 应建立政府对节能减排科技投入的稳定增长机制, 明确保证公共产品的科技研发经费在国家财政投入中的地位, 确保国家财政用于科技经费的增长幅度高于国家财政经常性收入的增长速度。其次, 要转变政府科技投入的方向和方式。应合理配置研发投入, 逐步调整基础研究、应用研究和试验发展三部分研发活动的投入比例, 特别要加大基础研究、战略技术以及节能减排、卫生与健康、资源与环境、农业等公益性研究的政府投入，为公众创造最大价值。另外，应根据当前世界科技发展的总趋势和我国的实际情况，加大对若干关键性领域（如信息、生物、能源和材料等）实施国家重大科技专项的支持力度。在投入方式上，政府科技投入应当从支持项目为主逐渐转移到在公平竞争的前提下，既支持项目，也支持专业基地建设和研究者个人。最后，要充分发挥各级政府在研发投入中的引导作用，采取各种有效措施，吸引企业开展研究、创新，提高我国研发的国际水平和竞争力，提升我国能源的可持续发展能力，大力推进节能减排工作。同时，应加大对企业的各方面支持，促进企业增加研发投入，为企业成为我国将来的研发投入主体打好基础。

5.2.2.2　以节能减排为导向的财政应用技术推广机制

以节能减排为导向的应用技术推广机制包括三个组成部分，即新能源和新材料的推广机制、节约能源技术的推广机制和减少排放技术的推广机制。从现行状况来看，由于推进目标上的公共性，上述三个层面都缺乏必要的市场推动力量，存在着实验室技术向应用技术转化的瓶颈、应用技术向现实生产力转化的瓶颈、现实生产力向经济利益转化的瓶颈。这些瓶颈的存在阻断了节能减排技术的快速发展和广泛应用，既导致了不必要的研发资金浪费，又影响了我国积极实施节能减排，主动适应低碳发展要求的能力。因此，以财政投入为手段，加大以节能减排为导向的财政应用技术推广机制非常重要。

节能减排应用技术推广是把节能和减排领域的科研成果和实用技术应用于实际生产、实现以科技推进我国低碳发展的重要措施。支持节能技术推广是财政支持科技创新的一项重要任务。在实践中，需重视节能技术推广中财政投入的适当性、全面性和前瞻性，并加强财务管理，强调财政支出的有效性。为达到这一要求，以节能减排为导向的财政应用推广机制应确立以下内容：

第一，支持节能技术推广的对象。财政部门支持节能技术推广主要是支持自主创新性的节能新技术、新能源和新材料技术、循环利用和减排技术、现有生产设备的改造和衔接技术等。

第二，支持节能技术推广的重点。节能技术推广内容广泛，各级财政部门支持节能技术推广要明确方向，把握重点，支持具有显著改善能源结构，减少二氧化碳气体排放，节约传统能源使用的基础性、公共性、先进性和实用性技术。

第三，支持节能技术推广的主要环节。节能技术推广工作涉及的方面广、环节多，财政部门支持节能技术推广要分清主次，抓住关键，集中力量支持节能技术推广单位为推广节能减排领域科研成果和实用技术而进行的试验、示范、培训和创新。

第四，多层次、多渠道筹措资金，增加节能技术推广投入。节能技术推广的资金来源有财政预算安排的节能技术推广经费、科技专项资金以及其他方面用于节能技术推广的资金。各级财政部门要发挥职能作用，加强对这些资金的引导，增加用于节能技术推广的投入。

第五，确保预算内节能技术推广经费总量的增长，加大支持力度。"十二五"期间，各级财政部门都要较大幅度地增加节能技术推广方面的预算支出，力争使节能减排技术推广经费所占的比例逐年增加。

第六，增加财政科技专项资金用于节能技术推广的份额。对那些经济效益好、投入能有效收回的推广项目，财政资金要采取有偿滚动使用方式给予支持。

第七，支持节能技术推广体系建设。节能技术推广机构的健全与完善、节能技术推广队伍的稳定和素质的提高，是节能技术推广事业发展的保证。财政部门支持节能技术推广体系建设，重点是要完善市（地）级节能技术推广单位服务功能，支持县级节能技术推广单位的发展。

第八，鼓励城乡群众性科技组织（指在节能减排技术运用中自发成立的民间社团、专业技术协会等）开展节能减排技术服务活动。群众性科技组织在节能减排技术运用、传播等方面能起到示范和带头的作用。各级财政部门要从帮助它们解决一些急需的节能减排技术服务项目入手，对它们的节能减排技术服务活动给予必要的扶助。

第九，加强节能技术推广资金的管理和监督工作。各级财政部门用于节能技术推广方面的专项资金，要实行项目管理，追踪问效，搞好监督。对挪用、浪费现象和违纪问题要及时纠正、制止。

第十，建立奖惩机制，把支持节能技术推广的各项措施落到实处。各地财政部门要根据本地区的实际情况，建立支持节能技术推广的奖惩机制，保证财政节能技术推广资金的增加，确保节能技术推广资金足额、及时到位，抓好各项措施的落实。

5.2.2.3　完善我国的财税制度，促进节能减排高新技术的发展

回顾我国节能减排高新技术产业发展的历程，无论是在节能减排高新技术研制环节，还是在面向市场的产业化环节，我国现行的税收优惠政策都有

力地促进了节能减排高新技术产业的发展，取得了一定的政策效果，但是仍然存在很多问题。

从目前来看，我国税收优惠的对象仍不够精细、科学。节能减排高新技术产业税收优惠政策主要是对企业和科研成果实施优惠，而不是针对个体的科研开发活动及其项目，这使税收优惠缺乏针对性。只是对已经形成科技实力的节能减排高新技术企业以及已经享有科研成果的技术性收入进行优惠，而对亟须进行技术更新以及正在进行技术开发活动的企业缺少激励措施，从而人为地造成了有潜力的企业无法真正发挥潜力。而且我国税收优惠多为区域性政策，许多优惠政策仅限于高新技术产业开发区内的企业。为了更好地促进高新技术产业的发展，应当要完善税收制度。首先要使税收优惠政策与政府科技发展计划相一致，与不同时期政府鼓励发展的科技项目相联系。其次，应将重点放在减少高新技术发展创新的风险和成本上，采取鼓励开发和投入的办法，引导和激励企业对技术开发的投入，主动将高新技术运用于生产。同时我们要提高征管效率，减少手续，降低企业纳税成本。并且要尤为注重公平原则，只要对国民经济发展和社会进步的贡献达到某种程度，就应不分所有制成分、不分地域地平等享受税收优惠。

5.3 财政工作对区域发展布局的支持

5.3.1 低碳发展与区域发展布局

长期以来，中国区域经济发展中就存在着城乡二元结构和东、中、西部地区发展失衡两个问题的困扰，切实推进城镇化建设和区域平衡发展战略是解决城乡差异和区域差异的重要举措。低碳经济的发展，既通过风能、太阳能等清洁可再生能源为中西部地区提供了新的发展机遇，又通过集约化的生产和生活方式为城镇化的快速发展提供了重要支持。

5.3.1.1 低碳发展与城镇化

中国内地城镇化发展迅速，采纳低碳发展策略尤为重要。在当前和今后相当长的一段时间内，我国仍然处在城镇化和工业化的高速推进时期，城镇化率年均提高约1%，每年将有1 500万左右的农民进入城镇，2010年我国城镇化水平约为47%，预计到2020年达到56%~58%。自然资源短缺已经成为城市发展的瓶颈，生态环境问题对城乡居民的生活质量构成了实际的威胁，粗放的城市发展模式已经难以为继。如果不走低碳城市道路的话，在城镇化过程中，预计今后我国的能源消耗和二氧化碳气体排放量将急剧上升。美国的郊区化发展模式使城市消耗了80%以上的能源，产生了80%的有害物质，并使耕地面积急剧减少。

快速的城市发展是导致碳排放问题的主要原因之一，也是解决这一问题的关键所在。当前迫切的问题是要反思城市的建设理念和发展模式，探索符合中国国情和生态文明建设要求的城市发展道路，要从传统的粗放扩张模式，转向低碳能源技术、低碳发展模式和低碳社会消费模式。

5.3.1.2　低碳发展与区域优势重构

区域经济是国民经济的重要组成部分，区域经济的协调稳定发展是实现国民经济又好又快发展的重要支撑。目前，我国东、中、西部地区的总体经济发展水平存在较大的差异，但也同时形成了各地区不同的经济基础和区域优势环境，随着低碳发展的进一步深化，区域优势可以得到有力的激发和支撑，从而实现区域优势重构，进而实现比较优势基础上的区域经济平衡发展。

第一，低碳发展与西部大开发。西部大开发已经进入到第二个"十年"。在西部地区各民族人民的努力下，我国西部地区的经济已经取得了长足的发展，西部的能源产业、基础产业和建材产业已经在国内甚至国际市场上具备了明显的比较优势。在低碳发展的新时期，西部省区应以良好的能源工业和重化工业为基础，用低碳经济的理念和思路分析和解决西部省区发展中的问题，从而更好地推进西部大开发第二个"十年"的发展。西部省区在推动低碳发展模式的背景下，比较优势的建设重点是一方面淘汰相关行业落后生产能力，另一方面又全力推动新能源开发的探索和利用。

西部省区是我国重要的资源基地，水电资源丰富。由于历史原因，高能耗的电力、有色及黑色冶金、石化等企业所占比重较大，二氧化碳排放量也相对较高。近年来，西部省区逐步建立淘汰落后产能退出机制，制定了铁合金、电解铝、水泥、钢铁、火电等行业年度淘汰落后产能计划，并安排专项资金用以推动。同时，通过加大结构调整力度，严格控制高耗能行业的扩大和发展，促进低能耗、高附加值、高技术含量、单位增加值能耗指标低的项目建成投产，逐步加大了低能耗、高附加值行业在工业经济规模中的份额。

西部省区对产业经济的发展进行了高起点规划，将太阳能光伏产业、新材料产业等环境友好型的产业作为战略性产业重点打造。西部多个省区是我国最早生产光伏产品的地区，风能也是西部地区最具代表性的新能源资源。西部省区山川秀美，风光旖旎，旅游资源和文化遗产丰富，低碳发展可以支持大力发展旅游业和文化产业来促进发展和保护环境。

第二，低碳发展中部崛起。中部地区人口众多、资源丰富、科技力量雄厚，在扩大内需、产业提升方面具有相当潜力。中部地区是我国商品物资交流、人员流动、装备制造和科技创新的重要区域。在低碳经济背景下，中部崛起战略既面临着新挑战，又注入了新内容——低碳能源、低碳交通、低碳产业发展系统成为推进中部崛起，发挥中部省区比较优势的重要载体。在新一轮经济发展中，中西部以"低碳发展"为代表的绿色新经济崛起必将成为中国经济的一大亮点。例如，大力发展 LED 等光电延伸产业为主体的"低碳产业"，建设"低碳发展实验区"等。

第三，低碳发展与东部先进制造业和现代服务业构建。东部地区是我国经济最为发达的地区，长三角、珠三角、环渤海地区三大经济中心是推动我国国民经济实现又好又快发展的支柱力量。与中西部地区不同，低碳经济给东部地区带来的不仅仅是一个发展机遇，更重要的是，给东部地区的经济发展方式转变提供了良好的环境和强大的动力。

聚集低碳产业，搭建发展平台。一是要发挥大型企业的资源优势，聚集低碳相关的产业。能源央企是东部地区发展低碳经济的重要依托，应抓住能源央企大规模投资新能源产业的重要战略机遇，来引导新能源投资基金的建立、新能源企业总部的引进，来深入了解能源央企对节能减排的产品、技术和服务的需求，采取积极的措施，搭建平台，吸引围绕着央企的能源总部的新能源投资和节能环保的发展，来形成相关的低碳产业的聚集。二是要搭建绿色市场平台，促进要素资源交易，如逐步建设专业的交易平台，主要是要聚集与低碳经济相关的投融资市场交易、技术集成和人力资源市场要素的聚集，为低碳发展相关的产品、产权和技术项目的交易来创造良好的市场环境。三是要积极引入各类人才，提供智力资源保障，包括从事碳金融交易的核心人才，从事碳中介的高端市场人才，以及从事碳排放评估和认证的高端人才。

发展绿色金融，引领新兴产业。为了充分发挥金融服务在推进低碳发展中的优势，一要推动设立产业基金，搭建投融资平台；二要会聚各类专业机构，建设产业生态系统；三要加强交流合作，促进绿色金融发展。

5.3.2 利用财税政策和措施支持区域发展布局

低碳经济背景下，财政工作对区域发展布局的支持主要着力点集中在两个方面：第一，将产业结构调整与区域发展布局相结合，推动区域优化；第二，通过战略性转移支付安排，合理补偿区域发展差异，调动地方的积极性。具体内容包括：

5.3.2.1 引导产业结构调整与区位优化

财政作为国家宏观调控的重要手段，对我国经济结构的调整起着重要的作用。在产业结构调整中，财税政策是国家用来实现产业结构合理化的最直接、最有效的经济杠杆，它既可以通过总需求调控引导产业的自我调整和发展，也可以通过总供给管理的方式实现对具体产业、技术和生产工艺的支持。我国不合理的产业结构的形成与当前分配结构中的不合理因素密切相关，而财政分配结构和投资结构则是不合理因素的主要构成。因此，对不合理的产业结构进行调整也应着重依靠财政分配结构和投资结构改革。

5.3.2.2 通过战略性转移支付安排及相关投资，调动地方积极性

为实现节能减排而进行的调整产业布局、优化区位分布措施会造成某些地区的财政收入流失，因此在调整布局、优化分布的过程中会受到来自于地方政府的阻力，从国家角度出发，中央财政要统筹安排转移支付，通过转移支付手段对在改革中财政受损的地区进行补贴，补偿其损失，适时推动清洁的、适合其地区特色的战略性产业的发展。除了转移支付手段之外，国家还可以通过加大对改革利益受损地区的投资力度来提高地方的积极性，具体来说，财政可以通过投资新项目来弥补某些地区因产业结构调整和区位优化所造成的损失。可以采取的措施如下：

（1）推进公共服务均等化，加快财政体制向公共服务型转变

按照主体功能区战略对强化公共服务均等化的要求，加快财政支出体系的改革步伐，调整财政支出结构，加大对公共事业的财政投入，把更多的财政资金投向公共服务领域，特别要加大财政对教育、卫生、文化、就业与再

就业、社会保障、生态环境保护、公共基础设施建设、社会治安等方面的投入。结合服务型政府建立，加快公共财政建设进程，促进财政体制向公共服务型转化，进而为财政转移支付在减少纵向及横向财政失衡、缓解地区差异方面的功能发挥，提供体制保障。

（2）建立科学的绩效评估体系，并纳入财政转移支付资金管理

政府的绩效考核标准对政府行为具有导向作用。多年来，衡量和考核政府业绩主要根据GDP等经济发展指标体系，而忽略了资源消耗、环境、生态保护等社会指标的考核与评价，导致我国经济增长方式转变难以取得实质性进展。企业从自身利益出发，将资源、环境成本推向社会，而政府为GDP增长或税收收入增长对企业的短期行为管理缺乏内在动力，导致经济发展带来的环境和生态压力不断加大，资源瓶颈现象日渐突出（赵桂芝，2008）。因此，应依据主体功能区战略要求，将科学发展观原则变成可以量化的指标体系，建立健全财政转移支付的监督与评价制度。将环境意识强弱、公共服务提供对资源与环境的保护效应大小，纳入政府政绩评价体系，建立起严格的基本公共服务问责制，将基本公共服务绩效评估与干部选拔、任用和激励相联系，形成正确的政绩导向。在综合性的政府绩效评估体系下，根据财政转移支付的特点和与公共产品与服务提供的关联性，将财政转移支付也纳入政府绩效评估之中，并作为转移支付评价和考核的重要标准，将转移支付规模与使用效率联系在一起。

（3）完善促进区域产业互动发展的机制和跨区合作制度

根据不同地区和产业的实际情况，建立多种区际合作机制，形成区域合力，是提升产业国际竞争力、实现全国范围内节能减排的重要途径。长期以来，我国地方政府的发展机制往往以区域经济增长率等主要经济指标为参照标准。这种发展机制使得地方政府在经济活动中出现了一些短视和本位主义行为，出现地方保护主义、恶性竞争、重复建设等一系列问题。因此，为了鼓励跨区域合作与协同，改变各产业集群之间独立发展、互相竞争的状况，要加快建立与完善衡量地方经济发展与考核地方政府绩效的合理标准，制定跨区域投资的产值考核与税收分享制度和土地资源共享的税收分享制度。同时，要在经济意义上建立和完善具有实质性权力的超行政区划的协调与监督机构，建立和完善地方政府跨区域的联席会议组织、合作联盟等不具有实质性权利的协调机构。通过创新区际合作机制，推动跨行政区划的产业集群整合发展。

5.4　实施消费引导的财税政策和措施

消费引导是指对人的消费活动进行有意识的、合理的、科学的指导，包括了对社会消费活动和个人消费活动的引导。通过消费引导，实现经济由高碳经济向低碳经济转变，由低文明消费向高文明消费转变。

5.4.1　低碳发展与消费引导

经济发展的模式必然对社会运行的各个方面产生影响。发展低碳经济必将对现有的社会生产方式和消费模式产生影响。工业社会所带来的技术进步与产业发展产生了大量的社会物质产品，丰富了社会消费者的需求，同时也形成并发展了相应的社会消费模式。消费与生产、与经济运行方式密切相关。从消费的物质保证上看，消费决定于以增加价值为核心的经济运行，是经济运行的结果，生产居于支配地位，因而生产决定消费，反过来，从经济运行的动力条件和市场保证上看，经济运行又依赖于消费。

5.4.1.1　低碳经济要求优化消费结构

随着低碳经济的提出，我国的产业发展应走新型工业化道路，推进工业结构优化升级和增长方式转变，大力发展高新技术产业、提升发展传统产业；加快企业改革、改组、改造步伐；淘汰高投入、高耗能、高污染、低效益的劣势企业；大大降低高耗能产业的比重，在保持产业持续较快发展的同时，降低对能源消费的依赖形成低碳产业群。总之，低碳经济将促使经济结构由现在的能源耗费型、粗放型向技术集约型、资源节约与环境友好型的方向转变，导致社会产业结构布局也随之发生变化，无论是"三产"之间还是产业内部将作出调整，这也必将影响建立在工业经济基础上的消费结构。一方面消费的重点将由高能耗、高污染型产业向环保型产业转移；另一方面消费者的偏好也将随生产的布局变化而发生变化，更加青睐于低能耗的产品。

5.4.1.2　低碳经济要求改变消费观念

人们的消费观念是基于一定的社会经济基础、在长期的消费行为过程中逐渐形成的。消费观念的形成和变革与一定社会生产力的发展水平及社会、文化的发展水平相适应。一定的消费观念可以影响人们的消费行为。随着低碳发展观念的提出，通过对消费需求以及消费方式的影响，也将改变消费者现有的观念，在工业社会下形成的"快捷消费"、"一次性消费"、"炫耀性消费"等消费观念及习惯将随着经济基础的变化而发生变化，"学习型消费"、"绿色消费"、"健康消费"等消费观念将逐渐形成，以追求健康消费作为消费的倾向，追求消费有利于自身健康的同时也有利于大自然的健康。

5.4.1.3　低碳经济要求转变消费需求

低碳经济实质是能源高效利用、清洁能源开发，核心是能源技术和减排技术创新、产业结构和制度创新以及人类生存发展观念的根本性转变。发展低碳经济无疑是一种技术与资本的极大积累，提高生产效率，降低单位生产值的资源消耗。企业为适应低碳经济的发展，就必须坚持"3R"原则，即减量化（Reduce）、再使用（Reuse）和再循环（Recycle），减少能源消耗和废气废水等废弃物的排放量，通过技术进步提高废弃物的回收利用率以及循环利用，实现经济的低碳化和可循环，这必将促进企业提高生产技术，不断进行设备更新，促进企业进步，向社会提供低碳产品，提升社会消费的文明程度，影响消费需求。同时，生产与技术的积累造成劳动就业人口减少，一方面增加了社会人员的闲暇时间，使得消费的可能性增加，扩大了潜在的消费需求；另一方面失业的人群要通过不断的学习和培训谋求再就业，他们也促成了整体社会的消费需求增加。与此同时，高技术含量的消费品也有利于提升人们的消费文明程度。

5.4.1.4　低碳经济要求改善消费环境

低碳经济的发展要求将促使政府转变职能，提升政府社会管理和公共服务的能力，向社会提供更多更好的环保型公共产品，提供良好的低碳产品的消费环境；政府部门将转变现有的运作模式。

5.4.2 利用财税政策和措施引导消费

低碳发展所带来消费领域的变化并非是自然形成的，经济基础的变化需要经过消费者不断克服长期形成的消费倾向惯性，这个过程需要政府和社会不断引导，逐渐形成适应低碳发展的消费观念和消费行为。消费活动包括了社会消费活动和个人消费活动，要进行消费引导，就必须对各个活动的主体进行合理引导，包括政府、企业和个人等消费主体的引导。

第一，通过消费税和补贴等方式，提倡合理消费。家庭作为人类社会活动的最基本的单位，是社会综合系统的子系统，是社会的细胞，同时家庭也是一个基本的经济单位，承担着生产、教育和消费等功能，家庭的消费习惯和观念对个人的消费习惯具有潜移默化的作用，因而必须重视对家庭消费的引导。政府要通过合理的消费税和行为收费的办法，引导家庭要转变消费模式和习惯，拒绝"一次性"消费（如"一次性"碗筷等）、"便捷"消费（如塑料袋等白色污染）以及"高能耗"消费（如大排量汽车等），养成家庭消费的低碳化、低能耗的消费模式和习惯。同时要鼓励学习型消费，提升消费的质量和层次，追求文明消费。

学习型消费就是以学习为目的而展开的系列消费活动。学习型消费既可以是为了提升自身的专业技能以谋求职业的进步而进行的学习充电，也可以是为了提升自我境界，满足人的享受需要与自我实现的需要而进行的学习消费。学习型消费以满足人们的求知欲望与实现人的精神满足为主要目的，因而相比以前的纯物质消费而言能够节约资源，切合低碳发展的目的。低碳经济发展可能带来大量的剩余劳动力将不得不面对日益激烈的竞争而进行自我充电。低碳发展所带来的产业布局及结构调整可能使退休人群规模增加，这当中又以老年人为主，他们的闲暇消费时间逐渐增长，除了满足他们的物质生活的消费需求外，也要关注他们的精神世界，因而学习型消费领域将大有可为。

第二，通过税收调控，引导个人文明消费。倡导文明消费，首先要提高消费者的文明消费意识，通过宣传和引导，让消费者了解文明消费的内涵，要有绿色消费的意识，偏好绿色环保的产品，让绿色消费成为一种习惯，一种自觉；要倡导绿色购买、绿色处理，积极引导和规范人们的消费行为，发展绿色产品市场，将绿色产品作为消费产品的主要构成部分，鼓励消费者绿色购买，拒绝一次性消费和白色污染。

其次要诉求消费正义。在"消费主义"的影响下，人们对于消费的目的与态度由满足自身的基本需求变为一种为欲望需求而进行无尽的物质占有，造成了资源的过度浪费与生态环境的恶化，因而在低碳发展的经济基础上必须诉求消费正义，即消费在满足人的基本生存的需要的基础上，追求人的全面发展，促进社会的和谐与幸福。在低碳发展环境下摒弃消费主义所带来的物欲横流，积极诉求消费正义，引导人们向消费的更高层次发展。

第三，引导企业低碳生产与消费，支持环保企业。企业承担着社会生产的重大责任，要引导企业实现循环生产，对环保型企业要给予大力支持。引导企业在生产过程中引入污染处理系统，通过设备更新和技术进步减少能源消耗和生产材料的消耗，积极开发和探索可替代、可回收的材料，对于环保型企业要给予大力支持和赞助，引导企业生产低碳产品，实现生产领域的低碳化、生态化。

第四，政府要合理引导消费，坚持"低碳化"运作。政府作为社会公共管理的主体，既是管理者，也是消费者，既承担着对经济进行调控和引导的职能，也消费市场提供的产品，政府应当在引导低碳发展的同时树立"低碳化"运作的榜样。例如：

完善经济体制。进行消费引导，就必须完善当前的经济体制，为消费者追求绿色消费、生态消费塑造良好的消费环境。为实现低碳发展，应当完善相应的市场准入制度，减少能源密集型的产品大量进入市场，创造绿色、合理的产品供应结构；完善市场的监管制度，加大对非"绿色"产品的检查力度，整顿市场秩序，打击伪劣假冒产品，优化消费环境；完善市场经济条件下的信用体系建设，通过信用体系建设，提升消费者的道德素养，自觉维护市场秩序，实现循环消费与可持续发展。

引导产业结构调整。政府要鼓励和支持绿色环保产业的发展，大力发展第三产业，降低第一产业的经济比重，引导产业结构向"低碳化"转型。

第三，政府自身也要低碳化运作，如减少公务用车数量，减少纸张的使用率，实现"无纸化"、"网络化"办公等，树立低碳消费的榜样。

低碳发展的趋势必将影响人们的消费观念和消费方式，只有进行不断的消费引导，使社会各个消费主体能够具有文明消费的意识和观念，坚持消费的低碳化和可循环，才能实现低碳发展转变。

5.5 财政政策和措施对进出口贸易的引导

5.5.1 气候变化问题对进出口贸易的影响

气候变化影响全球贸易格局。由于全球贸易开放程度不断扩大，人类经济活动增加，能源的使用也相应增加，从而产生了更多的二氧化碳排放量。欧盟和美国正在设计一些有关气候变化方面的立法，并制定各种各样以环境保护为名的贸易政策。奥巴马政府力推的《清洁能源与安全法案》就提出，美国有权对包括中国在内的不实施碳减排限额国家的进口产品征收边境调节税即所谓碳关税。一旦碳关税付诸实施，欧盟可能会迅速仿效，这将会对中国等发展中国家的外贸出口造成严重打击，出口将面临越来越多的障碍。从本质来看，碳关税政策具有贸易保护主义色彩，对国际贸易格局产生深刻的影响。碳关税有可能成为国际贸易壁垒的新形式。

气候变化影响贸易产业竞争力。国际竞争力和贸易一直是气候变化多边谈判中的一项重要内容。"碳泄漏"、边境碳壁垒、贸易消费品的隐含碳、清洁能源技术贸易以及气候变化对全球农产品和工业产品运输的影响等问题，已成为气候变化谈判中逐渐涉及的新内容。

5.5.2 利用财税政策和措施引导进出口贸易的发展

我国目前排放总量居高不下的一个重要原因是我国在世界贸易和世界分工中的地位不高，许多产业我国只进行初级产品的生产加工，这一部分的能耗和排放都较高，但利润却不高，为了加快我国经济增长方式的转变，要努力改变这一不利局面。

第一，调整出口退税与加工贸易政策。出口退税与加工贸易政策的调整对我国国民经济结构的调整、贸易增长方式的转变、建设节约型社会、保护生态环境、实现可持续发展和节能减排有着特殊的意义。在我国经济高速增长的情况下，资源约束的瓶颈效应日益显著。近几年原油、铁矿石、铜、铝等资源型产品的国际市场价格不断飞涨，我国进口这些资源产品，进行生产加工再低价出口。这样的"高进低出"，造成了我国企业和财政的巨大损失。取消对"两高一资"产品的出口鼓励，使我国的产业结构和加工贸易结构加快升级，尽快改变"低工资、低技术、低效益"的发展路径，走一条新型的工业化道路，逐步淘汰高能耗、高排放产业。

第二，致力于国际分工地位的提高，以创新促进产业升级。创新是国家发展的动力，也是节能减排的关键。我国要大力推动和扶持自主创新的高新产业，促动产业结构升级。首先，要以高新技术促进传统产业升级换代。传统产业在我国产业结构中占主要地位，应当将高新技术注入传统产业中并对其进行改造，一方面降低资源消耗，减轻对环境的污染，减少碳排放量，促进经济从粗放型增长方式向集约型增长方式的转变；另一方面还可以提高产品的质量和档次，从而增强产品的附加值和市场竞争力。其次，在关键领域积极发展高新技术，利用国际产业结构调整和重组的契机，通过消化、吸收引进技术进行产业技术的自主创新，实现跨越式发展。另外，国际分工的深化和扩大使分工广泛地延伸到第三产业，要在国际分工中获得更大的利益，就应当更加注重现代服务业的发展及其国际分工的参与。因此，对作为物质支持的第一、二产业的结构优化和升级就显得尤为重要。

第三，积极以要素优势参与国际分工，将比较优势转为竞争优势。在新型国际分工格局中，我国劳动力低廉的比较优势将依然存在，但由于资本、技术、管理等要素在世界范围内具有稀缺性且可以在国际间自由流动，发达国家在国际分工中仍然掌握着主动权。而我国以劳动要素参与国际分工，对外来资本、技术等要素仍然存在较大的依附性，造成我国劳动力的比较优势缺乏动态性。因此，一方面我们要利用生产要素跨国界流动的机遇，最大限度地发挥劳动力资源丰富的比较优势，向发达国家出口劳动密集型产品，获得国际分工利益。同时，抓住目前产业结构调整和劳动、资源密集型产业向发展中国家转移的机遇，将比较优势扩大到劳动密集型生产环节上。另一方面要大力提高劳动力素质，这也是最重要的一方面。在新型国际分工格局中，要素的质量也决定着利益的分配，高素质的劳动力在国际分工中会受益。因此，我们应该在劳动力生产要素上创造出动态的竞争优势，进而优化本国的产业结构，不断提高在国际分工体系中的地位。

第四，深入参与国际分工，提高我国在价值链中的地位。我国应当广泛而深入地参与到各个层面的国际分工，不仅要参与产业之间的国际分工，而且要参与产业内部和产品内部层面的国际分工，提升我国在国际分工中的地位和产品的增值能力（高鹤，2008）。国际分工地位的提升将有效缓解我国碳排放居高不下的现状，对于实现节能减排目标和社会经济的又好又快发展有着重要意义。

5.6   与应对气候变化相关的税制改革

节能减排问题是应对气候变化的关键举措，也是影响我国经济又好又快发展的关键，而二氧化碳及污染物排放又是典型的负外部性问题，即企业的私人成本小于社会成本。税收作为市场经济条件下最主要的经济杠杆之一，能够通过向私人提供符合社会效率的激励和约束来解决负外部性问题，在提高效率的基础上，对负外部性问题起到直接、有效的协调作用。

从世界各国的经验来看，通过调整现行税制中相关税种的征收范围、征收方式、征收力度可以对企业自觉实施节能减排起到一定的激励效果；此外，开征以排放税为主要形式的环境税，亦可对应对气候变化工作的开展产生相当积极的作用，继而推进这项利国利民事业的发展。

5.6.1   增值税与节能减排分析

增值税是对销售货物或者提供加工、修理修配劳务以及进口货物的单位和个人就其实现的增值额征收的一个税种。从计税原理上说，增值税是以商品（含应税劳务）在流转过程中产生的增值额作为计税依据而征收的一种流转税。它属于价外税，也即相关税负由消费者承担。我国自 1979 年开始试行增值税，现行的增值税制度是以 2008 年 11 月 5 日国务院第 34 次常务会议修订通过的《中华人民共和国增值税暂行条例》为基础的。作为我国最主要的税种，增值税的税收收入占全部税收的一半以上，对财政收入的影响举足轻重。

5.6.1.1   以节能减排为导向的增值税改革评估

现行增值税难以对节能减排发挥良好的激励和推进作用，从其根源来看，大约有以下三个主要原因：第一，对火力发电环节征收的增值税率过低；第二，没有针对高能耗产品的特殊税率安排；第三，对替代能源给予必要的优惠支持仍然不足。如果要以节能减排为导向推进现行增值税改革，其着力点也应是上述三个方面的调整与改善。

调增火力发电环节的增值税率将导致税负向最终消费品传递，进而增加消费者的税收负担。增值税是价外税，在理论上是针对增值额征收的价格之外的税收，而在实际操作上是征收的销项税与进项税的差额。如果商品本身是适销对路的，原则上增值税的税负是可以向下一个环节的商品转嫁，直至转嫁给消费者。考虑到电力能源，尤其是火电能源在近期的普遍使用和不可替代性，对火力发电环节征收较高的增值税不会导致对下游各环节的过度扭曲，也不会导致增值税全过程抵扣体系的混乱，但是会明显加重消费者的税收负担。从对节能减排的推动效果来看，由于税负增加所导致最终消费品价格的上涨会抑制部分商品需求，但这种抑制效果是间接的，是以消费者最终负担加重和经济增速减缓为代价的，在实际操作中往往难以实现。

对高能耗产品实施特殊的高税率安排容易导致税负结构失衡和增大消费者负担。与提高火电环节的增值税税率一样，对高能耗商品征收较高的增值税税率，如果不能在同类产品或替代产品的能源成本上形成有效竞争的话，高能耗商品的高税负将传递至最终消费环节，从而加重了国内消费者的税收负担。而由于火电在我国二次能源结构中的基础性和普遍性，客观上导致了同类产品和替代产品难以出现差异性成本，所以也难以形成有效的竞争从而促使企业降低产品价格。此外，根据我国征收增值税的实践，如果对高能耗的中间商品实施较高的税率，必然会对下一个环节的商品生产形成大量的进项税抵扣，并不会减少下一环节对高能耗中间商品的需求。如果不允许高能耗环节对下一个环节形成完全抵扣，只允许抵扣其中的一部分的话，则会形成对高能耗商品事实上的重复征税，减少对高能耗产品的需求，促使高能耗商品减产或调整能源结构。在政策效力上，对高能耗商品采用不完全抵扣可以达到部分节能减排的作用。而如果高能耗商品是最终产品，对其实施较高的增值税税率，由于进项税率与销项税率之间的差异，导致了最终商品较重的增值税负担。在存在其他替代商品的情况下，高能耗的最终消费品一方面要改进工艺，减少单位商品的能耗量，另一方面适当减产，避免形成过大的市场出清压力，从而有效减少二氧化碳的排放。

减轻清洁能源的税收负担可以降低新能源的采用成本，但由于新清洁能源经济性、稳定性和产业结构调整较为困难的限制，难以在大范围内对传统火电能源形成有效替代。从我国的新能源发展现状看，在建设阶段，风电每千瓦的造价约为 8 000 元，而火电每千瓦的造价只有 4 000 元；在上网电价上，风电的成本是火电上网电价的 2 ~ 3 倍[1]。即使全面免除风电等清洁能源增值税税负，并允许采用新能源的下一环节能按照现行增值税税率计算进项抵扣，也至少有 60% 以上的成本无法覆盖，风电等新能源尚无法对火电形成有效替代。在太阳能发电上，尽管世界光电技术取得了较快发展，生产设备的造价大幅降低，非晶硅薄膜电池组件逐步实现批量生产和广泛使用，制造成本有望在 3 年内接近 0. 5 美元，光电能源平均转换效率有望在近年内达到 6. 5%，发电成本有望达到 0. 65 元每度电的水平[2]，但仍然高于火电上网电价 45%。即使全部免除增值税，并在下一环节的生产中保持与火电相同的进项税抵扣，也仍然有 25% 左右的成本无法覆盖。因此，在当前对清洁能源部分或全部免除增值税事实上仍无法形成对火电有效替代，除非在采用新能源增值税进项税抵扣安排上作出重大调整，否则使生产环节主动进行能源结构调整的力度不足，增值税的节能减排效果有限。

5.6.1.2 以节能减排为导向的增值税改革安排

根据上述分析，当前以节能减排为导向的增值税改革的重点是，适当提高最终环节作为商品高能耗生产环节的增值税税率，或者降低高能耗中间产品对下一生产环节的进项税抵扣水平。在改革措施安排上，前者注重提升最终产品的增值税税率，后者则注重进项税抵扣水平与正常水平的差额。因此，最终高能耗商品的增值税税率提升比例越大，节能减排的效果则越明显；商品的需求价格弹性越大，节能减排的效果则越明显。根据相关经验性结论，耐用消费品的需求价格弹性较生活必需品高，且耐用消费品消费能源的水平相对较高，因此，对高能耗的耐用消费品征收较高的增值税税率，可以有效促进节能减排的实施。

此外，对高能耗产品下一环节实施差异化的进项税收和销项税收的税率安排，当下一环节商品的需求弹性越大时，节能减排的效果越明显；税率差异越大时，节能减排的效果越明显；进项税实施抵扣的税率设置的水平越高

---

1 国家发改委、国家电网公司风电项目会议，2007 年 8 月 3 日。
2 强生光电集团座谈会议材料。

时，在同样的税率差异水平下，节能减排的效果越明显；生产环节内增值率水平越高时，节能减排的效果越明显。

值得注意的是，以增值税为手段促进节能减排的发展，其结果往往以加重消费者负担或抑制企业产能扩张为代价，政策对经济稳定增长的外部性较为显著，政策成本较高。

5.6.2 企业所得税与节能减排效果分析

企业所得税是在中华人民共和国境内，对企业和其他取得收入的组织（以下统称企业）的生产经营所得和其他所得而征收的一种税。根据我国《企业所得税法》规定，自 2008 年开始，居民企业和非居民企业均需要按照《企业所得税法》的统一规定缴纳企业所得税，企业所得税的税率为 25%。

5.6.2.1 现行企业所得税对节能减排的主要促进措施

现行企业所得税对节能减排的主要促进措施包括促进能源节约、鼓励资源综合利用和加强环境保护三个方面：

（1）通过优惠安排企业所得税促进节能

这一方面的主要政策安排有：第一，对外商投资企业在节约能源和防治环境污染方面提供的专有技术所收取的使用费，经批准可按 10% 的税率征收企业所得税，其中技术先进或条件优惠的，可免征企业所得税；第二，对独立核算的煤层气抽采企业购进的煤层气抽采泵、钻机、煤层气监测装置、煤层气发电机组、钻井、录井、测井等专用设备，统一采取双倍余额递减法或年数总和法实行加速折旧；第三，对符合条件的技术改造项目购买国产设备投资的 40% 可抵免新增所得税，技术开发费可在企业所得税税前加计扣除。

（2）通过阶段性调整企业所得税鼓励资源综合利用

这一方面的主要政策安排有：第一，对企业在原设计规定的产品以外，综合利用本企业生产过程中产生的、在《资源综合利用目录》内的资源为主要原料生产的产品所得，自生产经营之日起，免征企业所得税 5 年；第二，对企业利用本企业外的大宗煤矸石、炉渣、粉煤灰为主要原料，生产建材产品的所得，自生产经营之日起，免征企业所得税 5 年；第三，为处理利用其他企业废弃的、在《资源综合利用目录》内的资源而新办的企业，可减征或免征企业所得税1年。

（3）通过部分环境成本内部化促进环境保护

这一方面的主要政策安排是将符合条件的环境保护、节能节水项目的所得，自项目取得第一笔生产经营收入所得纳税年度起，第一年至第三年免征企业所得税，第四年至第六年减半征收企业所得税。

5.6.2.2 对以节能减排为导向的企业所得税促进措施的评价

企业所得税与企业的可支配净利润直接相关，其税收优惠可以直接增加企业的净利润水平，因此，企业所得税措施直接作用于企业的根本利益，政策的针对性较强，外部性较小。

从理论上看，以节能减排为导向的企业所得税促进措施的着力点有两个：第一，加重高能耗、高排放企业的税收负担，减少企业的生产规模，这一措施的效果与增值税相关措施的效果较为相似；第二，提供税收优惠，以净利润的变动为杠杆，促使企业调整生产工艺、能源结构、产品种类，积极采用新技术、新设备，减少能源消耗。从两个方案的效果来看，第一个方面侧重于限制，给企业的正常生产经营活动带来显著影响，影响了宏观经济环境的稳定，政策的效果相对较弱，政策的成本较高；而第二个方面则侧重于激励，通过对企业净利润的直接支持，促使企业自觉进行生产技术的更新和新能源、新产品、新循环经济模式的采用，政策成本较小，政策效果突出。因此，提供企业所得税优惠，加强企业节能减排行为的自觉性应是企业所得税相关措施的着力点。

以提供税收优惠为着力点的企业所得税措施主要包括免税（或阶段性免税）、低税率安排、投资抵税、税前扣除、加速折旧等。从政策效果看，上述各项措施都具有成本补贴和投资激励的双重效果。

免税措施有助于培养企业的综合性投资或总体经营模式的转变。减税可以推进企业全部调整生产设备，改变经营模式，采用新技术、新工艺，转变生产模式。在理论上，以免税的方法推进节能减排，可以提升企业33%的产能，并同时带来明显的二氧化碳减排，政策效果突出。

低税率安排往往是对采用新技术后所形成新收入来源采用优惠的税率，从低征收企业所得税。在低税率安排下，企业投资取得了相关的效果，企业总产出明显增长，新增投资的节能减排效果也得到了有效的发挥。总体上，企业总产出与企业投资的税后净利润能力呈正向变动，与企业投资的平均产出率呈正向变动,与投资收益率水平呈反向变动,与企业所得税税率水平呈反向变动。

投资抵税可以有效减轻企业的税收负担,提升企业投资收益水平,促进企业采用新技术、新设备、新工艺实施节能减排。在实施投资抵税的情况下,企业新增总产出明显增长,因投资带来的技术改进、工艺改善和产品改良等效果,节能减排效果也得到提升。从投资抵税对总产出的拉动作用来看,其效果与新增税后净利润水平呈正向变动关系,与投资收益率水平呈反向变动关系,而与允许抵免的限度呈正向变动。

税前扣除是指将企业改善技术设备和推进节能减排的投入在核算企业所得税之前从企业税前利润中扣除。在实施税前扣除的情况下,企业的新增总产出明显增长,因投资带来的技术改进、能源结构调整能产生良好的节能减排效果。从税前扣除对总产出的拉动作用来看,总产出规模与企业的税后净利润成正比,与企业的实施改善技术设备和推进节能减排的投资额成正比。

加速折旧是指按照税法规定准予采取缩短折旧年限、提高折旧率的办法,加快折旧速度,减少应纳税所得额的一种税收优惠措施。在实施加速折旧的情况下,企业的新增总产出明显增加,由于技术水平和产品结构的改善,节能减排的效果突出。在理论上,企业净产出与企业税后净利润水平成正比,与折旧率水平成正比,而与投资收益率成反比。

5.6.2.3 以节能减排为导向的企业所得税措施效果

根据上述分析,免税、低税率安排、投资抵税、税前扣除和加速折旧等措施安排都能在推进企业生产经营和经济社会快速发展的情况下,推进节能减排的进程。因此,企业所得税是推进节能减排的一种有效政策措施。

在效力上,免税措施适合推进企业转换整体经营模式和全部调整产品结构,也适合新建中小企业的创建、发展;低税率安排适合企业进行局部调整,或者新型技术或产品的采用;投资抵税、税前扣除都对企业的技术改造、产品创新等投资起到激励作用,并能够有重点地保障节能减排措施的落实;加速折旧是对企业已完成投资的补贴,可以对企业的生产技术创新和产品升级提供必要的支持,并且有重点地支持了关键环节的节能减排效果。

5.6.3 消费税与节能减排分析

消费税不仅是国家组织财政收入的重要手段，同时还具有独特的调节功能，在体现国家奖励政策，引导消费方向，调节市场供求，缓解社会成员之间分配不均等方面发挥着越来越重要的作用。

5.6.3.1 我国实施消费税促进节能减排的实践

近年来，我国高度重视能源节约和环境保护，动员全社会力量开展节能减排行动。自 2005 年起，对国家批准的定点企业生产销售的变性燃料乙醇实行免征消费税政策。部分税收优惠政策虽然仅适用于个别企业，但起到了很好的示范作用。《消费税暂行条例》规定对汽油、柴油分别按 0.2 元/升、0.1 元/升征收消费税，对小汽车按排气量大小实行差别税率。2006 年 4 月 1 日开始实施的新调整的消费税政策规定，将石脑油、润滑油、溶剂油、航空煤油、燃料油等成品油纳入消费税征收范围。同时，调整小汽车消费税税目税率，进一步体现"大排气量多负税、小排气量少负税"的征税原则，促进节能汽车的生产和消费。国家税务总局 2006 年 12 月 6 日关于生物柴油征收消费税问题的批复中规定，以动植物油为原料，经提纯、精炼、合成等工艺生产的生物柴油，不属于消费税征税范围。2009 年 1 月 1 日通过推行成品油价税改革，进一步加强了成品油的消费税体系的效力。这从一个侧面推动了国家应对气候变化工作的开展。

此外，按规定，从 2006 年 4 月 1 日起，国家对木制一次性筷子和实木地板征收 5% 的消费税。目前，我国每年生产木制一次性筷子 450 亿双，耗用木材近 500 万立方米，占全年木材消耗量的 18%。一棵生长近二十年的树木，仅能生产 3 000 ~ 4 000 双筷子。而森林资源的大量砍伐，不仅会造成空气污染、水土流失，给人类的生态环境造成损害，而且对于我国应对气候变化工作的顺利进行也产生负面影响。对木制一次性筷子征收消费税，表明了国家保护环境资源、限伐树木森林的决心，同时对于鼓励社会大众改变原有生产方式和消费方式，以低碳生产和生活模式应对气候变化也会产生长远而积极的影响。

5.6.3.2 以节能减排为导向的消费税促进措施评价

消费税的相关措施具有较强的针对性和灵活性，其直接面对消费品本身，税收的收入效果和调控效果比较明显。相较于增值税和企业所得税，消费税的覆盖范围不广、税率复杂多样，消费税相关措施的主要体现在税收对象、税率安排两个方面，其中税率安排包括从价税率、从量税率和混合税率。

从价税率可以使消费税的征收规模随着价格的波动而相应调整，从而避免目标消费品价格上涨，而导致实际税负相对下降的情况。但在目标消费品价格下降的情况下，从价税收的规模相应减少，相当于对目标商品执行了减税措施，刺激了目标商品的消费，导致节能减排效果出现减退。

从量税率可以保证消费税税收规模的基本稳定，并在目标消费品价格大幅下降的时候，对其过度消费形成抑制，部分减缓因为消费扩张而造成能源耗费和材料消费大幅增加的情况。但在目标消费品价格上涨时，从量税率安排往往无法跟随商品价格上涨而上调税率，相对于上涨后的消费价格来说，从量征收的消费税税负相对减轻。因此，总体来说，它对应对气候变化工作的支持力度有限。

混合税率安排既保有部分从价税收的特点，也保有从量税收的优势，在价格波动时，消费税总税额可以随之进行调整，保持总量上的稳定，政策的节能减排效果稳定且明显。但在实践中，混合税率安排的消费税也面临一定的障碍，不合理的从价和从量的税率结构可能会导致政策激励出现相反的变动，导致了政策间的内耗。另外，较为复杂的征收管理也使得混合税率的消费税在实践中面临征收成本偏高和实际征收规模偏小的情形。

5.6.4 我国碳税的研究

5.6.4.1 未来我国碳税的可能特点

碳排放量是由一个国家的技术水平、富裕程度、能源结构、经济结构、人口结构等众多因素共同作用决定的。碳税是指针对碳排放所征收的税。它以环境保护为目的，希望通过削减碳排放来减缓全球变暖。碳税通过对燃煤和石油下游的汽油、航空燃油、天然气等化石燃料产品，按其碳含量的比例征税来实现减少化石燃料消耗和碳排放。碳税的特征表现为：

第一，碳税的实质就是为保护全球温度稳定这一公共品而对排放以二氧化碳为代表的温室气体的生产过程和消费征税，使其外部成本内部化。

第二，碳税是一种间接税。与直接税征收最末端的收入不同，间接税是在生产或消费过程中征收的。碳税就是一种间接税，具有固定的税率，不改变分配结构，对经济发展副作用相对较小。

第三，碳税是一种调节税。随着更多国家完成工业化及可供给廉价燃料的减少，碳或含碳燃料的价格将持续增长。碳税作为一种调节税，能够发挥激励作用，促进节能，促使风能、太阳能、地热能等可再生能源更加具有竞争力，同时逐步淘汰落后的高耗能产业和技术，避免社会经济滑向不可持续模式的深渊。

第四，碳税实施效果差异性较大。在不同国家和地区的不同经济社会发展阶段实施碳税，其实施效果有较大差异。

5.6.4.2 我国碳税的设立与实施

（1）碳税计税依据

分析各国碳税的计税依据，碳税往往是对煤、石油、天然气等化石燃料按含碳量设计税率进行征收，只有少数国家直接对碳排放进行征税（Baranzini等，2000）。这是由于直接以 CO_2 的排放量为征税对象，在技术上不易操作。况且，化石燃料的消耗所产生的 CO_2 占 CO_2 总排放量的65%～85%。因此，对化石燃料征收碳税基本覆盖了 CO_2 排放的大部分能源。但严格来说，对化石燃料征收碳税与直接对 CO_2 排放征税的效果存在较大差异。前者重点鼓励企业减少化石燃料的消耗，而不利于企业致力于对 CO_2 排放的消除或是回收利用技术的研究开发。综合权衡两种计税方式的优缺点，可考虑碳税征收方案宜对煤、石油、天然气等化石燃料按含碳量测算排放量作为计税依据。

（2）碳税税率方案

我国碳税税率方案宜遵循逐步提高、循序渐进的原则。目前问题的关键是选择多高的税率作为碳税的计征标准。国内一些学者的建议具有较高的合理性和适用性，如在中国科学院的方案中所提出的渐进性方案，即2012年征收碳税税率为20元/吨碳，2020年提高到50元/吨碳，2030年再提高到100元/吨碳。

（3）碳税征收对象

从充分发挥碳税政策的社会效应角度考虑，碳税征收对象应在消费环节，这样更有利于刺激消费者减少能源消耗。但从实际管理和操作角度考虑，在销售环节征收碳税更容易操作，这对消费者而言，只相当于提高了能源的购买价格，并不能很好发挥碳税的社会效应，况且在近期我国征收碳税的税率必然很低，因此在销售环节征收碳税可能导致碳税政策社会效应的丧失。因此，可考虑碳税征收仍应在消费环节，可与环境税或排污费等一并由政府管理部门统一征收，减小社会的管理成本。具体征收对象为向大气中排放 CO_2 的所有单位和个体工商户。为了减少操作成本，近期暂不将个人作为纳税义务人。

（4）碳税收入的使用管理

如开征碳税，若按照碳税税率为 20 元/吨碳计算，2012 年我国碳税收入将达到 400 亿元左右，约占我国 GDP 的 0.1%；若 2020 年征收碳税税率为 50 元/吨碳，碳税收入则将达到 1 800 亿元左右。虽然相对 GDP 而言，碳税收入所占比例极为有限，但资金的合理使用对碳税征收效果有着重要影响。对我国而言，碳税税收的最大目的是促进企业节能和鼓励可再生能源的发展。因此，碳税收入应重点用于对可再生能源发展和企业节能的鼓励，而不应作为国家税收的收入来源。鉴于此，可对碳税税收实行专款专用，国家利用碳税收入的资金建立国家专项基金，用于对改善能源效率、研究节能技术和开发低碳排放新能源等项目的扶持，支持植树造林等增汇工程项目和加强应对气候变化的国际交流与合作。

近期研究和试点碳税是一种可行的选择，对我国抑制温室气体排放、促进节能减排具有重要战略意义，是我国应对气候变化的重要政策选择。为使碳税方案不对经济发展产生较大影响，我国碳税税率宜从低方案起征，按照循序渐进的原则，逐步形成完善的碳税税制。同时，必须切实加强碳税收入的合理使用，达到碳税征收的预期激励效果。

5.7 财政工作对科技研发和技术改造的支持

5.7.1 我国科技研发和技术改造在应对气候变化中取得的成就

"八五"以来，在国家财政的支持下，我国通过国家科技攻关计划、国家高技术研究与发展计划（863 计划）、国家基础研究发展计划（973 计划）等先后组织开展了一系列与气候变化有关的科技项目，重点研究了全球气候变化预测与影响、中国未来生存环境变化趋势、全球环境变化对策与支撑技术、中国重大气候和天气灾害形成机理与预测理论，能源清洁高效利用技术，节能和提高能源效率，可再生能源和新能源开发利用技术等。同时，我国还积极参与全球环境变化的国际科技合作，如地球科学系统联盟框架下的世界气候研究计划、国际地圈—生物圈计划、国际全球变化人文因素计划和生物多样性计划等四大国际科研计划，以及全球对地观测政府间协调组织和全球气候系统观测计划等，开展了具有中国特色又兼具全球意义的全球变化基础研究。

通过上述国家科技计划的支持和国际科技合作，我国的气候变化科学研究和技术开发主要取得了以下四个方面成果：

第一，在气候变化的基础科学研究方面：建立了大气本底观测站，在温室气体观测特别是二氧化碳浓度观测方面，取得了比较显著的成果；获得了中国水稻田甲烷排放的科学数据；利用黄土、石笋、冰芯、湖芯和历史文献等开展的中国古气候研究与世界保持同步；建立了反映中国近 100 年气候变化特征的温度变化曲线；开发了具有自主产权的全球和区域气候模式并获得了国家科技进步一等奖，且已应用于气候预测业务，全球气候模式对气候变化的模拟结果写入 IPCC 第四次评估报告；对亚洲季风活动和变异及其与中国旱涝关系的研究，取得了具有国际影响的重要成果；初步构建了中国未来的区域气候变化情景。

第二，在气候变化的影响与对策方面：获得了中国农田为含碳温室气体的"弱汇"的重要结论；研制了中国随机天气模型——逐日天气发生器，发展了具自主知识产权的"农业区域影响评价模型"；建立了支持气候变化影响研究的数据库系统；编制了"农林水三部门响应全球气候变化的重要政策和行动计划知识库"软件；开展了对海平面上升最敏感的脆弱区防护对策的成本—效益分析；开发了具国际可比性的气候变化危险水平研究方法。

第三，在控制温室气体排放和减缓气候变化的技术开发和应用方面：在燃煤高效发电技术和热电联产技术、洁净煤发电技术、油田火炬资源利用技术等方面取得了一批重要成果；提高能效和节能技术在建材、钢铁、化工、建筑、交通运输（电动汽车）、矿山开发等领域得到比较广泛的应用；风能、生物质能、太阳能、水电、地热、燃料电池等可再生能源和新能源的技术研发取得许多重要进展。

第四，在气候变化的社会经济影响分析及减缓对策方面：初步分析了中国温室气体源排放和汇吸收的现状和未来趋势；研究了中国能源、工业、交通等部门减缓二氧化碳排放的潜力及其成本；比较分析了不同温室气体排放指标对中国控制温室气体排放的影响;分析了发达国家减排温室气体政策措施对中国可能产生的影响;编制完成了《气候变化国家评估报告》。

5.7.2 利用财税政策和措施支持科技研发和技术改造

第一,把刺激和放大社会对节能减排技术发展的投资需求作为节能减排高新技术产业发展的关键。为适应政府对节能减排高新技术产业管理功能强化的发展趋势,政府应弥补和消除节能减排技术资源在配置与利用中的"市场失灵",使节能减排技术资源的开发、配置与利用内化成为政府节能减排高新技术产业管理职能的重要组成部分(王治海、王宏宇,2006)。也就是说,政府管理节能减排高新技术产业不再是单纯的经济管理职能,还必须具有科技管理职能,是集经济、科技为一体的新型的管理职能形式。刺激和放大社会对节能减排技术发展的投资需求,有利于形成多元主体共同投资节能减排高新技术产业的新格局,使政府摆脱低效率的管理领域。

第二,投资建设节能减排高新产业区。投资建设节能减排高新产业区。为形成产业集群效应,政府应推进节能减排高新产业区的建设,抓好节能减排高新产业区内公共设施的投资,为节能减排高新产业区内的企业生产经营活动创造良好的外部环境。为此,政府要重点解决以下几方面问题(刘敏,2006):一是改革基础设施投资体制,多渠道筹集建设资金;二是扩大利用外资的规模,吸引国际资金,实行独资或合资方式兴建节能减排高新产业区内的基础设施;三是设立节能减排高新产业区基础设施投资基金,扩大基础设施的融资能力;四是发行节能减排高新产业区基础设施建设股票和债券,进行项目融资,扩大投资规模。

第三,采用政策引导激励措施,促进节能减排高新技术企业的发展。政府应通过宏观政策调整经济发展方向,制定有利于节能减排高新技术产业发展的产业政策,扶持新的经济增长点,扩展市场空间,引导节能减排高新科技产业的发展,将节能减排高新技术产业列为优先鼓励发展的项目,营造适于节能减排高新技术产业发展创新的政策环境。在国际贸易规则和惯例许可的框架范围内对本国节能减排高新技术产业给予必要的引导、扶持和保护,对外国的节能减排高新技术产品进入本国市场作出必要的限制性规定。同时应提供税收优惠政策,对内采取减免税收的优惠政策,对外采取关税保护政策,以帮助国内节能减排高技术企业开拓国际市场,同时防止外国节能减排高技术产品抢占国内市场。

第四，完善我国政府采购政策，支持高新技术研发。在加入 WTO 后，由于受国民待遇原则的约束，很多传统的辅助节能减排高新技术产业发展的政策使用受到限制，因而较少受到限制的政府采购政策在促进节能减排高新技术产业发展中的地位就更显重要。在现代市场经济体制下，政府作为整个市场上最大的、购买力最强的单一买家，其有目的和有导向性的购买支出活动在一定程度上能够使其成为引导整个社会生产和消费的"指挥棒"，实现对社会生产及消费的宏观调控和示范作用。对节能减排高新技术产业来说，尤其是处于幼稚期的产业，通过政府采购予以扶持非常有利于该产业的快速发展。我国目前的财力相对不足，政府采购不可能渗透到节能减排高新技术产业中的各个行业和领域。所以，我国政府应进一步突出采购方向的重点，慎重选择优先发展的行业和领域。主要对有潜力和发展前景的节能减排高新技术产业及对国民经济和社会发展起关键作用的重大科技项目要积极给予扶持。向重点扶持的产业直接进行大量采购，对其他行业的商品进行示范性采购，起到间接性的引导作用。完善的政府采购政策将使政府更好地发挥对我国节能减排高科技产业发展的"推动器"作用。

5.8　财政工作对低碳产业市场投融资的促进

5.8.1　市场投融资在应对气候变化行动中的作用

5.8.1.1　逐步构建、完善碳金融支持体系

当前，我国在投融资决策过程中应考虑潜在的环境后果，并借鉴"赤道原则"等发达国家通用的绿色信贷标准，将减排降碳纳入金融体系的服务范畴。一是要支持发展商业银行发展"绿色信贷"业务，在贷款政策方面，将低碳产业作为优先扶持项目；在贷款条件方面给予低碳产业以优惠，增加对中小企业的减排融资支持，减少并努力消除低碳经济的融资障碍。目前，商业银行运作的碳金融服务产品主要有碳基金理财产品、能效贷款和碳信托类产品等。在此基础上，国家应出台相关措施支持金融机构推出促进低碳发展金融产品，并以此提升我国金融机构的竞争力，使其能抗御外资金融机构的冲击，保有对我国碳金融市场的控制力。二是在资本市场上，可尝试为低碳

企业建立公开发行和上市的"绿色通道",优先安排具备一定资产规模和技术力量、运作规范的低碳产业上市,以尽快提高低碳上市公司在资本市场的比重。三是要利用金融工具,最大限度地放大国家减排资金投入的效果。"十一五"期间,中央财政以每年18%的增速加大环保投入,累计达到约14 000亿元。在减排资金的投入过程中,若能在低碳产业扶持政策的支持下,充分发挥金融杠杆的作用,利用先进的金融工具发挥国家投入资金的带动作用,将会进一步激活巨大的节能减排市场,有利于调整经济结构。四是要采取有效措施最大限度地规避低碳产业发展的融资风险,加强对低碳技术的独立评价,完善对低碳企业经营状况的评估机制,建立对减排效果的认定机制等,为金融机构在低碳领域的投资提供依据、切实降低投资风险并提高融资收益。

5.8.1.2 完善碳排放交易市场体系

中国作为《京都议定书》的参与方,根据共同但有区别的责任的原则,尚未承担绝对的减排义务。目前中国拥有全球最大的碳排放资源,是全球碳交易市场纯粹的卖方。据联合国开发计划署统计,中国提供的碳减排量已占到全球市场的30%以上,预计到2012年,中国出售的碳排放指标将占全球市场的40%左右。同时,未来二三十年中国低碳经济的市场规模有望达到5 000亿~10 000亿美元。尽管中国从2008年起,相继成立了北京环境交易所等交易机构,但由于这些碳交易市场主要基于项目交易,不是标准化的交易合约,加之信息不透明,中国企业在谈判中常常处于弱势地位,难以主导定价权。鉴于这种状况,我国应积极完善碳排放权交易体系,建立区域性和全国性的排放权市场,整合资源信息,降低交易成本,为国民经济向低碳方向转型和维护国家利益提供支撑。

5.8.2 利用财税政策和措施促进低碳产业市场投融资

5.8.2.1 努力缓解低碳企业经营压力

缓解低碳企业经营压力的主要财政措施包括:一是加大资金扶持力度,重点支持信用担保机构开展低碳企业贷款担保业务;二是多次提高低碳部分产品的出口退税率,使涉及相关产品的低碳企业得到实惠;三是及时出台办法,明确低碳企业不良贷款处置办法,增强金融机构化解不良资产的能力,同时引导金融机构加大对低碳企业的贷款投放力度；四是清理行政事业性收费，减轻企业和社会负担。这些措施实施以来，成效已陆续显现。

为缓解低碳企业融资瓶颈，中央财政通过执行担保业务补助资金，资助了300余家企业信用担保机构。中央财政担保业务补助资金政策显示出较强的示范效应，地方各级财政纷纷进一步加大了对低碳企业政策扶持力度，重点用于支持低碳企业信用担保体系建设，以及鼓励金融机构增加低碳企业贷款规模等方面。地方财政在效仿中央财政补助资金政策的基础上，还因地制宜探索实施了准备金补助、业绩奖励、风险补偿等多种扶持方式。如江苏省出台了低碳企业信用担保机构增资补助办法；江西省试行了低碳企业信用担保机构管理平台的孵化融资模式。与此同时，部分地方财政出资设立了低碳企业信用再担保机构，以发挥其增强信用和分担风险的功能。

5.8.2.2　推进低碳企业信用担保

目前，由于大量低碳企业资产规模较小、经营管理能力较弱、资信等级不高，商业银行出于强化风险控制、降低管理成本等要求，加之缺乏有效的低碳企业信贷激励机制等，更青睐将资金投放于传统大型企业，致使低碳企业获取银行贷款的规模十分有限，低碳企业融资难与银行放贷难的问题同时存在。低碳企业信用担保通过信用保证的方式，为低碳企业与银行之间架起了一座资金融通的桥梁。

一方面，信用担保有利于银行控制风险、降低管理成本、扩大对低碳企业的信贷规模。管理规范的低碳企业信用担保机构具有严密的风险管理措施，在担保对象的准入门槛、融资担保规模的控制、反担保措施的落实、担保运作程序等方面，均有明确的管理规程，并在工作中严格执行。信用担保介入低碳企业贷款业务后，将从道德、财务、市场、政策、过程等方面对受保低碳企业、企业业主和主要经营者实施全方位的考核和监控，与银行注重企业财务报表、严格考核企业财务风险的信贷管理体系形成优势互补，提高了对信贷风险的防范水平。同时，信用担保的参与，增加了风险承担者，并在一定程度上降低了贷款管理成本，有利于增强银行贷款的信心，扩大对低碳企业的贷款规模。

另一方面，信用担保有利于提高低碳企业信用等级和融资能力。经营规范、运作专业、社会公信力强的低碳企业信用担保机构，具有较强的风险识别、控制和化解能力，协作银行对其具有较高的信任度。因此，由上述机构提供信用担保，将为低碳企业贷款起到信用加级的作用。此外，担保机构除为受保企业提供融资担保服务外，通常发挥其信息量大、人才多的优势，为低碳企业提供市场、技术、质量、财务、信用等方面的咨询和指导，有利于促进低碳企业增强信用意识、规范管理、开拓市场，实现可持续发展。在此条件下，低碳企业的融资能力也将大大提高。

5.9 应对气候变化财经国际合作

气候变化问题是人类可持续发展面临的严峻挑战，是国际社会关注的焦点。中国高度重视气候变化问题，已采取与应对气候变化相关的政策与措施，包括一系列支持和促进应对气候变化和低碳发展的财税政策和措施，以及发展创新机制，并积极利用应对气候变化国际合作资金开展应对气候变化和低碳发展，取得了大量成果，为应对全球气候变化作出了不懈努力和积极贡献。本书的第3、4、6章对此从不同方面予以了介绍。

中国将继续本着对人类、对未来高度负责的态度，结合本国国情，继续开展应对气候变化的各项工作，进一步提高应对气候变化的能力。

6

市场机制投融资和应对气候变化

在市场经济的条件下，市场在资源配置中发挥着基础性的作用。市场机制是市场运行的实现机制，它作为一种经济运行机制，通过供求机制、价格机制、竞争机制等手段，引导企业和个人的行为，调节市场的供给和需求，实现并优化资源配置。

6.1 金融发展和应对气候变化

6.1.1 金融和社会经济发展

金融是指资金的融通，是货币流通和信用活动以及与之相联系的经济活动的总称。广义的金融泛指一切与信用货币的发行、保管、兑换、结算、融通有关的经济活动，狭义的金融专指信用货币的融通（黄达，2009）。

在经济的发展过程中，以货币为媒介的商品交换打破了直接物物交换中买卖双方在时空上的限制。随后，信用的发展又令货币与商品的交换在时空上的限制进一步放开，即使交换双方在商品所有权转移后市场仍继续存在，货币也逐渐作为一种可有偿转让的特殊商品，成为市场交易对象之一。于是，资本成为从商品流通中独立出的一种特殊商品，金融也因此开始具有真正意义。然后，金融工具逐步由单一的货币形式发展为货币、商业票据、股票债券等多种形式并存，出现了专门经营金融业务的金融机构以及从事金融活动的金融市场，金融开始由最初中介商品交换的辅助工具逐渐发展成为经济活动中一个相对独立的因素，通过其自身的货币发行、信用创造、资源配置等功能影响着社会再生产和经济发展的速度和质量[1]。

随着社会经济的快速发展，金融已经成为独立的运行体系，是现代经济的血液和核心。通过改革开放，我国金融业基本建立起了与社会主义市场经济体制相适应的现代金融组织体系、金融市场体系和金融调控监管体系，金融业总资产大幅增长，资本实力、资产质量和经营效益不断提高，一些国内金融机构已跻身全球大型金融机构行列，并在支持经济社会发展、深化体制改革和维护社会稳定中发挥了重要作用。

金融发展和社会经济发展紧密关联。所谓金融发展，简单来讲就是指金融业为适应社会经济的发展而对金融机构结构、金融工具结构等金融结构作出的相应调整与变化，其目的是为社会经济发展创造更优越的金融条件。金融发展程度越高，金融工具和金融机构的数量、种类就越多，金融的效率也就越高。所以，金融的创新离不开经济的发展，因为任何一项创新都基于经济的发展，生产力水平的提高决定了创新水平的提高。同时，经济发展又受制于金融发展，因为良好的金融体系可以不断刺激经济的发展。对于这种紧密联系，在应对金融危机背景下我国继续保持良好发展就是一个典型案例。

2008 年世界经济、金融形势复杂多变，美国次贷危机引发国际金融危机，并导致全球实体经济进入严重衰退，全球金融市场出现剧烈动荡。我国国内也接连经历了冰雪、地震等重大自然灾害的严峻考验。在复杂的国际国内形势下，党中央、国务院及时调整经济金融政策，出台多项措施扩大内需，稳定对外出口，有效缓解了经济衰退和重大自然灾害事件对我国经济社会的冲击，确保了国民经济平稳较快增长。我国金融市场仍然保持了快速健康的发展势头，并呈现出以下特点：金融市场总成交量继续增长，达到历史最高水平；金融风险加大，金融市场的规避风险功能充分发挥；市场参与主体规模扩大，投资者更趋多元化；市场制度建设稳步推进，确保了市场规范有序运行；交易产品和工具日益丰富，市场创新取得重要进展。整体而言，我国金融市场的宽度和厚度不断增加，市场建设正在向透明高效、结构合理、机制健全、功能完善和运行安全等目标不断迈进[2]。

回到气候变化问题作为发展问题的本质，应对气候变化从根本上还要依靠经济社会的发展。作为宏观经济调控和微观经济操作的重要手段，金融成

---

1 金融与经济发展的关系 . http：//www. taojz. com/thesis－104251. html. 2010－03－25
2 中国人民银行 . 2008 年中国金融市场发展报告

为实现这一目标的重要工具。一方面,国际社会公认,气候变化问题已经渗透到经济社会发展的各个领域、各个层面、各类主体和各种活动。另一方面,世界经济发展史反复证明,金融是经济发展的核心力量之一,能够调剂资金余缺、优化资源配置和调节经济发展速度。金融的发展不是孤立的,已经渗透到了各领域、层面、主体和活动中,同时也受到各领域、层面、主体和活动的影响。应对气候变化要求调整经济结构,改变经济增长方式,开拓性地把应对气候变化因素引入到金融活动包括金融创新中,是大势所趋。

6.1.2 绿色投资

随着环境问题的日益严重,环境对发展的制约愈发凸显。为此,一些国家的政府和民间组织积极倡导社会责任投资——绿色投资,旨在保护人类生存环境和自然资源,实现经济的可持续发展。

随着全球经济的飞速发展,作为工业化发展传统动力的化石能源被大量开发和使用,温室气体排放量也随之增长,气候变暖导致的极端气候事件频繁发生,人类与自然的矛盾日益加剧。在发展市场经济过程中,资源和环境保护一直是我国的一项基本国策。依据中国的国情,为了转变经济增长方式,保护自然和环境,实现人类的健康生活和社会经济的持续发展,我们应该在科学发展观的指导下,积极倡导和推动绿色投资。

6.1.2.1 绿色投资的含义

绿色投资是当代经济中一种基于可持续发展理念的新型投资。这种投资顺应了可持续发展的要求,以实现生态系统良性循环、社会经济可持续发展、人与自然和谐为目的,通过贯彻生态理念和环境保护思想,达到人与自然环境共赢。

目前,绿色投资理论还在初始发展阶段,理论界还没有定论。从已有的研究成果看,对绿色投资的理解主要分为三类:第一类是在论述可持续发展、环境保护、生态产业时,提出建立绿色投资制度的建议,将绿色投资与绿色消费、绿色产品、绿色流通、绿色税收等结合在一起进行研究(孟耀,2008)。我国关于绿色投资的研究多在此类。第二类是西方学者和产业界的观点。西方国家的学者主要是从企业的社会责任角度出发,通常把绿色投资称做"社会责任投资",认为它是一种基于环境准则、社会准则、金钱回报准则的投资活动，考虑了经济、社会、环境三重底线，或称做三重盈余，又叫做"三重盈余"投资（温素斌等，2005）。"社会责任投资"实际上是一种金融投资，为新能源以及环保企业和重要的社区服务提供资本。在当前气候变暖和环境问题日趋严重的情况下，"社会责任投资"综合考虑了社会、经济和环境因素，激励企业在追求经济利益的同时，能够担负起相应的社会责任，从而为投资者和社会带来持续发展的价值。第三类则把绿色投资同生态学、经济仿生学、持续发展理论建立密切联系。这些观点从不同角度对绿色投资进行了描述，既存在着共同点，也存在着差异。共同点在于，三类观点都认为企业在发展的过程中，应该兼顾经济利益与社会责任，所不同的是他们各有侧重。目前，操作层面的绿色投资研究仍有待在探索实践中继续深入。

综合来看，我们可从三个层次理解绿色投资。第一，它要求投资者具有环保意识，注重人与自然的和谐发展。第二，它要求投资者担负起社会责任，并将投资的社会效益（包括经济增长、就业增加、人体健康、环境问题解决、和平发展等）列为投资目标之一。第三，作为经济社会的基本单元，企业和投资者在保证前两点的基础上，努力创造经济效益，增加绿色国内生产总值（孟耀，2008）。

6.1.2.2 绿色投资的基本原则

绿色投资要实现环境保护、资源节约、经济效益和公平正义的协调统筹发展，最终实现社会的可持续发展。这些方面相互联系，相互渗透，构成绿色投资的一些基本原则（孟耀，2008）。

环境保护原则。指在投资活动中，把环境保护作为首要原则，做到投资开发与环境保护相结合，在发展的同时不会对环境和生态系统构成威胁，杜绝走"先污染，后治理"的道路。我们在作出投资决策之前，首先要考虑投资开发活动对大自然造成的影响是否在大自然自身恢复范围之内，如果超出了这个范围，人类就不要贸然进行投资开发和损害自然环境的活动。

资源节约原则。指按照循环经济的原则要求，节约资源和对物质进行综合利用，提高资源利用效率，以便保护资源，实现可持续发展。目前，对循环经济基本原则比较权威的叙述是"减量化、资源化、再利用"的"3R"原则。该原则是循环经济的核心内容，而实行清洁生产方式，开发使用可再生能源，减少资源使用和浪费，减少温室气体排放就成为发展循环经济的基本要求和必由之路。

经济效益原则。绿色投资不能仅顾全社会效益和环境效益，追求经济利益是其追逐的根本。也就是说，投资者通过投入产出核算，降低成本，增加盈利，取得理想的经济效果。经济效益原则使绿色投资活动具有经济利益的激励，而不是单独具有伦理价值，绿色投资活动才可能具有持久的动力。追求环境效益与追求经济效益二者并不矛盾，可以相辅相成，互相促进。

公平正义原则。要求投资者的资金投向那些促进社会公平、正义、和平的事业，而不是有损人类健康、导致社会分裂、战争威胁以及造成社会两极分化、冲突的领域。公平正义原则是绿色投资最初的出发点，在投资中，公平正义性也是投资者获得长期收益的基本条件，因为那些破坏人类基本生存环境的投资行为是得不到大多数人支持的，没有持久性。

6.1.3　绿色投资的延伸——低碳发展投资

从广义来讲，环境问题是指人类活动导致大气、水、海洋、土地、矿藏、森林、草原、野生动物、自然遗迹等产生变化，从而影响人类的生产、生活和健康。在这个意义上看，随着经济全球化发展，环境问题已从局地或区域问题演变成为全球问题。在全球变暖为主要特征的气候变化威胁下，温室气体排放和化石能源的日渐枯竭引起了许多国家政府和社会各界的密切关注。为此，针对控制和减少温室气体排放的低碳发展投资应运而生，成为致力于解决环境问题的绿色投资的延伸。

6.1.3.1　低碳发展投资的背景

发展低碳经济需要大量资金支持。从企业决策看，由于节约资源、提高资源利用率和保护生态环境具有外部经济性，而且企业在实行低碳经济措施时，经济效益不明显，因此积极性不高，一些节能环保措施是在有关法律法规的强制下实施的。因为缺乏企业的参与，低碳经济难以形成规模化发展。

低碳发展投资，简单地讲，是为发展低碳经济而进行的投资，旨在减少温室气体排放，开发和利用清洁能源。

低碳发展作为控制和减少温室气体排放的解决方案，作为可持续发展的一个重要组成部分，已经为世界各国所认同，成为世界发展潮流。在此背景下，"低碳发展"、"低碳社会"、"低碳城市"、"低碳世界"、"低碳技术"、

"低碳生活方式"、"碳足迹"等一系列新概念、新政策应运而生。在低碳发展中，能源与经济以至价值观实行大变革的结果，可能为人类发展生态文明开创一条新路，即摒弃20世纪的传统增长模式，直接应用21世纪的创新技术与创新机制，通过低碳经济模式与低碳生活方式，实现社会的可持续发展。低碳发展投资是这条路上的加油站，为经济社会发展源源不断地输送动力。

6.1.3.2 低碳发展投资参与者

低碳发展投资，顾名思义，是一种金融活动，但它的参与主体并不限于金融机构。按照低碳发展投资资金的来源和决策方式，低碳发展投资的参与者可以包括政府、金融机构、企业、公众和社会团体、国际组织和机构等。

（1）政府

政府是一个国家和地区的管理者，包括中央政府和地方政府，分别负责国家和地方的日常事务和重大决策。政府的主要职能是其政治职能和经济职能，经济职能是对社会经济进行管理，建立一个保证经济正常运行的宏观经济环境，对经济进行宏观管理和调控。政府宏观管理和调控的目标是促进经济增长、实现充分就业、保证通货稳定及实现国际收支平衡，随着可持续发展战略的实行，控制和减少温室气体排放量也逐渐成为了社会经济发展的指标之一。例如，我国政府已经提出，2020年中国控制温室气体排放的行动目标为单位GDP的CO_2排放将比2005年降低40%～45%。这充分显示了我国政府在应对气候变化和低碳发展方面的决心。

资源和环境是一个国家和地区的经济发展的自然资本，是保障人民生产和生活的基本条件。如果温室气体排放超过了其在大气中的正常浓度，将导致温室效应增强，造成全球气候变暖，从而带来一系列极端气候事件的频发，破坏了人类的正常生存环境，那么人们就无法继续安定的生产和生活。此外，如果资源短缺或者枯竭，经济发展的源源动力就会丧失。因此，在世界人口剧增，经济规模急剧扩大的情势下，国际社会把控制和减少温室气体排放量作为一个极其重要的问题。

在这种情况下，政府必须首先承担起保护环境、减少温室气体排放的重任。进行低碳发展投资，寻求低碳发展之路是政府的责任。出于对国家能源安全和经济可持续发展的要求和考虑，许多国家的政府已将发展清洁能源和低碳经济提上议事日程。同时，政府也要积极支持开展能力建设，为社会资金参与创造良好条件。

（2）金融机构

低碳发展投资，顾名思义，是一种金融活动，其最重要的主体之一必然是金融机构。金融机构包括中央银行、政策性银行、商业银行等银行金融机构，也包括证券公司、保险公司、信托投资公司、基金管理公司等非银行性金融机构。20世纪80年代以来，随着经济的高速发展，金融市场的快速繁荣，投资途径的日益增加，银行业竞争的不断加剧，为了提高自身的市场竞争力和综合实力，商业银行突破原有的专业化业务分工，其金融业务经营越来越呈现全面化和多样性的特点，银行业与证券、保险、信托等其他金融机构之间的界限逐渐模糊，相互联系和相互竞争也越来越明朗化。因此，无论是商业银行，还是非银行性金融机构，其业务都在不同程度上涉及商业性投资。在气候变化和环境问题日益受到重视的背景下，与环境相关的绿色投资及低碳发展投资成为新的经济亮点，并被称为朝阳领域，各类金融机构高度关注，并纷纷开始涉足。

（3）企业

企业是节约资源，切实落实低碳发展的主体，也是低碳发展投资的最重要主体。企业是生产经营的主体，是最直接的GDP创造者，同时也是最大的资源使用者，因而对资源和环境的影响也最直接和最大。

温室气体的主要来源之一是企业所从事的生产活动。为了尽快摆脱贫困，经济的快速发展成为各国政府的首要目标，工业革命以来，人类走了一条"先污染，后治理"的道路，以牺牲环境为代价片面追求GDP的增长。其中，企业在生产中消耗大量的能源，排放大量的温室气体。为低碳发展，企业必须从源头预防，把治理资金投在生产阶段，从生产阶段控制污染，同时实行清洁生产技术，减少化石能源的消耗和温室气体的排放，企业开始由被动治理转变为主动减少排放。

企业是从事生产、流通、服务等经济活动，以生产或服务满足社会需要，实行自主经营、独立核算、依法设立的一种盈利性的经济组织，盈利是企业从事经济活动的根本目的。企业进行低碳发展投资，通常是在利益的驱动下进行的。只有在政府管理部门环境法律法规的约束和相关政策措施的激励下，在低碳发展投资收益的引导下，低碳发展投资的供给才能源源不断。

（4）公众和社会团体

公众和由公众组成的社会团体也是低碳发展投资的重要主体，并且在低碳发展投资中的作用不断加强。公众通过投资于低碳发展基金等进行低碳发展投资。

社会团体的投资方式则分为两种：一种是直接投资，具体来讲是由社会团体直接对温室气体减排相关技术、设备或企业进行投资；另一种是间接投资，即和公众一样，通过参与金融市场，对低碳发展基金进行投资。

（5）国际组织和机构

低碳发展投资具有前景好，潜在收益率高的特点，不仅吸引国内的公众和企业投资，还对国际资本具有吸引力。此外，一些国际发展机构和国际金融机构重视社会责任问题，对那些促进人类健康、和平、生存环境等方面的事业，提供优惠贷款和赠款，如前面提到的 GEF 等，发挥了引导和示范作用。

6.1.4　绿色投资的实践探索

为了自身的利益和社会形象，各金融机构纷纷将环境标准列入其评估项目投融资的行业基准内。其中，以《赤道原则》的认知度最高，随后又出现了《气候原则》。

6.1.4.1　《赤道原则》的诞生

《赤道原则》是 2002 年 10 月由世界银行集团下属的国际金融公司和荷兰银行根据国际金融公司和世界银行的政策与指南建立的金融行业基准，旨在判断、评估和管理项目融资中的环境与社会风险。它广泛运用于国际融资实践，并在一定程度上发展成为行业惯例。

2003 年 6 月，花旗银行、巴克莱银行、荷兰银行和西德意志州立银行等 10 家国际银行（分属于 7 个国家）宣布实行《赤道原则》。随后，汇丰银行、大通摩根、渣打银行和美洲银行等世界知名金融机构也纷纷接受这些原则。截至 2008 年 9 月，实行《赤道原则》的金融机构（以下称"赤道银行"）已有 61 家，还有许多金融机构正在观望。目前赤道银行的数量看似不多，但它们都是世界大型和特大型金融机构，在全球的业务量和影响巨大。截至 2005 年 11 月，当时的 35 家赤道银行就约占全球项目融资总额的

90%，而且，其中既有发达国家的成员，也有发展中国家的成员，它们在全球五大洲 100 多个国家都设有营业机构。

对于银行业来说，《赤道原则》犹如一个重要的里程碑，它第一次把项目融资中模糊的环境和社会标准明确化、具体化，使整个银行业的环境与社会标准得到基本统一，有利于平整"游戏场地"，也有利于形成良性循环，提升整个行业的道德水准。对单个银行来说，接受《赤道原则》有利于获取或维持好的声誉，保护市场份额，也有利于良好的公司治理和对金融风险进行科学、准确的评估，同时也能减少项目的政治风险。对于整个社会来说，可以使环境与社会可持续发展战略落到实处。赤道银行客观上成为保护环境与社会的私家代理人，在很大程度上发挥了金融在绿色发展中的核心作用。

6.1.4.2　《赤道原则》框架与主要内容

《赤道原则》文件主要包括序言和原则声明两部分。序言部分主要对与《赤道原则》有关的问题作了简要说明，包括《赤道原则》出台的动因、宗旨、意义、目的以及赤道银行的一般承诺。原则声明部分列举了赤道银行作出融资决定时需依据的特别条款和条件，共 9 条，即 9 项原则（赤道银行承诺只把贷款提供给符合这 9 个条件的项目）。

第 1 条规定了项目风险的分类依据，即根据国际金融公司的环境与社会审查标准而制定的内部指南。根据这些依据，《赤道原则》设置了 A、B、C 三类分别针对高、中、低环境或社会风险的项目。

第 2 条规定了两种类型项目（A 类项目和 B 类项目）的环境评估要求，包括环境影响评估、社会影响评估和健康影响评估以及更深层次的要求。

第 3 条规定了环境评估报告应包括的主要内容。这是《赤道原则》的核心部分，共 17 项。这一条下面还有一个注释，规定环境评估要提供关于遵守东道国现行的法律、法规和项目要求的许可以及世界银行和国际金融公司预防和减少污染指南的说明，对于在低收入和中等收入国家开展的项目还需进一步考虑国际金融公司的保全政策。

第 4 条规定了环境管理方案要求。适用对象是 A 类项目（在适当的情况下包括 B 类项目），内容是环境和社会风险的降低、行动方案、监控和管理以及计划表。

第 5 条规定了向公众征询意见制度。A 类项目（在适当的情况下包括 B

类项目）的借款人或第三方机构要用各种适当的方式向受项目影响的个人和团体（包括土著民族和当地的非政府组织）征求意见。环境评估报告或其摘要要在合理的最短时间内，以当地语言和文化上合适的方式为公众所获得。环境评估和环境管理方案要考虑公众的这些意见，对于 A 类项目还需独立的专家审查。

第 6 条规定了借款人的约定事项。要求遵守项目建设和运营过程中的环境管理方案，定期提供由本单位职员或第三方机构准备的有关环境管理方案遵守情况的报告。在适当的情况下，还需定期提供根据商定的拆除方案拆除设施的报告。

第 7 条规定了补充监督和报告服务，由贷款人聘请的独立环境专家提供。

第 8 条规定了违约救济制度。如果借款人没有遵守环境和社会约定，赤道银行将会迫使借款人尽力寻求解决办法继续履行。

第 9 条规定了《赤道原则》的适用范围，即只适用于总融资 5 000 万美元以上的项目。

6.1.4.3 《气候原则》

《气候原则》是由国际非营利机构——气候组织提出的针对金融行业应对气候变化的行业准则。

气候组织成立于 2004 年，是一家独立的国际非营利机构，致力于推动各国政府部门和工商企业发挥领导作用以应对气候变化，通过推广温室气体减排的最佳实践，推动全球走上低碳经济发展道路。该组织在成立之初便获得了英国首相布莱尔和来自北美、欧洲和澳大利亚的 20 位商业精英和政府领袖的支持。气候组织总部设在英国，并在美国、中国、澳大利亚、印度设立了办公室。

《气候原则》的主要内容包括：企业承诺降低自身运营的碳足迹，并且将应气候变化带来的机遇和风险纳入到商业策略中，包括产品研发、资产管理、零售、保险以及融资项目等。它的四个特点是：环境高标准、全球统一标准、高透明度以及行业大行动。《气候原则》由监管委员会直接管理，主席人选由成员机构推荐产生，并在气候组织设立秘书处；秘书处将负责监管委员会的日常行政工作，并且每年对机构成员对《气候原则》的履行状况进行审阅。

《气候原则》旨在制定一个金融行业应对气候变化的行业准则，设计全球第一个指导金融机构全面有效开展气候变化风险与机遇管理的框架。不仅包括金融部门自身的碳排放管理，同时也包括金融机构帮助其客户和利益相关人进行碳风险与机遇管理。相对于《赤道原则》关注金融机构的项目融资风险来说，它的外延更为广泛。气候组织在西方政界和商界拥有有影响力的支持者，这为《气候原则》在一些国家和机构获得认知提供了一定的基础。但是，这一原则也受到了一些指责，被认为是一个缺乏个性的准则。2008 年金融危机的到来，也使《气候原则》在金融机构中的推广活动受到不利影响。

6.1.4.4　绿色投资的实践探索

全球问题需要全球应对。从行业的角度尽早地认识气候变化问题带来的机遇和挑战，对这个行业的未来发展有着至关重要的作用。《赤道原则》和《气候原则》的实践探索对于绿色投资，对于低碳发展投资，对于金融界参与应对气候变化行动，都具有非常重要的借鉴意义。

（1）《赤道原则》的实践探索

2003 年 6 月以后，《赤道原则》就直接运用于世界上绝大多数大中型和特大型项目中，尽管有些项目在是否符合《赤道原则》方面颇有争议。从应用《赤道原则》的融资实践中，可以大致归纳出《赤道原则》的一些主要特点。

第一，在《赤道原则》的运用过程中，赤道银行实际在一定程度上成了环境和社会保护的民间代理人。一般来说，全球环境治理是国家通过签署、批准多边环境条约和协定并适用于一国境内的自然人、法人和其他组织来进行，而《赤道原则》中，环境和社会保护的义务主体是赤道银行，而不是国家，其依据是一个特殊的金融文件，而不是国际条约和协定。赤道银行通过督促项目的发起人和借款人，直接监督环境和社会标准在项目中的应用，从而实现保护社会和环境的目的。《赤道原则》的应用只受项目融资这个条件的限制，而不受国界的限制。赤道银行的环境和社会保护行为与官方的行为相呼应，成为一支强大的民间力量。

第二，在实践中，《赤道原则》已经在一定程度上发展成为行业惯例。它不是一个国际条约，也没有形成一个国际组织。接受这些原则的金融机构无需加盟，也无需签订协议，只需各自宣布已经或将要建立与该原则一致的内部政策和程序。《赤道原则》的建立者并不想创造一个银行集团或者一个封闭式的俱乐部，而是想建造一个有吸引力的"尽可能宽广的教堂"。《赤道原则》本身没有授予任何组织和个人强制执行的权利，因而法律拘束力并不强，但它已经成为国际项目融资的社会和环境方面的行业标准和行业惯例，使它具有一种无形的威慑力，它使银行意识到这是一个不得不遵守的行业准则，它虽不具备法律条文的效力，但它具有约定俗成的无法抗拒的影响力，谁忽视它就会感觉到在国际项目融资市场中步履艰难，甚至可能会被迫退出国际项目融资市场。

第三，非政府组织是监督《赤道原则》实施的主要力量。非政府组织有强大的社会影响力和公信力。西方国家的社会利益制衡机制中离不开非政府组织，它们的银行长期面临来自劳工、环保和人权非政府组织的压力。有一些非政府组织甚至专门盯住银行业务活动。非政府组织的积极参与可以使银行逐步认识到，如果不处理项目融资引发的环境和社会问题，就有可能威胁它们的业务。在《赤道原则》的起草过程中，银行不断与非政府组织磋商。在执行中，《赤道原则》也离不开非政府组织的参与，因为《赤道原则》是一套自愿性的指南，缺乏强制执行机制和机构，此时非政府组织的监督尤为重要。在《赤道原则》的实施过程中，非政府组织发挥了巨大的作用。非政府组织提出的异议，赤道银行要积极回应。

第四，在实施过程中，赤道银行的中心工作是进行审慎性审核调查。首先，要审查是否是项目融资，因为《赤道原则》只适用于项目融资，而不适用于公司融资。其次，要审查分类是否准确，赤道银行用通用术语把项目分为针对高、中、低环境或社会风险的 A 类、B 类或 C 类。对 A 类和 B 类项目，借款人要完成一份《环境评估报告》，说明怎样解决在分类过程中确定的环境和社会问题。在与当地有关利益相关者进行适当磋商之后，A 类项目（在适当的情况下包括 B 类项目）必须完成以减轻污染与监控环境和社会风险为内容的《环境管理方案》。最后，要对《环境评估报告》、《环境管理方案》和贷款协议进行形式和实质审查，如文件中的条款是否完备，内容是否恰当，主要审查内容是这些文件是否充分考虑到环境与社会问题，是否违反了《赤道原则》。在审查时，不只限于发起人提供的材料和专家，而是要自己委派专家进行独立调查，核实得到的材料，以确定环境和社会风险系数。《赤道原则》虽然以国际金融公司和世界银行的环境与社会政策为基础，但赤道银行不能对它们行使追索权。所以，即使赤道银行和国际金融公司及世界银行是同一项目的贷款主体，也要各自进行审慎性审核调查。

（2）《气候原则》的实践探索

2008 年 12 月，首批五家欧洲金融机构宣布加入《气候原则》。这五家金融机构分别是：汇丰银行、法国农业信贷银行、慕尼黑再保险公司、渣打银行和瑞士再保险公司。

在这五家金融机构中，瑞士再保险公司在气候变化领域尤为活跃。该公司与印度的小额贷款机构合作，为农民提供与季风雨降雨量相关的"天气保值"保险。一个社区每年只要支付 1 600 美元的保险费，灾情发生时，就可获得最高金额为 15 万美元的赔偿。

联合国环境署 2006 年发布的《气候变化中的适应性和脆弱性—金融业的作用》报告指出：气候变化导致的极端天气情况造成的经济损失，每隔 12 年就要增加一倍，今后 30～40 年间，干旱、风暴、洪水造成的损失将达到每年 1 万亿美元。为此，应建立新型的保险和融资服务来应对这种情况。瑞士再保险在《气候原则》下的活动不失为对此的一种探索。

6.1.4.5 气候变化视角下的金融机构创新

近期，国内有研究者对全球 93 家商业银行进行创新、开展"碳中性"实践的状况进行比较研究（王卉彤，2008）。其中 90 家来自全球 100 强银行，包括我国 5 家银行，分别是中国工商银行、中国建设银行、中国银行、中国农业银行和交通银行，另 3 家为全球 200 强中的非洲银行。

这项研究根据近年来商业银行从经营理念、管理体系、银行业务、银行产品、报告制度等多个方面进行创新，开展"碳中性"实践的事实，将商业银行的"碳中性"实践分为五个阶段：重度忽视温室气体排放阶段（Ⅰ），轻度忽视温室气体排放阶段（Ⅱ），开始"碳中性"实践阶段（Ⅲ），积极开展"碳中性"实践阶段（Ⅳ），实现"碳中性"阶段（Ⅴ）。调查信息主要来自各商业银行可持续发展报告或企业社会责任报告、银行年度报告、银行官方网站的相关信息。

研究结果表明，在银行层面，处于 Ⅴ 阶段的商业银行有 6 家，占 6.45%；处于 Ⅳ 阶段的商业银行有 25 家，占 26.88%；处于 Ⅲ 阶段的商业银行有 22 家，占 23.66%；处于 Ⅱ 阶段的商业银行有 23 家，占 24.73%；处于 Ⅰ 阶段的商业银行有 17 家，占 18.28%。我国的四家银行都处在 Ⅱ 阶段，且开展"碳中性"实践的平均得分远低于世界平均水平。

在国家层面，样本银行来自 25 个国家。其中，荷兰 1 个国家的商业银行处于 V 阶段；爱尔兰、英国、比利时、瑞士 4 个国家的商业银行处于 Ⅳ 阶段；希腊、南非、西班牙、法国、意大利、瑞典、丹麦、挪威、日本、加拿大、澳大利亚 11 个国家的商业银行处于 Ⅲ 阶段；奥地利、巴西、韩国、美国、德国、中国 6 个国家的商业银行处于 Ⅱ 阶段；俄罗斯、新加坡、印度 3 个国家的商业银行处于 Ⅰ 阶段。

在区域层面，样本银行划分为 12 个小区域。没有任何一个区域的商业银行处于 V 阶段；西欧 1 个区域的商业银行处于 Ⅳ 阶段；大洋洲、北欧、北美、中欧、南欧、南非 6 个区域的商业银行处于 Ⅲ 阶段；东亚、拉丁美洲 2 个区域的商业银行处于 Ⅱ 阶段；南亚、东南亚、东欧 3 个区域的商业银行处于 Ⅰ 阶段。

总体而言，全球的这些主要商业银行处于"开始'碳中性'实践"阶段，银行除了关注其产品和服务所产生的经济业绩，也开始关注温室气体减排业绩、环境业绩；已经开始建立内部环境管理体系、加强信贷业务的环境风险评估、对低碳消耗项目优先提供贷款，但还不能够从温室气体减排和环境保护的行为中寻找商机，也还不能充分发挥其潜力积极开发各种低碳银行产品和服务，推动低碳经济发展。

6.1.4.6 我国的绿色投资前景[1]

绿色投资将成为今后我国投资战略调整的必然选择，在当前形势下，金融机构投资环保领域既符合国家的产业政策和环保政策，也会得到良好的回报。

把环保产业作为战略性新兴产业来发展，不仅是改善环境质量、实现长远发展的重要抉择，而且是调整结构的现实任务。随着产业结构调整力度的加大，一些传统的高耗能、高污染产业将会逐步萎缩，而环保产业将随着节能环保技术的大量开发成为新的经济增长点。近年来，我国环保产业发展速度不断加快，整体水平有了大幅度提升，环保产业总体规模迅速扩大，已经基本形成了门类齐全的产业体系。然而，就当前我国环保产业发展的整体水平而言，尚不能完全适应我国节能减排工作的需要，环保产业发展还有大量

1　冯永锋. 2009. "绿色投资"将与环保产业"双赢". http：//www.eedu.org.cn/news/info/hb/200912/42818.html. 2010 - 03 - 26

的工作需要开展。"十二五"期间，环保投资力度将进一步加大，我国环保产业将迎来更为广阔的发展空间。据初步预测，"十二五"期间环保投资为3万亿元以上，其中，环境污染治理设施运行费用将达到1万亿元左右。在政策推动下，我国环保产业在未来一段时期仍将保持年均15%～20%的复合增长率，预计"十二五"期间环保产业产值可达4.9万亿元左右。

金融投向将成为影响环保产业发展的一个重要因素，金融行业与环保产业间的良好合作，将有利于金融机构加快调整信贷结构，加大对环保企业的金融支持力度，有利于环保企业的创新发展，做大做强，也有利于我国环保企业"走出去"战略的实施，推动我国环保产业发展的国际化进程，提升我国环保产业的国际竞争力。

在环保产业中，有相当一部分直接和低碳发展紧密相关。透过环保产业的发展前景，我们可以在一定程度上看到金融投向对于低碳发展的重要性。

6.2 应对气候变化的企业参与和公共－私营部门伙伴关系

6.2.1 企业参与和应对气候变化

6.2.1.1 市场经济中企业和政府的作用

市场是现代社会经济运行的基础调节者，劳动、资本、土地等要素资源的配置都是通过市场实现的。市场能够最大限度地实现人们的经济意愿，降低交易成本，提高经济运作效率。但是，市场并不能有效解决环境、生态、社会公平等经济的外部性问题，也不能合理提供文化、制度、伦理、道德等非要素性资源的供给。此外，社会公共产品和服务，以及宏观经济的稳定、协调发展，市场机制也无法有效解决。这些方面政府却可以大显身手，大有作为。

企业作为现代市场经济运行的微观主体，其使命是以尽可能小的代价和风险不断地为社会创造取之不尽的财富。企业具有相对灵活的分配机制，利于凝聚一流的人才团队，通过对生产性知识资源、专业化科学技术和生产能力的积累、占有、使用与不断创新，掌握最先进的科学技术，创造独具魅力的企业品牌，生产物美价廉、适合社会需求的产品，以实现其利润最大化。企业追求效率但不能兼顾公平；要求有序竞争，但无力保障市场秩序；渴望降低、转移或分散风险却不能自己实现。所以企业一方面希望通过市场机制实现效率、分散风险、降低成本，另一方面希望政府依法维护市场秩序，保障公平竞争。

政府作为社会经济运行的宏观调控者，能以法律手段维护并实现社会公平。主观性和计划性，既是政府的缺点，同时又是它的优势。政府的使命就是要通过发挥政府部门的职能，为企业、市场和社会提供合理的制度和文化资源，为先进的思想观念、科学技术和文化的健康发展，为企业的健康成长，为充分释放人和生产要素的潜能营造宽松自由的社会政治环境，降低体制成本，提高经济运行效能。但经济发展的历史与实践证明，离开市场机制，政府并不能有效地解决降低交易成本的问题；离开企业，政府对生产效率问题也将束手无策。所以"看得见的手"——政府和"看不见的手"——市场，二者各有所长、各有所短，不是互相替代而是互相补充的关系。只有这样，企业才能实现成本最小化，利润最大化，风险最小化，效益最大化（刘玉辉，2003）。

6. 2. 1. 2 市场经济与宏观调控的关系 [1]

市场经济是依靠市场来配置资源的经济形态，具有平等性、竞争性、法制性和开放性的特点。因为拥有一套能够充分反映资源稀缺状况、价值实现程度、要素使用效率以及主体能力表现等的因素，以及由价格机制、供求机制、竞争机制等所组成的市场机制，所以能够保证资源高效配置。在完全竞争的市场结构中，市场能够以生产的最小成本和消费的最大满足，实现资源的最优配置，维持经济效率。但在现实经济中，完全竞争的市场结构只是一种理论上的假设，由于垄断、外部性、信息不完全和在公共物品领域，仅仅依靠价格机制来配置资源无法实现效率的帕累托最优，从而导致市场失灵。这时就必须借助政府在一定限度内掌握必要的经济资源和参与必要的经济活动，来矫正或改善市场机制内在的问题，并通过宏观经济政策保证经济平稳运行。

在市场经济条件下，政府的职能有两个方面：纠正市场失灵和超越市场、引导市场。政府宏观调控的一个重要作用就是纠正市场固有缺陷，为此政府需要担负起相应的经济职能，最大限度地减少市场经济的消极面。同时，政府干预市场并不仅仅是为了纠正市场失灵，更重要的是超越市场，要

---

1 张效廉.2005. 处理好宏观调控与市场机制的关系. 人民日报. 2005 – 01 – 04

求政府站在市场之上，运用宏观调控手段，控制市场总体运行，防止其自发发展造成的危害。

市场机制与宏观调控内在统一，相辅相成。市场调节在资源配置中起基础作用，是发展市场经济必须强调和维护的首要原则，是宏观调控的前提条件。政府进行宏观调控，必须在尊重市场运行规律的基础上进行，在市场充分竞争的前提下发展和完善。宏观调控的目的是为市场经济的运行创造良性的环境，为发挥市场竞争的积极作用提供法律和行政支持，鼓励竞争，维护竞争，实现市场机制优化配置的功能和市场经济的健康持续发展，发挥市场的创造力与创新性。既不能过分强调市场竞争忽视宏观调控，以免造成市场失灵，牺牲竞争；也不能过分强调宏观调控忽视市场竞争，倒置本末，重回计划经济。只有以市场机制为主，在其不能发挥作用的领域由政府进行宏观调控，维护市场的基础性地位，维护市场秩序，才能保证经济平稳运行、社会稳定发展。

6.2.1.3 企业社会责任

19 世纪末期，欧美等发达国家的企业迅猛发展，社会经济力量日益壮大，但是，在经济迅速发展时期，也随之产生了一系列的社会问题。比如企业盲目追求自身利益，出现不正当竞争、浪费自然资源、环境污染、劳工的身心健康得不到保障等现象；把内部成本外部化，影响了公众利益，增加了政府负担（章金霞、白世秀，2009）。许多社会学家和经济学家对这一现象进行了研究，提出了企业应当高度关注承担社会责任的命题。

尽管对企业社会责任有多种表述，但是其基本内涵和外延是一致的，比较权威的是世界可持续发展委员会的定义。世界可持续发展委员会认为企业应该为企业从业人员及其家属以至社会整体生活水平作出贡献，同时还要协调与利益相关者之间的关系，与之形成协调一致的关系，在此基础上为经济的可持续发展作出贡献（徐海燕，2008）。由此，企业社会责任是指企业在追求利益的同时，要承担社会责任，发展要合乎社会道德规范，要维护企业利益相关者，特别是劳动者的权益和环境保护，以最终实现可持续发展。

企业是社会财富的创造者，是社会经济发展过程中最基本的单元，承担着最为具体的实现发展的任务，但同时也是直接和间接浪费资源、损害环境的责任单位。企业总体水平决定国家经济水平，企业总体效率决定国家竞争力，企业的社会公德和责任意识对构建和谐社会具有关键意义。

　　无论跨国公司还是中小企业，都有着天然逐利的特性，追求"利润最大化"。逐利不但为企业带来了利润，也为社会创造了财富，对社会经济发展作出了贡献，逐利本身有利于促进社会经济发展。但同时，在利益的驱动下，企业行为会有很大的盲目性和负外部性，比如对资源进行掠夺式开采和不合理利用，肆意排放污染物，使得资源和生态环境危机更加突出，又制约了经济社会可持续发展。

　　为此，企业应当承担起社会责任，在实现核心社会功能的基础上，全面关注利益相关方和自然环境，追求最优的资源配置，实现企业、环境和社会的综合价值最大化和可持续发展。企业的可持续发展，有赖于其对社会承担的责任，而社会的和谐发展，又有赖于企业的盈利和责任心。企业履行社会责任，也就是贡献于社会，促进了社会的和谐发展；社会也应该回报于企业，给予企业发展的物质基础，才能让企业更好地服务社会，形成企业与社会的良性互动循环体系（章金霞、白世秀，2009）。企业社会责任对企业的可持续发展，起到推动和制约的作用，关系到企业的生存与发展；同时，企业的可持续发展，离不开企业对社会承担的责任，社会的可持续发展是企业可持续发展的基础，二者相互影响。

　　要求企业承担社会责任，并不是要企业放弃自身的经济绩效，放弃逐利，单纯为社会和环境做贡献，而是要在实现社会核心功能的过程中，把握好经济、社会、环境三方面的关系，符合企业的长期需求，与企业追求长期经济价值的目标是一致的，能够促进企业的可持续发展；同时能够协调经济发展和环境、社会的关系，有利于实现社会经济的可持续发展。

6.2.1.4　企业参与在应对气候变化中的作用

　　气候变化是发展问题，为应对气候问题，各国都提出要发展低碳经济。大量实践说明，大部分低碳技术和措施是可以产生额外经济效益的，能够有助于提高企业盈利水平和提升企业竞争力；通过低碳发展所取得的经济收益已成为企业利润的重要来源，低碳发展为企业创造了新的经济增长点。

　　随着气候变化问题的升温，企业对气候问题也越来越重视，不仅采取行动积极应对气候变化，而且利用自身力量直接或间接服务于政府气候变化决策进而影响国际气候制度的构建。

　　企业参与应对气候变化一方面可以减少因气候变化以及监管措施变动可能带来的风险——越来越多的企业已经或者将不可避免地受到更为严格的温

室气体排放限制,另一方面有利于迎合社会舆论,体现社会责任感,树立良好商业形象,增加无形资产,从而有利于企业的长期发展。同时,企业参与还能解决公共资金不足问题,应对气候变化需要大量资金支持,仅凭政府和公共部门的资金难以应付,需要社会资金、私人资本的参与。

企业尤其是跨国公司等在参与应对气候变化的活动中,为避免政府出台新的温室气体管制政策改变市场机会,增大企业经营风险,往往会积极通过直接和间接方式对政府行为施加影响,使政府在制定相关国内及国际制度安排时充分体现它们的利益。

6.2.2 建立应对气候变化的公共-私营部门伙伴关系 [1]

6.2.2.1 传统的公共-私营部门伙伴关系

所谓公共-私营部门伙伴关系(PPP),是指公共部门和私营机构通过联合投入资源、共同行使权力,共同承担责任或风险,并共享利益的方式来生产和提供公共产品与服务的一种制度安排和融资机制。这种融资机制的逻辑基础在于,在生产和提供公共产品的过程中,公共部门和私营机构都具有各自的优势,成功的制度安排可以实现优势互补。

传统 PPP 模式的内涵主要包括以下四个方面:

第一,PPP 是一种新型的项目融资模式。它以项目为主体,主要根据项目的预期收益、私营机构的资产以及政府的扶持力度来安排融资,公共部门的承诺和私营机构的资产是项目融资的保障。

第二,PPP 融资模式可以吸引更多的社会资本参与到生产和提供公共产品与服务中。一方面,公共部门的承诺降低了私营机构的投资风险;另一方面,私营机构更有效率的管理方法与技术有利于加强对项目的管理。两者联合可以降低项目建设和运行的风险,较好地保障公共部门和私营机构各方的利益。

第三,PPP 模式一定程度上解决了公共事业的项目缺乏激励机制的问题,保证私营机构"有利可图",激发其参与提供公共产品的积极性。"逐利性"是私营机构的基本特性,而公共产品因具有消费的非竞争性和非排

---

1 张成福 . 2005. 论公共部门和私营部门的伙伴关系 http://www. competitionlaw. cn/show. aspx? id = 445&cid = 17. 2010 - 03 - 05

他性，往往"无利可图"，导致私营资本不愿进入这一领域。PPP 模式中，公共部门为吸引私营机构参与，往往会提供相应的政策扶持作为补偿，从而解决了缺乏激励机制的问题。

第四，PPP 模式解决了公共部门在提供公共产品和服务中资金不足的问题，利用较少的公共资金实现了更大范围、更高质量的公共服务，而且由于责任分摊，减轻了公共部门的风险，同时双方可以形成互利合作的长期目标，更好地为公众提供服务。

6.2.2.2 传统的公共－私营部门伙伴关系的潜在优势和风险

（1）传统的 PPP 模式的潜在优势

节约成本。通过 PPP 模式，政府能够从资本项目的建设、经营和维护中节约大量成本，因为私人合作者可以通过运用规模经济、创新技术、弹性化的采购、减少管理人员等方式来实现成本等的节约。

风险共担。项目开发过程中可能存在投资额巨大、无力满足服务提供的要求、服从环境和其他管制的困难、收益不足以支付经营和投入的成本等各类风险，采用 PPP 模式可以实现政府与私营部门风险共担，分散风险。

提高效率。通过 PPP 模式可以引入私营部门的管理经验，减少政治干预，避免官僚主义式运作，改善政府提供公共产品和服务中容易产生的无效率问题。

增加政府收入，促进经济发展。PPP 发展促进了私营部门发展，这成为政府税收的一个来源，而且 PPP 还可以促进和带动其他相关产业的发展，为经济的发展创造新的机会。

（2）传统的 PPP 模式的潜在风险

政府失去控制权。在 PPP 模式合作中，那些承担巨额投资和承担主要风险的私人合作者，通常会在有关决策问题上，如如何提供服务、收费的标准等，有更大的决策权。因此，政府应该在建立服务标准方面有更多的发言权，才能保证公共利益的正常实现。

不能从竞争中获益。竞争能够带来创新、效率和成本的降低。不同的私人部门为了获得与政府合作的权利而展开竞争，对于政府而言是极为有利的事情。但是，如果只有几个有限的合作者参与竞争，那么政府便不可能从伙伴关系中获益。

降低服务的质量或效率。如果契约构建不当，PPP 也会导致服务质量的下降，导致服务提供的效率低下或者公共设施缺乏必要的维护。

财政风险。公共设施或公共服务的收入不足以支付债务和银行的利息，私人部门可能独自承担风险，政府也可以对其中一部分债务提供担保。

监管风险。为保证社会公共利益的有效实现，在采用 PPP 模式的项目中，公共部门必须对私营机构形成有效的监管约束。这种监管需要大量人力、物力、机制等的监控资源和能力；而且随着这一模式的不断发展，公共部门和私营机构合作的领域越来越专业化，公共部门可能与私营机构之间存在很大的知识和能力差距，导致缺乏监控能力。监管上的缺陷将无法对私营机构形成有效约束，无法确保公私伙伴关系按照符合公共利益的方向发展，增加项目的方向性风险。

绩效评估问题。绩效评估是新公共管理运动的一个重要趋势与内容。公私合作伙伴关系也需要进行绩效评估。一方面，PPP 项目的开展和运营利用了大量的公共资源，项目结果涉及公共产品和服务的提供，直接关系到社会公共利益；另一方面，对 PPP 项目的效果进行评估，可以总结经验，吸取教训，做进一步的制度创新，以吸引更多的私营机构投身公共事业。现实中，由于尚无明确的标准确定绩效评估的主体及其责任，缺乏建立评估主体与对象的合理机制与关系，所以，很多 PPP 项目无法得到客观公正的评估，以致最终未能有效体现项目所承载的公共责任。

6.2.2.3 传统的 PPP 模式的主要类型

按照公共部门向私营部门转移风险的程度为标准，可以将 PPP 模式划分为以下主要类型：

运营与维护（Operation and Maintenance）。通过签订契约，公共设施交由私营机构运营和维护，在保证公共部门拥有所有权的前提下实现成本节约和服务质量的提高。许多公共服务可以通过这种方式实现，如水厂、污水处理、垃圾处理、道路的维护、公园的维护、景观的维护、停车场管理等。这一类型最大的问题是可能会削弱公共部门的控制；同时若公共需求发生变化，反应应变能力可能会降低。

设计—建设（Design-build）。通过签订契约，私营机构负责设计和建设符合公共部门标准和绩效要求的设施。设施建成后，由公共部门拥有所有权，并且负责运营和管理。大多数公共基础设施和建设项目可以运用这种形式，包括道路、高速公路、水和污水处理厂、排水和灌溉系统等。这种方式可以减少公共部门的前期投入，并利用私营机构的经验提高工程建设效率。同时也存在降低所有者的控制权以及较高的运营和维持成本等问题。

承包运营（Turnkey Operation）。公共部门提供资金，私营机构负责设计、建设，并且在一段时期内运营项目；公共部门设定绩效目标，并且拥有所有权。这种形式也适用于大多数公共设施的建设和运营。主要优点在于：公共部门转移了项目建设的风险，私营机构因需要承担运营责任，会更加重视建设质量，同时有利于提高运营效率。缺陷在于：公共部门有投资风险，对设施运营的控制权也可能降低；一旦契约履行完成，变更合作者可能增加成本。

投资公共设施的扩建（Wrap Around Addition）。私营机构投资扩建公共设施或者兴建附属设施；并在一段时期内负责新建设施的运营，以便收回投资，得到合理回报。大多数公共设施和公共娱乐设施都可以采用这种形式。这一模式最大优点在于公共部门无需为扩建或更新公共设施投入资金，转移了投资风险，提高了效率。但是因投资、建设、运营均由私营机构承担，公共部门为保证控制权，需制定更加严格、复杂的契约管理程序；同时后续设施的建设、运营也有一定困难。

租赁—购买（Lease-Purchase）。通过签订契约，私营机构负责设计、投资、建设公共设施并租赁经营，租赁期满，所有权归公共部门。这种方式适用于公共部门缺乏资金提供公共产品无法满足公共需求的情形。这一模式实现了以较低的成本提供公共服务的可能，"依照绩效付费"的租赁形式有利于提高公共服务质量，但容易导致公共部门控制权的削弱。

暂时的民营化（Temporary Privatization）。因改善和扩建的需要，将现存公共设施的所有权和经营权暂时转移至私营机构，直至其收回投资成本并取得合理回报。这种模式适用于大部分基础设施和其他公共设施。其优点在于，如果与私人合作者的契约得到良好的履行的话，政府能够对标准和绩效进行一定的控制，而且不承担所有和经营有关的成本；资产的转移能够降低政府经营的成本；私人部门能够保证设施建设和经营的效率；能够利用私人资本进行公共设施的建设和经营；经营的风险由私人部门承担。这一模式以绩效评估手段实现控制，也能激励私营机构提高建设和经营的效率。但由于私营机构决定使用者付费的水平，因此使用者付的费用可能高于公共部门控制时的费用；在私人合作者破产或者经营绩效不佳的情况下，要替代其存在着困难；也会导致失业等社会问题。

租赁—研发—运营（Lease-develop-operate）或者购买—研发—运营（Buy-develop-operate）。私营机构通过与公共部门签订契约，租赁或者购买一公共设施，进行扩建或者改建，并负责经营。这种模式使公共部门无需为更新公共设施投入资金，同时使用者也因设施更新而受益；公私双方都有得到和增加收入的机会。但是公共部门可能因此事实上丧失设施的实际控制权；在出售或者租赁时，存在着评估资产价值的困难；未来更新的成本也会为以后的工作带来困难。

建设—转让—经营（Build-transfer-operate）。公私合作者签订契约，投资兴建公共设施，设施建成后，设施的所有权转移给公共部门，然后，双方签订长期租赁契约，以长期租赁的方式把设施租赁给合作者，由私营机构实行租赁经营。大部分的公共设施都适用于这种模式。这种模式使公共部门能够从私营机构建设的专业经验中得到益处；并通过绩效等方法保持对服务水准和付费水准的控制；可以节约建设、设计和运营的成本；与建设—经营—转让模式相比，还可以避免法律、管制和民事责任问题。但可能遇到绩效欺诈、破产等问题，从而导致替代上的困难。

建设—所有—经营—转让（Built-own-operate-transfer）。通过契约，私营机构获得排他性的特许权，负责融资、建设、经营、维护和管理公共设施，在一定的期限内，向使用者收取费用，收回投资，得到回报。特许经营期满后，所有权转让给政府。这种模式能够最大限度地利用私营机构的资金资源；公共部门无需投入资金便能够满足公共服务需求，同时能从私营机构管理经验中受益；公私合作者共同承担风险。其缺点在于：公共部门可能会承担经营期满后更高的经营管理成本，可能丧失对建设和运营的控制权，契约要求较高，私营机构决定收费标准等。

建设—所有—经营（Built-own-operate）。公共部门把现有的公共设施的所有权和经营的责任转移给私营机构，或者与私营机构签订契约，使其建设、拥有和经营新的设施。私人合作者一般要承担融资的责任。这种模式的优点在于：公共部门不需要投资和融资，不介入公共设施的建设或者经营，但能够对其进行管制，并通过征税增加收入；能够鼓励私营机构投资和经营重大的公共项目。其缺点在于：私营机构可能不愿建设或者经营具有公共利益性质的设施或者服务；公共部门缺乏有效的管制机制；可能造成私人垄断等。

6.2.3 应对气候变化行动中的公共－私营部门伙伴关系扩展

6.2.3.1 PPP 模式发展的新内涵

传统市场经济理论认为，公共产品不具有私人物品消费的竞争性和排他性。对于公共产品，市场机制配置资源的作用对其完全失灵，因此不能由私人提供和经营，而必须由政府投资、建设、管理，才能满足社会公众的需要。然而实践证明，在纯公共产品和其他各种物品之间并不存在鸿沟，随着社会的发展，公共产品的非排他性和非竞争性也会发生变化。例如，排他性技术的发展可以使原来意义上的纯公共物品转变为可收费物品。[1]

PPP 模式的产生适应了这些准公共产品的特性，将政府提供与私人提供各自的优势结合起来，避免两者的劣势，既利用了私人机构的效率，又通过政府的参与解决了一些私有化经营无法避免的宏观上的问题，实际上连接了宏观的政府调控与微观的企业参与，既解决了市场失灵，又避免了政府失灵。

应对气候变化行动具有准公共产品的特性，需要发挥公共部门和私营机构二者的作用。将常规的 PPP 模式运用于应对气候变化领域，实际上也使公私伙伴关系发展到一个新阶段，从提高效率、降低风险、实现双赢的个体融资模式层面上升到了政府组织引导进行结构调整的整体管理层面。

应用于气候变化领域的 PPP 模式最大的特点就是体现出政府的引导作用，诸如可再生能源等新兴产业，在发展初期都面临较大的风险，对于以逐利为导向的企业而言，缺乏参与的积极性，此时公共部门的引导资金可以启动这一新兴市场，使之具有逐利条件，促使企业积极参与新兴产业的发展；同时公共资金还能帮助创造企业发展的良好环境，在公共部门和私营部门合作过程中，设立规则，建立核查监控等程序，保证企业的行为及结果可控。

这种 PPP 模式中，私营部门也能发挥其应有作用：一方面在公共部门的引导下加强战略性投资，抓住新兴产业发展的契机，提前做好应对新环境的准备；另一方面，利用公共部门创造的发展环境追逐利润，在实现企业发展的同时，也对社会发展作出了贡献。

通过公共部门和私营部门的双向努力，不但解决了单纯企业运作存在的

1 丘健雄，张晓慧.2007. 公私合营（PPP）与私人融资计划（PFI）背后的经济学原因. http://www.114news.com/build/13/7213－44163.html.2010－04－06

分散性和盲目性，使企业行为更具有组织性，更符合社会经济的整体发展趋势，而且使政府部门的引导功能充分发挥，促进企业积极参与整体经济的结构性调整。

6.2.3.2　在应对气候变化行动中扩展公共 – 私营部门伙伴关系的个例

（1）英国碳信托公司[1]

英国碳信托公司（Carbon Trust）是为应对气候变化，由英国环境、食品与农村事务部、商务部、企业与法规改革部、苏格兰政府、威尔士议会政府与北爱尔兰经济发展署联合投资创办的一家独立公司，旨在通过与英国企业及公共部门合作加快向低碳经济转变，减少碳排量以及开发具有商业可行性的低碳技术，从而加速节能，迈向低碳经济。

碳信托公司致力协助英国成为全球低碳创新技术的中心，主要借助为低碳项目提供资助和管理服务、投资和合作开发低碳技术，以及寻找克服市场壁垒的切实可行的途径。预计到2050年，碳信托公司在新技术商业化方面所开展的工作，将有助于每年减少超过2 000万吨的CO_2排放量。

自2001年以来，碳信托公司已帮助众多英国企业减少了超过1 700万吨的碳排放量，节省资金超过10亿英镑。到2011年，随着碳信托公司向更多的英国企业提供相关的支持和咨询服务，预计该项数字还将增长一倍。碳信托公司还在参与有关海上风能、海藻能源和太阳能等新能源项目。

碳信托公司是采取"政府投资、企业运作"的典型范例。它的主要资金来源是英国政府征收的气候变化税。但与公共财政运行方式不同，它采取了商业投资模式。在公司运作中，充分体现了专项使用、公益服务的职能，利用与各种机构的合作，与社会资金充分结合，支持减排及低碳技术发展，支持相关领域的能力建设、培训咨询、研究开发、技术支持和示范试点。碳信托公司的宗旨是通过投资开发低碳技术、捕捉低碳技术的商业机会，向企业和公共部门提供专家咨询、资助和认证服务，协助完成减排目标，激发碳产品和服务的市场需求，最终帮助英国迈向低碳经济。该公司2006年提出的PAS2050碳测量系统，已正式被英国标准协会推出，成为测量产品碳足迹的新标准，被认为是企业第一次有了强制性的、统一产品和服务的碳足迹

1　李琼. 2009. 英国发展低碳经济的经验：碳信托的模式介绍. 光明日报. 2009 – 06 – 16

测定标准。该标准将帮助企业了解自己产品对气候变化的影响，并据此采取减少供应链中碳排放的针对性措施。

（2）我国财政"以奖代补"支持节能技改

财政"以奖代补"支持节能技改政策是国内在气候变化领域运用PPP模式的一个典型范例，这也是公共财政积极与市场经济相结合的表现。

"以奖代补"是2007年我国政府针对十大重点节能工程采取的财政刺激政策。改变了以往的财政补贴方式，节能资金采取奖励方式，实际资金量与节能量挂钩，对完成节能量目标的项目承担企业给予奖励，从而保证节能技术改造项目的实际节能效果。节能量由企业报告，奖励资金先按企业申报的节能量预拨60%，项目实施前和竣工后由财政部委托机构审核确认，根据审核确认的实际节能量清算拨付奖励资金。

以往的公共资金支持方式是预先对参与项目的企业给予财政补贴，一方面造成了企业间的不公平竞争，容易引发权力寻租，另一方面使得获得补贴的企业过分依赖公共资金的支持，缺乏动力进行融资，不利于社会资金的参与。"以奖代补"机制改变了这种方式，节能专项资金或者其中一部分资金并不预先以补贴形式下发，而是鼓励企业在项目伊始自行融资，充分吸收社会资金参与，符合市场经济发展的规律，也为企业的发展创造了公平竞争的环境，有利于整体经济的健康发展；项目运行过程中政府部门积极参与，制定程序对项目结果进行测量、报告、核查，保证项目运行的有效性和预期目标的顺利实现，也有利于应对气候变化基础设施的建设；根据项目运行结果，对满足条件的企业进行普遍性奖励，利用节能资金实现对市场行为的普遍性引导，用有限的公共资金撬动了大量的社会资金参与到节能减排、应对气候变化的整体行动中，并帮助企业在这一过程中实现自身的可持续发展。

6.3 碳市场

6.3.1 碳市场的由来

6.3.1.1 温室气体排放的环境容量和经济增长

气候变化的科学认识表明，人类发展受到地球系统所能够提供的环境容量的制约。同时，人类发展也受到地球系统所能够提供的资源的制约。在为发展提供动力支持的能源问题上，这些制约特别体现在能源使用后果方面，并进一步延伸到能源供给方面，并同应对气候变化的巨大挑战紧密联系起来。

过去二百多年全球工业化进程中所拥有的近乎"无限"的温室气候排放空间和近乎"无限"的经济发展空间，使各国的竞争在"无限"的空间中进行。现在，由于环境容量制约，各国争夺的是现实的有限排放空间。同时，对于资源制约，现在各国争夺的是现实的有限经济增长空间。

6.3.1.2 碳的商品属性

（1）环境的外部性

环境的外部性是指行为者不必完全承担自己行为的成本或不能获得行为的全部收益的情况。前者为负外部性，即个人只承担的其行为成本的一部分，有相当部分成本由非行为者承担，由此导致生产和消费中的（过度）污染和资源利用过度。后者为正外部性，即个人只获得了其行为所产生的部分收益，相当部分收益被他人无偿占有，由此导致有利于环境保护和污染治理的生产和消费行为的激励不足（孟耀，2008）。因此，消费和生产中的外部性是环境问题的重要原因。排放主体向大气中过度排放了温室气体，又不为其排放买单，使得公众来承受损失，就是环境外部性在气候变化问题中的集中体现。

（2）碳的商品属性

根据商品的定义，商品是用于交换的使用价值。商品的基本属性是价值和使用价值。其中，价值是商品的本质属性，而使用价值是商品的自然属性，二者缺一不可。"碳"作为一种新型的虚拟商品[1]，同时具备了商品的两种属性。

碳的价值属性。商品的价值是凝结在商品中的无差别的人类劳动，它是商品的本质属性。从这个属性上来说，碳这种商品具有一定的特殊性，其价值的产生并不全然来自于人类劳动。对于项目市场来说，CDM 项目产生了实实在在的碳减排量，可以说这部分碳凝结了人类劳动。但对于配额市场来说，总量管制的存在使碳排放权具有了稀缺性。在分配排放权前，市场无法预知每个国家和企业在下一阶段的排放量，由此而产生了排放权的分配不均，从而为碳的流动创造了条件。因此，在配额市场上，政策赋予了碳以价

---

1 虚拟商品指无实物性质，交换时默认无法选择物流运输的商品。

值，使其成为一种特殊的虚拟商品。

碳的使用价值属性。相对于价值属性来说，碳的使用价值更加直观。无论项目市场还是配额市场，买家购买碳，都是为了能够拥有经济发展所必备的排放权，从而使碳具有了使用价值。

总之，无论是碳的价值还是使用价值，都是建立在政策的基础上，即在《京都议定书》的约束下，各国都要履行其各自的减排义务，从而产生了对碳排放权的需求。然而，一旦这种约束不复存在，那么碳排放权就没有了稀缺性，成为一种公共产品，也就没有了交换的必要，其商品属性也随之消失。

6.3.1.3 环境污染物排放权交易的理论和实践

（1）环境污染物排放权交易的理论

1912 年，福利经济学家庇古提出了"庇古税"[1]，主张对排污企业进行惩罚性收费或奖励来控制污染、保护环境，更有效地配置稀缺的环境资源。1960 年，科斯在对非市场关系的"庇古税"提出质疑的同时，指出通过产权界定、市场交易来纠正环境资源市场价格与相对价格的偏差。科斯定理主张通过产权的明确界定及其交易，实现将企业生产过程中的外部成本内在化。它在实践中的应用体现为排污权交易制度。

它首先确定污染物的排放总量，再让市场确定排污权的价格，市场发现价格的过程就是优化资源配置的过程。只要超标准排污的企业所付代价大于治理费，就会激励企业治污，一旦排放量达到排放标准以下，企业就有了可以用来出售的排污权，而不能达标的企业就成为排污权的需求者。这样就形成了排污权交易市场，通过供求双方相互作用形成排污权的均衡价格。这种制度安排可以提高企业治污的积极性，使污染物总量控制目标得到实现。排污权交易制度的优势在于：

1　根据污染所造成的危害程度对排污者征税，用税收来弥补排污者生产的私人成本和社会成本之间的差距，使两者相等。由英国经济学家庇古（Pigou, Arthur Cecil, 1877 – 1959）最先提出，这种税被称为"庇古税"。庇古税是解决环境问题的古典教科书的方式，属于直接环境税。它按照污染物的排放量或经济活动的危害来确定纳税义务，所以是一种从量税。

按照庇古的观点，导致市场配置资源失效的原因是经济当事人的私人成本与社会成本不一致，从而私人的最优导致社会的非最优。因此，纠正外部性的方案是政府通过征税或者补贴来矫正经济当事人的私人成本。只要政府采取措施使得私人成本和私人利益与相应的社会成本和社会利益相等，则资源配置就可以达到帕累托最优状态。这种纠正外部性的方法也称为"庇古税"方案。

第一，排污权交易制度体现了内在激励机制，如果企业采用先进工艺或者投资污染治理设备，就可以将多余的排污许可证在市场上出售或储存起来，以备后用。企业有了积极参与治污的巨大激励，真正成了治污的主体。在此制度下，政府成了排污权交易市场的监督者和游戏规则的制定者，治理污染从一种政府强制行为转变成企业自主的市场行为。

第二，排污权交易的结果是全社会总污染治理成本最小化，达到理想的帕累托状态，形成均衡价格。市场确定价格的过程就是优化资源配置及治污责任分配的过程。

第三，政府放弃一些配额交易权利，部分退出交易过程，也减少了"寻租现象"的产生。

第四，总量控制效率上，排污权交易制度实际上是先确定污染物的排放总量控制指标，再通过排污权交易，实现低成本污染治理。政府机构可以通过发放或回购排污权来影响排污权价格，从而控制环境标准。若环境保护组织不满意政府的环保政策，也可购买排污权，以减少污染物排放量。

（2）环境污染物排放权交易的实践

排污权交易政策在美国、欧盟、加拿大、新加坡、智利等国家的成功施行得到了证明。其中，影响最大也是规模最大的实践是美国的"酸雨计划"。

我国已引入排污权交易，除理论研究外，也在近年开始探索实践。然而在排污权产权依据、初始排污权分配、技术要求与监管制度、法制保障等方面，仍然存在需要解决的问题。

6.3.1.4 碳市场的建立

排污权交易理论和实践对碳交易的产生发挥了重要作用。但是，碳交易与排污权交易存在根本区别。虽然都是在交易虚拟商品，排污权交易服务于解决局地或区域环境问题，通常在一国内部或几个国家之间，涉及产业相对较少。但是，碳交易服务于解决气候变化这个全球环境问题，而且进一步面对的是全球发展问题。

20世纪90年代以来，世界各国越来清楚地认识到气候变化对人类经济社会发展，特别是生存条件的重大影响。鉴于碳排放的外部性，碳减排不是一国的努力可以实现的，需要全球的合作，这就决定了碳交易具有国际性，从而催生了国际碳市场。

在《京都议定书》的约束下，碳排放额实际上成为一种经国际法认定的稀缺资源，具有了进行受法律保障交易的可能性，从而催生出针对碳排放权和减排量的碳交易市场。现阶段国际碳市场上进行的碳交易主要是 CO_2 排放权和减排量交易，也包括对其他几种主要温室气体（如甲烷、氧化亚氮、氢氟碳化物等）的交易。因为 CO_2 是最普遍的温室气体，也因为其他五种温室气体具有不同的全球变暖潜能，所以统一使用 CO_2 当量来计算其最终的排放量或减排量。

按照国际惯例，排放到大气中的每吨 CO_2 当量为一个碳信用。下文介绍的配额型交易市场的交易单位 EUA、项目型交易市场的交易单位 CER、AAU 等都属于碳信用的范畴。

由于碳信用本身具有归属分配和实际使用并非发生在同期的特性，因此，碳信用具备金融产品的某些特性。然而，碳信用的这种金融属性在不同市场上的表现也有所不同。按照交易形式来看，配额市场上的 EUA 更多地表现出场内交易和场外交易但在交易所结算交割的形式，而项目市场上的 CER 则更多地表现出场外交易的形式。按产品形态来看，EUA 更多地表现出期货期权合约的特性，CER 则更多地表现出远期合约的特性。由此可见，碳市场并不是传统意义上的商品交易市场，而是具备了商品市场和金融市场的双重属性。

6.3.2 国际碳市场的快速发展

6.3.2.1 国际碳市场类型

国际碳市场是一个通称，其交易构成可有两种分类。一种是根据交易品种，分为配额交易型市场和项目交易型市场。另一种是根据是否参加《京都议定书》履约活动，分为履约市场和自愿市场。在碳市场进行交易的标的物通称为碳信用（Carbon Credit），在不同的碳市场有不同的名称。

下面按照交易品种，介绍配额型交易市场和项目型交易市场。

（1）配额型交易市场

所谓配额，是指对有限资源的一种管理和分配，是对供需不等或者各方不同利益的平衡。《京都议定书》规定，发达国家必须在 2008 年至 2012 年间将 CO_2 等 6 种温室气体排放水平在 1990 年的基础上平均减少 5.2%，并将大气浓度维持在一个稳定的水平之上，这就使 CO_2 排放成为一种有限资源，具有了商品的价值和进行交易的可能性。由于排放权交易系统必须以"定量配额"（此处的"定量配额"即我们通常所说的"总量控制"）为基础，由此产生了配额市场。在《京都议定书》以外，也可在一定区域范围内，通过协议的方式，设置区域排放上限，进行配额分配和交易。

配额型交易市场（以下简称配额市场）的交易品种是温室气体排放权或碳排放权的配额。目前，配额市场的代表成员有为《京都议定书》履约服务的欧盟排放交易体系（EU-ETS）和英国排放交易体系（UK-ETS）、澳大利亚新南威尔士州温室气体减排体系（NSW GGAS）、美国东部地区温室气体倡议（RGGI），还有表现为自愿市场的美国芝加哥气候交易所（CCX）。

① 欧盟排放交易体系。欧盟承诺，在《京都议定书》第一个承诺期（2008～2012 年）内，将其温室气体排放量在 1990 年的基础上削减 8%，并将减排任务在它的成员国之间进行了分配。为了帮助成员国履行减排任务，欧盟在其成员国的范围内，对大规模排放源设定了温室气体排放上限，并于 2005 年 1 月 1 日正式启动了 EU-ETS，分为两阶段实施。第一阶段是 2005～2007 年，交易的温室气体仅限于 CO_2；第二阶段是 2008～2012 年，交易的温室气体除 CO_2 外，还选择性地增加了其他温室气体。来自欧盟当时 15 个成员国近 1.2 万家工业排放实体（以企业为主体）参加了 EU-ETS，它们的排放量占欧盟 CO_2 排放总量的 45% 以上。EU-ETS 的制度安排按照《京都议定书》三种灵活机制之一的"排放交易"机制规则设立，每个排放实体都被分配了一定数量的欧盟排放权配额（EU Allowance，EUA），每个 EUA 为 1 吨 CO_2 当量。超出排放许可的企业需要从排放量盈余的企业那里购买碳信用。为了保证交易制度的顺利实施，欧盟设计了严格的履约框架，规定自 2005 年起，企业的 CO_2 排放每超标 1 吨将被处以 40 欧元的罚款；2008 年起，罚款额度将增至每吨 100 欧元（杨圣明、韩冬筠，2007）。

② 英国排放交易体系[1]。2002 年 4 月，英国启动了为期 5 年，涵盖 6 种温室气体的 UK-ETS。除了必须完成欧盟减排任务的企业，该系统还接受两类自愿减排企业。一是获得政府资助而自愿承诺绝对减排目标的企业。2002

---

1 吴向阳. 2006. 英国温室气体排放贸易制度. 中国社会科学院可持续发展研究中心研究快讯. 2006 - 03 - 29，6～7

年 3 月，英国政府提供 2.15 亿英镑，33 家企业自愿承诺在 2003～2006 年间累计减排 1 188 万吨 CO_2 当量。二是通过自愿与政府签订气候变化协议，承诺相对排放目标或能源效率目标的企业。这些企业如果达到目标可以享受最高 80% 的气候变化税减免。对于这两类自愿减排企业，UK-ETS 以 1998～2000 年的平均排放量作为基准线，减去每年自愿承诺的减排量，确定企业每年的许可排放量，超过许可排放量的部分，企业需要从 UK-ETS 购买碳排放权。UK-ETS 不允许企业借贷未来的排放量来履行现期的目标，但可以将盈余的排放权出售或者存储。2005 年 1 月 1 日 EU-ETS 启动后，为了避免双重规则，英国申请并经欧盟委员会批准，允许部分已经参与 UK-ETS 的企业暂时退出 EU-ETS，以保证两个排放贸易制度之间的顺利过渡。同时，为了协调两个交易系统之间的关系，UK-ETS 于 2006 年底结束。

③ 澳大利亚新南威尔士州温室气体减排体系。2007 年 12 月前，澳大利亚没有签署《京都议定书》，无需使用"排放贸易"机制建立履约碳市场。但是，作为州一级的自主行动，2003 年 1 月 1 日，新南威尔士州批准启动了为期 10 年涵盖 6 种温室气体的州温室气体减排体系 NSW GGAS，以减排量证书（Abatement Certificate）为交易标的物。它对该州的电力零售商和其他部门规定排放份额，对于额外的排放，则通过该碳交易市场购买减排认证来补偿。为保证交易制度的顺利实施，澳大利亚新南威尔士州设计了一个严格的履约框架，企业每超标 1 个 CO_2 当量的排放额度，将被处以 11.5 澳元的罚款（庄贵阳，2007）。2007 年 12 月，澳大利亚签署了《京都议定书》，随后讨论建立国家层面的碳市场。NSW GGAS 与未来的国家层面碳市场的关系，目前尚不明了。

④ 美国东部地区温室气体倡议。RGGI 成立于 2005 年，是在美国东北部和大西洋中部各州进行温室气体减排合作的机制，它对来自发电厂的气体排放总量进行限制，以 RGGI 配额（RGGI Allowance）为交易标的物。RGGI 是美国第一个强制性的、以市场为基础的区域排放权交易制度，设立电力行业 CO_2 排放上限，到 2018 年实现减排 10%。

⑤ 美国芝加哥气候交易所。美国于 2001 年退出《京都议定书》，也没有使用"排放交易"机制建立履约碳市场。CCX 成立于 2003 年，是全球第一个自愿参与温室气体减排量交易并对减排量承担法律约束力的先驱组织和市场交易平台，以"碳排放权财务操作工具"（Carbon Financial Instrument，CFI）合同为交易标的物，每一份相当于 100 吨 CO_2 排放量。

CCX 的交易机制不受政府主导，由企业和企业、甚至是个人和个人之间交易经过核证机构核证的减排量。CCX 参与者都是自愿进行减排的，但是每个加入芝加哥气候交易所的公司都必须承诺他们要在 2010 年前，把他们的温室气体排放量相对 1990 年的水平下降 6%。

CCX 的碳交易准入门槛较低，是简单的"民间活动"。芝加哥气候交易所是由会员设计和治理，自愿形成的一套交易规则。会员自愿但从法律上联合承诺减少温室气体排放，芝加哥气候交易所要求会员实现减排目标，即要求每位会员通过减排或购买补偿项目的减排量，做到在 2003～2006 年间每年减少 1% 的排放。并保证截至 2010 年，所有会员将实现 6% 的减排量，如果不能达成目标，将处以相应的罚金。芝加哥气候交易所也属于配额交易市场模式，交易成员如果提前实现减量排放，则可以将多余的指标出售给那些不能达标的企业，指标的价格将通过竞标方式确定。碳排放交易通过交易所的中介，使交易价格更具透明化，交易行为也更有可信度。

（2）项目型交易市场

发达国家单靠自身能力很难低成本实现在《京都议定书》下的减排承诺。为此，《京都议定书》规定，发达国家可以通过 CDM 向发展中国家购买"经核证的减排量"（Certified Emission Reduction，CER），通过联合履约机制（JI）向经济转轨国家购买"分配数量单位"（Assigned Amount Unit，AAU），从而履行《京都议定书》所规定的减排义务。由此产生了源于配额市场之外的项目型交易市场（以下简称"项目市场"）。

项目市场包括 CDM、JI 以及在《京都议定书》以外利用减排项目操作的其他减排机制。JI 和 CDM 的规则类似。

在《京都议定书》下发展项目市场具有双重意义：一方面帮助发达国家在成本有效的基础上履行其在议定书中承诺的减排量；另一方面，有助于帮助发达国家获得资金和低碳技术，促进经济转轨国家尽快步入低碳发展道路。

CDM 一级市场 CER[1] 的交易过程一般为：减排量需求方（买家），即《京都议定书》附件一国家或企业到东道国寻找合适的项目，东道国的项

---

[1] 核证减排量是指联合国 CDM 执行理事会（EB）为实施清洁发展机制项目的企业注册的经过指定经营实体（DOE）核查证实的温室气体减排量。只有经过注册后，CER 才能在国际碳市场上交易。

目业主（卖家）介绍项目情况。双方达成合作意向后，签署包括碳信用（此处为 CER）的交易数量、交易价格、支付条件等条款的 CER 采购合同。然后，由买家向卖家提供资金和低碳技术，卖家则根据 CDM 规则开发项目。项目产生的 CER 得到联合国 CDM 执行理事会（EB）的认证和签发后，才能实现交割。在这个过程中，中介咨询公司可以为买卖双方提供服务。

CDM 一级市场的 CER 不能直接进入 EU-ETS 进行再次交易，必须首先进入与 EU-ETS 相连接的 CDM 二级市场。但现在大多数的 CER 买卖都是在 CDM 二级市场上实现的。整体过程是：各类投资主体到发展中国家寻找合适的项目，与项目业主签订合同，在 CDM 一级市场上获得 CER，然后在二级市场上进行再次交易，将 CER 出售给其他发达国家或其企业。利用两级市场的价差，这些投资主体可以获取可观的利润。

为既获取利润又规避风险，一些发达国家政府、金融机构、企业等成立碳基金，作为投资主体，专门从事碳交易活动。碳基金的适度投机，推动了 CDM 市场的发展和繁荣。碳基金大致可分为七类（王卉彤，2008）：

第一类是国际机构管理的碳基金，汇集了多方资金来源，代表政府和私营企业进行碳交易，例如，世界银行的原型碳基金（1999 年世界银行推出的第一个碳基金）、生物碳基金、社区开发碳基金、伞形碳基金等。伞形碳基金 75% 的资金来自私人资本。

第二类是国家层面的基金，例如：意大利碳基金、荷兰碳基金、日本温室气体减排基金、西班牙碳基金、英国碳基金等。国家层面的碳基金中有的由世界银行托管，如意大利碳基金，有的由本国政府进行管理。

第三类是金融机构设立的营利性投资碳基金。例如，排放交易基金（Trading Emissions，目前国际上规模最大的碳基金之一）是由瑞士信托银行（Credit Suisse）、汇丰银行（HSBC）和法国兴业银行（SocGen）共同出资 1.35 亿英镑发起设立的。

第四类是政府双多边合作碳基金，如世界银行和欧洲投资银行成立总额达 5 000 万欧元的泛欧碳基金，由爱尔兰、卢森堡、葡萄牙三国政府、比利时佛兰芒区政府和挪威一家私营公司共同出资设立。

第五类是非政府组织管理的碳基金，例如，美国碳基金组织。虽然美国未签署《京都议定书》，但是私人机构以及非政府组织的活动却非常频繁且活跃，私人机构的种类以及对象繁多。例如，美国碳基金组织是一个私人募集的非营利机构，募集的对象包括企业、各州政府及个人，于 2004 年 3 月在美国特拉华州成立。

第六类是私募碳基金，如复兴碳基金是一个私募股权基金，这个基金 2006 年成立，规模为 3 亿美元。

第七类是趁行业景气时涌入的一些小基金。

6.3.2.2 国际碳市场的发展情况

碳市场已成为国际社会开展应对气候变化活动的一个重要工具。这里根据世界银行 2006 ~ 2008 年碳市场报告，介绍国际碳市场的总体发展情况。表 6 - 1 提供了国际碳市场 2006 ~ 2008 年的交易量和交易额数据。

表 6 - 1　　　　　国际碳市场 2006 ~ 2008 年交易量和交易额

碳市场	2006 年		2007 年		2008 年	
	交易量 （百万吨 CO_2 当量）	交易额 （百万 美元）	交易量 （百万吨 CO_2 当量）	交易额 （百万 美元）	交易量 （百万吨 CO_2 当量）	交易额 （百万 美元）
配额市场						
欧盟排放交易系统	1 104	24 436	2 060	49 065	3 093	91 910
澳大利亚新南威尔士州温室气体减排体系	20	225	25	224	31	183
芝加哥气候交易所	10	38	23	72	23	309
美国东部地区温室气体倡议	Na	Na	Na	Na	65	246
JI 市场	Na	Na	Na	Na	18	211
小　　计	1 134	24 699	2 108	49 361	3 276	92 859
基于项目的交易						
CDM 一级市场	537	5 804	552	7 433	389	6 519
CDM 二级市场	25	445	240	5 451	1 072	26 277
JI 市场	16	141	41	499	20	294
自愿市场	14	70	43	263	54	397
小　　计	592	6 460	876	13 646	1 535	33 487
总　　计	1 726	31 159	2 984	63 007	4 811	126 345

资料来源：世界银行 2007 ~ 2009 年碳市场报告。

（1）国际碳市场总体情况

2006～2008 年三年中，国际碳市场发展迅速，无论交易量还是交易额都快速增长。交易量从 2006 年的 17.26 亿吨 CO_2 当量增至 2007 年的 29.84 亿吨 CO_2 当量，增幅达到 72.8%。截至 2008 年底，碳市场交易量达到 48.11 亿吨 CO_2 当量，比 2007 年又增长 61.2%。交易额也保持了相似的增速，2006 年国际碳市场交易额为 311.59 亿美元，2007 年达到 630.07 亿美元，比 2006 年翻了一番。到 2008 年，交易额迅速膨胀至 1 263.45 亿美元，比 2006 年又翻了一番。

相比交易额三年来逐年翻番，碳市场交易量的增幅较低，2007 年比 2006 年增长 72.9%，2008 年比 2007 年增长 61.2%。由此可见，碳市场的单位交易价值也是逐年增长。据统计，世界贸易的增幅在 2006 年和 2007 年分别为 8.5% 和 5.5%，远低于国际碳市场交易量和交易额的增长速度。这说明碳市场作为新兴市场，正在逐渐融入国际贸易市场中，其产品正在被接受。此外，碳市场的日益繁荣，反映了环境和气候变化问题已受到国际社会的重视，是国际减排意愿在国际碳市场交易中的具体体现。

（2）配额市场发展情况

① 配额市场总体。配额市场是国际碳市场的主力军，交易额在 2006 年、2007 年和 2008 年分别约占市场交易总额的 79.2%、78.3% 和 73.5%。2006 年，配额市场交易量首次突破 10 亿吨 CO_2 当量，交易额达到 246.99 亿美元。2007 年，交易量和交易额双双翻了一番，分别增至 21.08 亿吨和 493.61 亿美元。虽然 2008 年在下半年受到金融危机的影响，配额市场交易量和交易额仍有可观的增长，分别比 2007 年提高 55.4% 和 88.1%。由表 6－1 可见，虽然交易量三年来保持了相近的增长速度，但交易额却在 2008 年出现了急剧膨胀，这从侧面反映了配额市场的交易价值迅速攀升。

② 欧盟排放交易体系。EU-ETS 是欧盟利用"排放交易"灵活机制实现在《京都议定书》下减排承诺的工具，无论是交易量或是交易额，都是国际碳市场上的主导力量。截至 2008 年底，EU ETS 交易量达到 30.93 亿吨 CO_2 当量，占市场交易总量的 64.3%。交易额则翻了两番，从 244.36 亿美元增至 919.10 亿美元，占市场交易总额的 72.7%，比 2006 年增长了 2.76 倍。

③ 美国碳交易情况。2006～2007 年，作为自愿市场的芝加哥气候交易所的交易量翻了一番，从 1 000 万吨 CO_2 当量增至 2 300 万吨，交易额也有了新的突破，达到 7 200 万美元。2008 年，在交易量出现零增长的情况下，

交易额翻了两番，增至 3 亿美元。由此可见，芝加哥气候交易所的平均交易价格在 2008 年急速膨胀。

作为强制性的配额市场的东部地区温室气体倡议（RGGI），虽然在 2008 年才开始交易，但仅一年的交易量便达到 6 500 万吨 CO_2 当量，超过了澳大利亚新南威尔士州温室气体减排体系和芝加哥气候交易所两者之和。2008 年交易额达到 2.46 亿美元。

（3）项目市场发展情况

① 项目市场总体情况。项目市场在碳市场中扮演着重要角色，三年来也有了较大发展。2006 年，项目市场交易总量仅为 5.92 亿吨 CO_2 当量，2007 年增至 8.76 亿吨，增长 47.9%。2008 年交易量突破 15 亿吨，增幅达到 75.2%。然而，交易量在市场交易总量中所占的比重却呈下降趋势，由 2006 年的 34.3% 下降为 2008 年的 31.9%。

与交易量相比，项目市场交易额三年来有更为可观的增长。2006 年，项目市场交易额为 64.60 亿美元，占市场交易总额的 20.7%。虽然受到全球经济衰退的影响，2008 年项目市场交易额仍旧大幅增至 334.87 亿美元，比 2006 年翻了两番半，且占市场交易总额的比重上升至 26.5%。

② 一级市场发展情况。2007 年，买家对 CDM 和 JI 项目保持了浓厚的兴趣，这主要是因为有大量资金流入碳交易领域。因此，CDM 和 JI 在初级市场的碳交易量为 6.36 亿吨，与 2006 年的 5.67 亿吨相比，仅增长了 12.2%，而交易额却涨到了 82 亿美元（约合 60 亿欧元），增幅达到了 36.2%。这体现了碳交易市场的竞争日益激烈，市场交易日益活跃。但是，在 2008 年，整个初级市场的交易量下降为 4.63 亿吨，交易额下降为 72.10 亿美元。下降原因是 2008 年下半年，金融危机的影响开始显现。

CDM 是项目市场的主力，其交易量占项目市场交易量的 87%，交易额占 91%。JI 项目也迅速发展，交易量在这一年间翻了一番，交易金额更是翻了 3 番。2008 年年初，市场的活力有所下降，买家也变得越来越谨慎。原因在于 CDM 或者 JI 项目所产生的减排量的交付和签发受到延迟的影响，金融市场的信用风险也在不断增大，同时对于 CDM 和 JI 项目在 2012 年以后的需求量也不像以前那么确定。这些市场趋势，加上 EU-ETS 市场需求后劲的不足，导致了碳交易市场的恐慌。一些卖家开始在《京都议定书》机制以外的自愿减排市场以及其他市场寻找商机。

③ 二级市场发展情况。对于交易带有担保的 CDM 二级市场，2007 年是

一个迅速发展的年份，大约有 2.4 亿吨 CO_2 当量成交，交易金额达到了 55 亿美元（约合 40 亿欧元）。GCER（带担保的 CER）交易市场由一级市场演化而来，已经成为了碳交易市场的重要分支。它的减排销售量和再销售量已经被纳入到金融市场的统计中。由于 GCER 带有交付担保，因而大大提升了 CER 的可靠性和市场流动性，推动了碳交易二级市场的发展。

6.3.3 欧盟排放交易体系

6.3.3.1 EU-ETS 的开放性结构

EU-ETS 是当今国际碳市场的主导力量，前文对 EU-ETS 的建立和发展已有多处介绍。这里再介绍 EU-ETS 的开放性结构。

EU-ETS 的开放性包含两个方面的内容：一是内部的开放性，指 EU-ETS 所涵盖的气体和交易部门的加入和退出机制；二是外部的开放性，指欧盟排放交易机制和外部的连接。

（1）EU-ETS 的内部开放性

EU-ETS 的内部开放性，是指在建立这个机制之时，立法者考虑到更好地履行《京都议定书》和保持机制的开放性，让《欧盟排放交易指令》允许在一定条件下所涵盖的温室气体、工业部门和排放实体增加和退出。

《京都议定书》规定减排 6 种温室气体。EU-ETS 开始运转时并不涵盖全部 6 种温室气体，而是仅覆盖 CO_2，且仅限于四大工业部门：钢铁的生产和处理、矿业部门（如玻璃、陶瓷生产）、能源部门（如发电厂、炼油厂）以及造纸业。在第二阶段，EU-ETS 增加了涵盖的温室气体种类和行业。航空业被考虑纳入 EU-ETS 是该机制开放性的一个典型例证。

（2）EU-ETS 的外部开放性

① 欧盟建立 EU-ETS 获得其他发达国家响应。欧盟建立 EU-ETS 促进温室气体减排并以此履行《京都议定书》义务的行动得到了许多发达国家的响应。在大型排放企业减排交易系统的基础上，加拿大在 2005 年也开始设立减排量抵偿项目交易体系，日本也开始着手建立自愿性排放交易系统。尽管当时澳大利亚和美国都没有核准《京都议定书》，但是它们国内却出现了地方要求建立排放交易体系的呼声。在寻求全国性排放交易未果的情况下，澳大利亚的维多利亚州等发起建立了州际之间的排放交易体系，美国的加利

福尼亚州、东北部一些州等也分别有地区性排放交易协议。

② EU-ETS 和其他国家碳交易机制的连接。欧盟的连接指令允许 EU-ETS 同其他《京都议定书》缔约国的可兼容的温室气体排放交易机制进行连接。2008 年 1 月 1 日,EU-ETS 和挪威、爱尔兰及列支敦士登连接,这是交易机制的第一次外部扩张。和其他一些国家的连接目前仍在商议中。欧盟正在计划与澳大利亚、新西兰、瑞士、加利福尼亚州和美国东北部的一些州建立 CO_2 排放交易机制,美国其他州和加拿大的一些省也表示了合作的兴趣。欧盟作为 2007 年 10 月创立的国际碳行动合作组织(International Carbon Action Partnership,ICAP)的创始成员,将支持 EU-ETS 和其他可兼容的排放交易机制连接。

EU-ETS 与美国芝加哥气候交易所之间也通过欧洲气候交易所产生连接,但两个市场由于所在国基本气候政策的不同,开展自愿性减排交易的芝加哥气候交易所对于欧盟的实际意义并不大。

两个相互独立的交易机制的连接并不必然是双向的。实际上,一个国家只要通过立法建立一个和其他交易机制的单边连接,这个国家就可以简单地将在他国所购买或注销的配额视为在本国已经履行。因此,一个单边连接的建立只需要通过一方的简单的立法或者修订对外国的排放配额的承认条件。而一个双边或多边的连接,则必然要经过双边或多边之谈判和彼此的相互理解。

6.3.3.2 EU-ETS 的经验和存在的问题

2005 年以来,EU-ETS 取得了多方面的经验:

第一,EU-ETS 没有产生有些人先前担心的对宏观经济的明显负面影响。自 2005 年正式运行以来,没有人因 EUA 及其市场价格的出现而认为欧洲的经济发展水平降低了。尽管部分产业和企业确实受到了影响,但"排放价格将会破坏整个欧洲经济"的担心已被证明是多虑。它创造了一个碳交易市场,使温室气体的排放不再是免费的。

第二,它活跃了可再生能源投资。在 2007~2008 年金融危机以前,碳信用的长期价值使得欧洲可再生能源的投资大幅度增加。欧盟的可再生能源投资和企业活动已经领先于美国。

第三,降低减排成本。通过 EU-ETS,欧盟为达到《京都议定书》规定的减排目标,每年的成本是 29 亿欧元到 37 亿欧元之间(低于欧盟 GDP 的

0.1%)。而没有该机制，欧盟达到该目标的成本为每年 68 亿欧元（Stankeviciute，2008）。

第四，允许对配额进行存储和借贷，使这种交易机制更加有效。

第五，拥有准确的数据和良好的数据交换工具，对于确保排放市场的平衡运行非常重要。公开透明的信息是这个机制平稳运行的关键（王伟男，2009）。

第六，尽管大家对排放限额的分配程序存在争议，但目前来看，这种机制在政治上仍然是最具可操作性的工具。

第七，ETS 机制的初步成功，无论对其他国家的政策制定者还是对国际社会来说，都是一个有益的借鉴。欧盟在各成员国间灵活运用"共同但有区别的责任"原则的具体做法，可供存在着内部各区域发展不平衡的大国在制定减排政策时参考。同时，由于欧盟本身就是一个多边国际组织，我们也可以把 EU-ETS 看做是一个全球范围内排放贸易体系的可能雏形。

EU-ETS 也存在一些问题，如：

第一，配额的过度分配。在欧盟的国家分配计划起草时，缺少历史数据和必要的信息，以及分配过程的分权和集权问题，使得 EU-ETS 配额分配不尽合理。排放实体获得的配额比实际需求多，会导致市场难以发挥作用，也导致价格的不稳定。而过低的价格，使得排放实体为履行减排义务而投资温室气体减排技术的动力不足。

第二，覆盖面太窄。在 EU-ETS 第一阶段，CO_2 是 EU-ETS 覆盖的唯一温室气体。还有很多工业部门完全没有被纳入 EU-ETS，如交通和建筑，这两个部门是除了电力生产部门和能源密集型部门之外的最大的 CO_2 排放部门，2005 年交通部门的 CO_2 排放占总量的 21%。欧盟在第二阶段开始解决涵盖面太窄的问题。

第三，责任分担协议的不平衡。因为一些国家的经济发展水平和其他例外情况，它们的温室气体排放限制非常宽松。这让它们没有足够的动力投资于 CO_2 减排。一些国家还打算增加排放，例如，西班牙计划在 1990 年到 2012 年增加 CO_2 排放 50%，但这些国家仍然能够完成它们的《京都议定书》减排目标，因为它们可以购买基于 CDM 机制和 JI 机制产生的碳信用来抵充它们的减排义务。

第四，拍卖占配额分配的比例过低。配额拍卖是协调交易机制的最有效的经济手段。在第一阶段，只有 4 个成员国采用了拍卖的方式，对整个 EU-

ETS 而言，在平均每年分配的 22 亿 EUA 中，仅有 3 百万 EUA（约占 0.13%）是通过拍卖分配的。在第二阶段，有 10 个成员国计划采用拍卖的方式分配配额，其中丹麦计划最多拍卖 10% 的配额。如果一个国家不拍卖配额，其他国家也没有动机去拍卖，因为这会导致配额的价格提高而不利于本国企业的竞争。

6.3.4 美国碳市场发展

6.3.4.1 美国自愿碳市场的发展

　　美国虽然在 2001 年退出《京都议定书》，但民间一直关注和参与碳市场的发展。至少可以在一定程度上说，正是因为布什政府决定美国退出《京都议定书》，才有了以芝加哥气候交易所 CCX 为代表的自愿碳市场的蓬勃发展。CCX 在 2003 年启动运营，目前会员已经超过 300 个，其中包括美国芝加哥、波特兰等城市政府，芬兰和丹麦驻美使馆，美国电力、福特、杜邦等能源行业和高排放行业的著名公司，美国银行、瑞士再保险金融资产公司等金融机构，世界资源研究所、洛基山研究所等智库。CCX 参与者都是自愿进行减排的，但是每个加入芝加哥气候交易所的公司都必须承诺他们要在 2010 年前，把他们的温室气体排放量相对 1990 年的水平下降 6%。CCX 的 8 个温室气体减排量交易品种总交易量在 2008 年超过 6 900 万吨 CO_2 当量，交易价格也从初始约 2 美元一度攀升到 7 美元以上。在经历了 2008 年第四季度的最低谷后，目前 CCX 的碳交易价格和交易量都在回升，特别是交易量在 2009 年 2 月迅速回升，显示了美国自愿碳市场对奥巴马政府执政后采取积极气候变化政策的信心。美国政府气候变化政策的导向，使其他主要交易所也开始关注这一行业。

　　CCX 还有一个扩张计划，就是能够与世界上的其他碳交易机制相对接。2007 年 8 月，CCX 对外宣布，他们能够交易 CER 合同，而在 2007 年 9 月，EUA 合同也能在 CCX 交易，到 2007 年 12 月，他们还能够交易 CER 的期权。通过提供一系列的不同的碳交易市场上的碳交易产品，CCX 希望能够吸引更多的交易者参与到交易所的交易中来，以增强其在碳交易领域的竞争力。值得我们高度关注的是，CCX 已把触角伸向我国，已入股天津环境交易所。

6.3.4.2 美国的区域强制碳市场发展

在美国的国家管理体制下，各州拥有独立的立法权，因此，各州可以在一些问题的政策和行动方面，与联邦政府存在较大差异。相对于上一届布什政府，许多州政府应对气候变化的态度和行动非常积极。德意志银行发布的《全球气候变化法规政策进展》中，列举了美国东部地区温室气体倡议（RG-GI）和中西部6州的温室气体减排协定。再加上加利福尼亚州牵头建立的西部7州气候倡议、佛罗里达州已经制订的能源和减排法规，美国有近一半的州已经或将试图引入碳排放限额－贸易机制（Cap-and-Trade）来控制温室气体排放，而且吸引了加拿大4个省参与其中。RGGI于2005年建立，目前有美国东北部和大西洋沿岸10个州参加，其最重要的措施是在电力部门通过拍卖初始排放权实行限额－贸易机制。尽管受到金融危机影响，RGGI仍在2008年中成功拍出排放权逾4 400万份，获得收入超过1.44亿美元。加利福尼亚州一直标榜为美国各州中推动环境保护的先锋模范，过去几年中，共和党人州长施瓦辛格继承了这一传统，采取了与布什政府截然不同的气候变化政策，甚至已经与英国首相布朗探讨建立跨大西洋排放权交易机制。美国企业界和金融界在探寻经济发展商机方面素来敏锐，他们早已于2007年2月在旧金山举办的美国碳论坛上，开始讨论将美国东部、中西部和西部三个区域的气候变化行动倡议统一起来，构建联邦一级的美国碳市场。

6.3.4.3 《美国清洁能源安全法案》和碳排放权限额－交易体系的设计

2009年6月26日，美国众议院以219票对212票的微弱优势，通过了长达1 428页的《美国清洁能源与安全法案》（以下简称《法案》），为立法推动美国奥巴马政府的清洁能源经济新政迈出了重要一步。随后，美国参议院将讨论参议院版的《法案》，然后，参众两院协商合并成为国会的统一版本，送奥巴马总统签字生效，完成立法程序。现在，美国参议院对《法案》的讨论还没有完成。这份《法案》将对美国的国内及国际合作气候变化政策产生重要影响。

《法案》中一项重要内容，是通过一些条款提出了建立美国碳排放权限额－交易体系的基本设计。因为美国国际政治地位和巨大的经济总量，包括它的强大金融实力和产业能力，这个设计非常引人瞩目，被认为是构建美国国家层面碳市场的基础指导。

《法案》中美国碳排放权限额－交易体系的基本设计包括六个方面：排放总量控制、配额发放、稳定配额交易价格的措施、美国国内和国际抵消量、对发展中国家的援助、治理结构。主要内容有：

要求美国国内主要排放源排放温室气体都应获得配额。据推算，在《法案》下创造的配额总价值的范围是：到 2015 年大致为 700 亿~800 亿美元，2030 年为 900 亿~1 200 亿美元。

在《法案》实施前期，免费发放约 80% 的配额，以减轻向清洁能源经济过渡的负担。该过渡期措施将从 2025 年开始退出。到 2031 年，约 70% 的配额将以拍卖形式发放。

对消费者的保护。提出五个规划来保护消费者免受能源价格上涨的冲击：一是预防电价上涨；二是预防天然气价格上涨；三是预防取暖用油价格上涨；四是保护中低收入家庭；五是为消费者提供税收返还。综合起来，这些规划大大减少了《法案》对美国消费者的影响。因此，到 2020 年，美国家庭的水电实际开支将会比《法案》实施前有所降低。

对易受贸易损害的产业和其他产业的保护。制造钢铁、水泥和纸张等产品的能源密集型和贸易外向型产业将会获得部分配额，来支付其增长成本。除非总统决定这项规划仍需要保留，这些配额将会在 2025 年后退出。同时，美国总统可在 2020 年后采取一项针对与能源密集型和贸易外向型产业相关的（进口产品）边境税收调整（Boarder Tax Adjustment，即所谓"碳关税"）。为免除对这些产业施行边境税收调整，总统必须获得国会联合决议案支持。此外，炼油业和为供电签订长期合同的发电企业和商品煤供应商将在一定时间阶段内得到配额。

清洁能源和能效投资。规定了各州投资于可再生能源、能效以及减少交通污染项目可获得的配额比例。每年 1.5% 的配额将用于支持先进清洁能源和能效技术的研究和开发。

国内适应气候变化。2012~2021 年、2022~2026 年、2026 年之后三个阶段内，为支持美国国内适应气候变化的配额数量分别为 2%、4%、8%。其中一半用来保护野生动物和自然资源，另一半用来支持国内其他适应气候变化行动，包括公众健康。

防止热带地区毁林和促进国际适应气候变化行动。为防止热带地区毁林、国际适应气候变化行动以及清洁技术转让，在不同阶段安排总计 2%~

8%的配额。

向美国工人提供援助和职业培训。为向美国工人提供援助和职业培训,在不同阶段提供0.5% ~1%的配额。

对农业和可再生能源的补充激励。2012 ~2016 年, 0.28% 的配额将用于支持能够实现碳封存却不能合格获得抵消量信用额的农业活动[1], 以及支持可再生能源基础设施建设领域的投资。

对早期行动的认可。2012 年的 1% 配额将分配给在早期 (从 2001 年 1月 1 日到 2009 年 1 月 1 日) 产生减排量的项目。

6.3.5 国际碳市场发展的启示

传统市场无法解决环境外部性问题,因此存在市场失灵现象。在气候变化问题和应对气候变化行动中,人们利用与全球变化相联系的大气环境容量约束,创造出"碳"这个虚拟商品和进行"碳"商品交易的碳市场。并且由于碳市场和传统市场的连接及未来的融合,过去的环境外部性可以转入市场内部,"看不见的手"的作用得以延伸。伴随着这个过程,碳市场将带来新的发展观念、发展模式、发展工具和发展资源。为此,我们应积极地看待碳市场在经济社会发展中的地位和作用。

在应对气候变化的行动方面,碳市场发挥了产业减排行动和成果的集成作用,并且通过这种作用影响传统市场,对支持经济社会发展的各种资源和行动力量进行动员和集成,对它们的配置和组织方式进行优化,并从降低应对气候变化的综合行动成本方面,降低经济社会发展的综合成本。

在应对气候变化的资金方面,碳信用的金融属性以及它所具有的实体产业支撑,受到资本市场的青睐,使碳市场可以成为气候融资的渠道和工具,并有潜力成为资本市场中活跃的一员。

而且,随着碳交易以大大超过传统市场交易的发展速度增长,碳市场还在迅速发展壮大。也许会有一天,碳市场将在经济全球化发展中体现出自己的显著地位和作用。

---

1 我们认为此句的意思是, 一些农业活动有助于把大气中的 CO_2 转入土壤中实现碳封存, 但这些活动不能通过碳排放权限额 – 交易体系获得可以交易的减排信用额, 为此,《法案》在本项条款下提供配额。

同时，国际碳市场的建立来自应对气候变化的需要，它的发展与气候变化国际谈判的演进同步。我们已经知道，气候变化国际谈判的目的是构建国际气候制度，而气候变化问题作为发展问题的本质决定了国际气候制度实际上是一种国际政治经济制度。因此，国际碳市场的建立和发展同未来国际政治经济制度的建立和发展紧密联系在一起，体现为分配和重新分配全球环境资源的过程，同时还体现为制定分配和重新分配全球环境资源规则的过程。

为此，我们应清楚认识国际碳市场，深入了解它的建立基础和发展规律，为我国根据国情适时建立和发展自己的碳市场，为我国的碳市场在国际碳市场中发挥应有的作用，在错综复杂的国际政治形势中和在经济全球化进一步发展的格局中，为我国占据有利位置而进行积极准备。

6.4   清洁发展机制合作及未来发展

CDM 是《京都议定书》三种灵活机制中与发展中国家相关联的合作机制。2001 年气候公约第 7 次缔约方大会在摩洛哥马拉喀什召开，通过了《马拉喀什协定》一揽子决议，细化了《京都议定书》的具体实施方式，包括三种灵活机制的实施方式。

虽然《京都议定书》于 2005 年 2 月 16 日才正式生效，但早在 2003 年，全球 CDM 项目开发工作便已开始，2004 年 11 月 18 日全球首个 CDM 项目在联合国 CDM 执行理事会（EB）获得批准，标志着 CDM 国际合作启动运行。

6.4.1   清洁发展机制国际合作发展情况

6.4.1.1   全球清洁发展机制项目发展现状

（1）批准情况

2004 年 11 月 18 日，国际首个 CDM 项目获得批准。此后，全球 CDM 呈现快速、平稳发展态势，2008 年 3 月 26 日全球获得批准的项目数突破 1 000 个，历时近 3 年半。截至 2009 年 12 月 31 日，全球已获得批准项目达 1 992 个，已获得批准项目的预期年温室气体减排量达到 3.38 亿吨 CO_2 当量

（即可以换算成 CO_2 减排量的温室气体减排量）。可以肯定，全球获得批准项目数突破 2 000 个的用时将不超过 2 年。据统计，目前仍有 450 个项目处于 EB 审批的不同阶段，另有超过 2 000 个项目正处于注册前期的审定阶段。由此推测，全球 CDM 项目获得批准数达到 3 000 个的用时将进一步缩短，CDM 项目将为全球减少温室气体排放、共同应对气候变化，以及为发展中国家可持续发展发挥更大作用。

截至 2009 年 12 月 31 日全球获得批准的 1 992 个 CDM 项目，分布在中国、印度、巴西、墨西哥等 59 个发展中国家。其中，中国以 715 个项目（占全球已获得批准项目总数的 35.89%），预期年减排量达 2.0 亿吨 CO_2 当量（占全球已获得批准项目预期年减排总量的 59.12%），居全球首位。印度以 477 个项目（占全球的 23.95%），预期年减排量达 4 019 万吨 CO_2 当量（占全球的 11.88%）居全球第二位。

（2）核证减排量签发情况

自 2005 年 10 月 20 日首笔 CDM 项目 CER 签发以来，全球 CDM 项目产生的 CER 逐步进入大规模签发阶段，2007 年 12 月 14 日首次突破 1 亿吨 CO_2 当量，历时 2 年多；2008 年 10 月 16 日突破 2 亿吨 CO_2 当量，历时迅速缩减到 10 个月；而在 2009 年 6 月 23 日突破 3 亿吨 CO_2 当量，历时仅 8 个月。预计 CER 签发量突破 4 亿吨 CO_2 当量的用时有望进一步缩短。

截至 2009 年 12 月 31 日，全球共有 3.64 亿吨 CO_2 当量的 CER 获得签发。其中，中国以 1.74 亿吨 CO_2 当量（占全球 CER 签发总量的 47.81%）居首位；印度以 7 292 万吨 CO_2 当量（占全球签发总量的 20.05%）位列第二。

从当前全球 CDM 项目发展情况看，不论全球已获得批准项目数、预期减排量以及 CER 签发量，中国所占全球份额均排名第一。中国和印度两国所占全球份额之和超过了 50%。

6.4.1.2　清洁发展机制在国际合作中发挥的作用

CDM 作为联系发达国家和发展中国家共同减排温室气体的一种合作机制，一方面促进了全球共同应对气候变化，降低气候变化带来的不利影响，同时也为发展中国家的可持续发展作出了一定贡献。

第一，协助发达国家以较低成本实现其温室气体减排目标。根据《京都议定书》约定，发达国家在第一承诺期内需承担量化的温室气体减排义务，逾期未能完成，将面临一系列惩罚措施。由于发达国家的生产力水平已达较高水平，其资源利用率较高，故其实现温室气体减排的成本亦较高。据国际著名咨询机构麦肯锡报道，发达国家减少 1 吨 CO_2 当量的成本高达 100～500 美元。而发达国家在 CDM 一级市场只需 8～15 美元，即可获得 1 吨 CO_2 当量，大大降低了发达国家的减排成本。

第二，推进全球共同应对气候变化行动。CDM 通过市场机制和利益驱动，推动发展中国家积极采取温室气体减排措施，有利于发达国家和发展中国家同心协力，共同应对气候变化。

第三，促进发展中国家的可持续发展。CDM 国际合作为发展中国家的可持续发展带来一定数量的额外资金。粗略测算，当前通过 CER 转让已直接为发展中国家带来资金收入超过 30 亿美元。如果当前全球已获得批准项目均能顺利实施，则每年可为发展中国家带来的直接资金收入将超 25 亿美元。同时，通过 CDM 项目的开发、建设和运行等，间接撬动的融资资金达数百亿美元。

第四，为发展中国家的可持续发展提供新的理念。CDM 将环境保护活动商品化，并通过市场行为促进各方开展相关活动。它打破了发展中国家企业对开展环境保护活动的传统观念（即只有额外付出、增加企业成本但又迫于各方压力不得不开展），证明了环境保护活动同样可以通过商品交易进行，为企业获取经济效益。这不仅大大促进了企业主动开展环境保护活动的积极性，还为各国政府探索如何借助市场手段解决其他环境问题，如水污染、大气污染等，提供了新思路和实践参考。

第五，为发展中国家培养了与国际接轨的技术工作队伍。由于在 CDM 项目开发、实施过程中，发展中国家的项目业主、咨询机构以及 DOE（指定的经营实体，即提供核查、核证咨询服务的第三方机构）等均需按照国际统一标准行事，使一线人员直接与国际接轨，促进了发展中国家从事相关工作人员的素质和能力。同时，对于推进本国其他环境保护工作的参考意义很大。

第六，为发展中国家的企业发展带来新的理念。为确保 CDM 项目减排温室气体的真实性，防止出现泄漏，EB 对 CDM 项目开发、实施、减排量产生情况等有科学、严谨的监测、核查和报告机制。发展中国家企业通过 CDM 项目实施、与 EB 和 DOE 沟通等，可学习和吸收国际先进的企业管理理念和经验，提高企业科学化、规范化和精细化管理水平，实现企业的持续、健康发展。CDM 对发展中国家在理念和意识方面的促进作用，难以简单地用资金数量来衡量。

当然，随着全球 CDM 项目的实施，CDM 在运作中也不断暴露出自身的一些问题，比如 EB 的效率低下、DOE 资源短缺、程序烦琐等，导致 CDM 项目的发展速度、在应对气候变化工作中的预期作用降低。这些都是需要改进的地方。

6.4.2　我国开展清洁发展机制合作情况

我国是 CDM 项目开发和实施较早的国家之一。自 2004 年起，国家开始组织 CDM 项目的开发工作。为规范我国 CDM 项目管理，指导 CDM 项目开发，我国政府在 2004 年 6 月 30 日颁布《清洁发展机制项目运行管理暂行办法》，经过一年多的实施，于 2005 年 10 月 25 日出台了《清洁发展机制项目运行管理办法》。

6.4.2.1　我国 CDM 项目的现状

（1）我国政府批准 CDM 项目情况

自 2004 年 1 月 25 日我国首批 CDM 项目获得国家批准以来，我国 CDM 项目呈现快速增长态势，特别是进入 2007 年下半年，国家批准的项目由 2007 年 6 月底批准的 345 个，骤增至 2007 年底的 1 028 个，突破 1 000 个，同时也超过 EB 批准的全球项目总数。2009 年上半年，国家批准项目数突破 2 000 个。国家批准项目的预期年减排量在 2007 年上半年突破 1 亿吨 CO_2 当量，2007 年底突破 2 亿吨 CO_2 当量，2008 年底突破 3 亿吨 CO_2 当量，2009 年底突破 4 亿吨 CO_2 当量，已超过同期全球 CER 的累积签发量（3.64 亿吨 CO_2 当量）。截至 2009 年 12 月 31 日，共有 2 327 个项目获得国家批准，预期年减排量达 4.26 亿吨 CO_2 当量。

这些项目主要分布在新能源和可再生能源、节能和能效提高、甲烷回收利用、燃料替代、原料替代、氧化亚氮分解、氢氟化烃（HFCs）分解、余热余压利用、垃圾处理以及造林和再造林等 10 个领域。其中，有 1 636 个项目（占国家已批准项目总数的 70.31%）为新能源和可再生能源，项目预期年减排量达 2.02 亿吨 CO_2 当量（占国家已批准项目预期年减排总量的 47.4%），居所有项目类型的首位。HFCs 分解类项目仅 11 个，但因该类项目的温室气体减排量大，这 11 个项目的减排量达 6 565 万吨 CO_2 当量，居第三位。

（2）联合国清洁发展机制执行理事会批准我国 CDM 项目情况

自 2005 年 6 月 26 日我国首个 CDM 项目获得联合国批准以来，2007 年 7 月 16 日我国获得 EB 批准的 CDM 项目数首次超过 100 个，历时 2 年多；到 2008 年 4 月 13 日达 200 个，历时不足 1 年时间；而后，每超过 100 个的用时均不足半年。截至 2009 年 12 月 31 日，EB 共批准我国 CDM 项目 715 个（占国家已批准项目数的 30.07%），预期年减排量达 2.0 亿吨 CO_2 当量（占国家已批准项目预期减排的 46.9%）。

这 715 个项目分布在上述 10 个领域。其中，新能源和可再生能源项目以 252 个（占 EB 批准项目数的 71.3%）居项目数首位。HFCs 分解类项目以 6 565 万吨 CO_2 当量（占 EB 批准我国项目预期年减排量的 32.83%）居该领域预期年减排量首位。

（3）核证减排量签发情况

自 2006 年 7 月 23 日我国首笔 CER 获得签发以来，2007 年 6 月 22 日我国 CDM 项目 CER 签发量首次超过 1 000 万吨 CO_2 当量，历时近一年时间；2007 年 10 月 4 日即突破 2 000 万吨 CO_2 当量，历时仅三个月。2009 年 1 月 2 日，我国 CER 签发量突破 1 亿吨大关。截至 2009 年 12 月 31 日，我国共有 1.74 亿吨 CO_2 当量的 CER 获得签发。每千万吨的签发用时最短仅 13 天。

6.4.2.2 我国 CDM 项目快速发展的成功经验

我国虽不是全球实施 CDM 项目最早的国家，但自项目实施以来短短 4 年多时间内，快速发展为全球 CDM 项目第一大国，主要得益于以下几方面因素：

我国的潜在减排市场巨大。由于我国长期的粗放式发展，以及以资源消耗型产业为主的产业结构，使得我国在进一步提高资源利用率、降低资源消耗水平的空间较大，CDM 市场潜力相应较大。

我国政府高度重视。我国自开展 CDM 项目初始，就高度重视国家层面的管理，以及项目开发与实施，设置了专业管理机构，出台了相关办法规范项目运行，同时通过大力宣传、能力培训、提升国内业主及相关咨询机构的能力和 CDM 意识，推动了我国 CDM 项目的发展。

咨询公司在我国 CDM 项目发展中发挥了重要作用。据统计，当前在我国开展 CDM 业主咨询的咨询机构已达近百家。这些机构为拓展自身业务积极寻找符合要求的项目,并向企业宣传 CDM 相关知识、宣传 CDM 对企业的促进作用,同时通过提供一站式服务减少企业负担等方式,唤醒了企业的节能意识,极大地促进了国内 CDM 项目的发展。

6.4.3　清洁发展机制合作的未来发展

2012 年后的国际气候制度中 CDM 能否存在和如何发展是一个普遍关心的问题。一般认为,CDM 是发达国家和发展中国家关于减排温室气体的唯一成功合作机制,因此,这种合作机制还是有可能继续存在下去,不管它是继续叫 CDM 还是叫其他什么名字。发达国家为了降低在本国减排温室气体的成本,需要到发展中国家购买更便宜的温室气体减排量。这种需求非常可能存在,例如欧盟提出将在 2020 年实现 20% ~30% 的温室气体减排,其中一半左右将来自发展中国家。欧盟已批准气候和能源一揽子方案,在 2013 ~2020 年期间将实施第三阶段欧洲排放交易系统。美国碳市场如按美国众议院通过的《清洁能源与安全法案》建立,预计其减排量缺口为每年 20 亿吨 CO_2 当量,其中 10 亿 ~15 亿吨要到国际碳市场购买。同时,日本、澳大利亚、新西兰、加拿大等国家也在积极筹划建立本国或地区的碳市场。这些都需要在发达国家和发展中国家开展减排合作。

但是,关于 CDM 将如何发展和改革,目前讨论很多,看法和思路多样。要推进 CDM 合作,需要考虑三个影响因素:一是发达国家能否作出继续减排承诺和承诺的减排数量;二是如何使 CDM 合作更有效率和产生更大的减排成效;三是如何使 CDM 项目在全球的分布更为平衡,使更多的发展中国家参与其中。

6.5　应对气候变化创新机制的探索

6.5.1　建立应对气候变化创新机制的需要

气候变化问题的本质是发展问题,而发展是一个过程,因此,面对新的挑战,气候变化问题在过去发展的基础上,为传统意义的发展融合进了新的发展内容。气候变化问题带来发展观念、发展模式的转变,也引入了新的发展工具和新的发展资源。气候变化问题提出了政府与市场之间需要进一步考虑分工，在此基础上加强沟通与协同。气候变化问题的解决，既需要各国在本国国内的努力，又需要紧密协同的国际行动，由此需要加强国际国内两种资源链接，进一步发展务实合作。

为此，在需要进一步动员和组织政府和市场原有力量的同时，还需要在资金和行动紧密结合的基础上，发展创新机制，服务于国内和国际应对气候变化行动，特别是为我国的低碳发展，探索引进先进发展观念和新的发展工具，探索发展模式，开拓和探索利用新的发展资源。

6.5.2　中国清洁发展机制基金

6.5.2.1　基金概况

中国清洁发展机制基金（以下简称"基金"）是我国利用气候变化国际合作成果建立的一个国家应对气候变化工作的创新机制，是国家财政工作的一个创新探索，也是全球发展中国家第一家专项应对气候变化基金。

2005 年 10 月，中国政府启动了基金筹建准备工作。在筹建过程中，我国政府各有关部门通力合作，密切配合。2006 年 8 月，国务院批准建立中国清洁发展机制基金及其管理中心。2007 年 11 月，财政部和国家发展和改革委员会联合为基金及其管理中心举办了启动仪式，基金进入业务运行。2010 年 9 月，《中国清洁发展机制基金管理办法》经国务院批准，由财政部、国家发展和改革委员会、外交部、科学技术部、环境保护部、农业部、中国气象局联合公布并开始施行。由此，基金业务全面展开。

根据《中国清洁发展机制基金管理办法》，中国清洁发展机制基金是由国家批准设立的、按照社会性基金模式管理的政策性基金。基金的宗旨是支持国家应对气候变化工作，促进经济社会可持续发展。基金的筹集、管理和使用应当遵循公开、公正、安全、效率和专款专用的原则。

基金的管理机构由基金审核理事会和基金管理中心组成。基金审核理事会是关于基金事务的部际议事机构，由国家发展和改革委员会、财政部、外交部、科学技术部、环境保护部、农业部和中国气象局的代表组成。基金管理中心是基金的日常管理机构，具体负责基金的筹集、管理和使用，由财政部归口管理。

基金的资金来源包括：①通过 CDM 项目转让温室气体减排量所获得收入中的属于国家所有的部分；②基金运营收入；③国内外机构、组织和个人捐赠；④其他来源。

其中，通过 CDM 项目转让温室气体减排量所获得收入中的属于国家所有的部分全额纳入基金，是基金当前主要的资金来源。CDM 项目业主按照《清洁发展机制项目运行管理办法》规定的比例，向基金缴纳这些国家收入。CDM 项目业主积极配合，保证了基金收取工作的顺利开展，也在一个方面体现了 CDM 项目业主对国家开展应对气候变化行动，特别是建设应对气候变化创新机制的大力支持。

基金的使用采取赠款、有偿使用等方式。

基金通过赠款方式支持有利于加强应对气候变化能力建设和提高公众应对气候变化意识的相关活动。赠款主要用于支持：①与应对气候变化相关的政策研究和学术活动；②与应对气候变化相关的国际合作活动；③旨在加强应对气候变化能力建设的培训活动；④旨在提高公众应对气候变化意识的宣传、教育活动；⑤服务于基金宗旨的其他事项。基金赠款项目申请人应当是我国境内从事应对气候变化领域工作，具有一定研究或者培训能力的相关机构。

基金通过有偿使用方式支持有利于产生应对气候变化效益的产业活动。基金有偿使用采取以下方式：①股权投资；②委托贷款；③融资性担保；④国家批准的其他方式。基金有偿使用项目申请人应当是我国境内从事减缓、适应气候变化相关领域业务的中资企业、中资控股企业。

使用好基金是国家和国际社会的共同期待。现在，低碳发展已经成为国家可持续发展的一个组成部分，是应对气候变化的重要手段。"十二五"时期发展低碳经济的直接要求，是把大幅降低能源消耗强度和二氧化碳排放强度作为约束性指标，有效控制温室气体排放。推动减排体制机制创新，降低社会减排成本，优化社会资源，推动科学技术进步，发展高效低排放的新兴产业是当前我国节能减排和发展低碳经济的重要工作内容。实现低碳发展不仅需要公共资源和行政措施，而且需要市场发挥重要作用。基金工作的重点是积极动员社会资源和力量，通过科学化、市场化、专业化的运作，大力推动市场减排、技术减排、新兴产业减排，为低碳发展作出重要贡献。第一，加快促进中国市场减排机制的建立和发展，包括在我国逐步建立国内碳市场的进程中作出应有贡献。第二，要推动技术减排，支持中小企业对低碳技术的应用和开发，有选择地支持未来具有巨大减排潜力的重大低碳技术的研发。第三，大力支持新兴产业发展，帮助各部门和地方平稳淘汰落后的生产产能，提高社会稳定和经济可持续发展的能力。

6.5.2.2   加强基金工作创新性

基金将把服务于国家目标的创新性工作思路体现在业务工作中。一是基金定位于按照社会性基金模式运行的政策性基金，这个设计是一种创造，既可以在基金业务中体现国家政策导向，又可以在市场上直接开展商业合作。二是基金将通过赠款，配合国家财政主渠道，支持应对气候变化国家行动和国际合作的政策研究、能力建设和宣传工作。三是基金将利用运行模式的优势，在政府的指导和支持下，依托政府的支持，基于广泛的国内外合作，面向市场开展基金有偿使用业务，发挥示范作用和大规模推广成功范例，强调节能减排实效，推动市场减排、技术减排和产业减排，探索发展基于市场的长效机制。四是基金将通过发展务实的国际合作，引入应对气候变化和低碳发展的国际先进理念、工作模式和资源。

基金将通过业务活动，充分发挥资助源、资金合作平台、行动合作平台和信息收集与交流平台的作用。第一，作为资助源，基金将使用好自己的资金，支持国家、行业、地方等不同层面的应对气候变化行动。第二，作为资金合作平台，基金将积极发展与各方面的资金合作，积极推动政府投入、国际援助资金合作和社会资金在国家应对气候变化行动中的参与和协同，为国家应对气候变化行动动员、组织多来源、多渠道资金。第三，作为行动合作平台，基金将积极发展同各种应对气候变化行动力量的合作，促进各方面行动力量的参与和协同。第四，利用以上工作基础，基金将广泛和系统地收集国内和国际与应对气候变化相关的信息，并促进信息交流与共享。

基金工作与财政工作存在紧密联系，但也存在不同。

首先，基金的主要资金来源是 CDM 国际合作产生的国家收入，国际社会予以特别关注。建立基金的基本初衷一是要体现对这部分资金的严格管理；二是体现基金使用产生的应对气候变化工作实效，特别是碳减排实效。两者都将向国际社会表明中国政府对气候变化国际合作的负责任态度和基金工作的公开透明，共同体现了基金工作国际性的基本特征。

其次，基金管理办法要求基金主要采取有偿使用方式开展业务，有别于财政资金的拨付使用。这进一步明确了基金工作的重点是积极动员社会资源和力量开展市场减排，发挥配合政府行政措施的作用。

6.5.2.3　积极开展国际合作

基金的建立和业务工作开展受到国际社会广泛关注，许多国际发展组织、国际金融组织、外国政府机构和一些外国企业表示了浓厚兴趣和合作愿望。基金将积极开展国际合作。

一方面，加强中国积极应对气候变化政策、行动和成就的对外宣传。基金在严格资金管理的同时，要充分体现资金使用产生的应对气候变化工作实效，特别是碳减排实效，向国际社会表明中国政府对气候变化国际合作的负责任态度和基金工作的公开透明。基金作为一个国际合作平台，还要充分发挥对外交流、宣传平台作用，把基金业务的各项成果以及各部门和地区应对气候变化的成绩和经验，用一种别人"看得见"、"听得懂"的方式宣传出去，创造良好的国际环境，为国内经济社会发展服务。

另一方面，利用国际资源，提高我国发展低碳经济、应对气候变化工作的能力和质量。基金将积极开展多、双边国际合作，紧密围绕国家低碳发展和应对气候变化工作需要，在开展投融资合作的同时，注重引进吸收国际先进知识和技术、发展模式、管理模式。基金已同世行、亚行、联合国有关机构、一些国家的公共机构和私人机构建立了机制性的务实合作关系。

7

展　望

我们讨论气候变化融资的多方面内容,是在紧扣气候变化问题作为发展问题的本质认识的基础上,以科学发展观为统领,以加快经济发展方式为主线,展宽视角,充分认识和利用政府与市场的手段、国际与国内的资源,为我国实现经济社会又好又快的发展提供支持服务。

7.1　促进经济社会又好又快发展

7.1.1　弘扬科学发展主题

胡锦涛总书记在党的十七大报告中对科学发展观进行了系统阐述。科学发展观作为中国特色社会主义理论体系的重要组成部分,以丰富的思想内涵构建了第一要义是发展、核心是以人为本、基本要求是全面协调可持续、根本方法是统筹兼顾的科学理论。

全面协调可持续是科学发展观的基本要求。贯彻落实科学发展观,必须坚持走生产发展、生活富裕、生态良好的文明发展道路,建设资源节约型、环境友好型社会,实现速度和结构质量效益相统一、经济发展与人口资源环境相协调,使人民群众在良好生态环境中生产生活,实现经济社会永续发展(温家宝,2008)。

全面协调可持续发展是基于我国国情和经济社会发展进入新阶段的必然选择。科学发展观强调全面协调可持续发展,就是要促进人与自然和谐,实现经济发展和人口、资源、环境相协调,在发展过程中坚持生态可持续、经济可持续和社会可持续的协调统一(杨忠宝,2009)。

在生态发展方面，科学发展观坚持经济发展要与自然承载能力相协调，指出发展取决于环境和资源的可持续性，发展要以自然的承受能力为限度；强调人类社会的发展，应以不损害自然生态系统的自我修复能力为前提，不能毫无限制的发展；发展的同时必须保护、改善和提高自然界的资源生产能力和环境自净能力，保证以可持续的方式利用自然资源。

在经济发展方面，科学发展观强调经济发展的必要性，肯定了经济发展的基础地位，认为只有发展才能摆脱贫困，才能为解决生态危机提供物质基础；不以环境保护为名停止经济发展，不提倡环境保护和经济发展相脱离的做法，而是要求保护与利用合理结合，在根本上解决环境问题。科学发展观要求改变传统的以高投入、高消耗、高污染为特征的生产模式和消费模式，实施清洁生产和文明消费，实现经济增长方式从粗放型到集约型的根本性转变，以提高经济活动中的效益，实现经济发展可持续。

在社会发展方面，科学发展观致力于创立公正、平等、民主、开放的社会环境，促进人的素质全面提高，人的能力全面发展，为社会可持续发展提供动力与保障；要求在社会物质生活、政治生活和精神生活等基本领域进行变革，大力提高人民群众各方面的生活水平，努力构建社会主义和谐社会。

党的十七届五中全会通过的《中共中央关于制定国民经济和社会发展第十二个五年规划的建议》（以下简称《建议》）指出："以科学发展为主题，是时代的要求，关系改革开放和现代化建设全局。我国是拥有十三亿人口的发展中大国，仍处于并将长期处于社会主义初级阶段，发展仍是解决我国所有问题的关键。在当代中国，坚持发展是硬道理的本质要求，就是坚持科学发展，更加注重以人为本，更加注重全面协调可持续发展，更加注重统筹兼顾，更加注重保障和改善民生，促进社会公平正义。"

7.1.2　加快转变经济发展方式

《建议》强调："以加快转变经济发展方式为主线，是推动科学发展的必由之路，符合我国基本国情和发展阶段性新特征。加快转变经济发展方式是我国经济社会领域的一场深刻变革，必须贯穿经济社会发展全过程和各领域，提高发展的全面性、协调性、可持续性，坚持在发展中促转变、在转变中谋发展，实现经济社会又好又快发展。"

加快转变经济发展方式的基本要求是：坚持把经济结构战略性调整作为

加快转变经济发展方式的主攻方向；坚持把科技进步和创新作为加快转变经济发展方式的重要支撑；坚持把保障和改善民生作为加快转变经济发展方式的根本出发点和落脚点；坚持把建设资源节约型、环境友好型社会作为加快转变经济发展方式的重要着力点；坚持把改革开放作为加快转变经济发展方式的强大动力。"五个坚持"是在科学发展观的指导下，领会和运用气候变化问题作为发展问题的本质认识、积极开展应对气候变化行动的具体指导。下面，从一些方面认识应对气候变化工作与"五个坚持"的联系：

坚持调结构是主攻方向，《建议》首先强调要"构建扩大内需长效机制"。"十二五"时期在协调消费、投资、出口"三驾马车"拉动经济增长过程中，扩大消费并形成相关长效机制将处于显著位置。扩大内需意味着与内需对应的生产增加，对应的温室气体排放也将可能增加。所以，在投资和出口对应的排放至少不减少的情况下，我国从生产角度承担的控制碳排放的责任可能增加。退一步讲，即使从最终消费角度分配当前控制碳排放责任，内需扩大也必然使我国承担的责任增加。因此，由碳排放空间体现的我国经济社会发展空间就可能更早和更严重地受到国际社会的影响，甚至是制约。积极开展应对气候变化行动，努力开展温室气体减排工作，将直接服务于争取碳排放空间，也因此为扩大内需提供重要的支持服务。

坚持科技进步与创新是重要支撑，《建议》强调"十二五"发展主要依靠科技进步、劳动者素质提高和管理创新。第一，应对气候变化、促进低碳发展，需要加快培育节能环保、新能源、新能源汽车等战略性新兴产业，这首先取决于这些领域的技术取得不断进步，包括技术示范和市场推广。第二，需要通过创新，建立起体现引导、鼓励等作用的长效机制，为技术进步提供优良稳定的发展环境。第三，这两者都离不开高素质人才。

坚持保障和改善民生是根本出发点和落脚点，《建议》强调"完善保障和改善民生的制度安排"。民生大到就业、收入分配等，小到百姓生活舒适便利，都是构建和谐社会的具体内容。最近，一些地方为了完成"十一五"节能减排约束性指标，利用行政命令拉闸限电。这种做法不仅效果是临时的，甚至被企业自备发电抵消，而且有的还严重影响百姓生活。即使这些做法的出发点是好的，但从构建和谐社会的目标来衡量，仍无法掩盖其缺憾。所以，急需在加快转变经济发展方式的根本要求下，为节能减排工作发展多样化市场手段来配合行政措施，既加大工作力度，又减轻对民生的可能影响。"十二五"时期将继续设置降低能耗强度的约束性指标，还将明确降低碳排放强度的约束性指标。急需建立落实这些指标的基于市场的长效机制，既可以创造大量就业机会，又避免临时性行政措施严重影响百姓生活，还可以避免把有限的财政资金大量用于适合市场发展的地方，从而更好地发挥公共财政作用，更多地支持民生。因此，这两个约束性指标还应体现对建立应对气候变化市场的引导，不仅服务于经济发展要求，而且服务于社会发展要求。

坚持建设"两型"社会是重要着力点，《建议》强调节约能源资源、降低温室气体排放强度、推广低碳技术和积极应对全球气候变化。长期以来高投入、高消耗、高污染、高排放的粗放增长，使我国面临严重的资源能源和环境硬约束。为此，建设"两型"社会已经成为促进经济社会可持续发展、全面建设小康社会的必然要求。

坚持改革开放是强大动力，《建议》在开放方面要求互利共赢，强调"与国际社会共同应对全球性挑战，共同分享发展机遇"。全球气候变化问题是当今最为严峻的全球性挑战之一，也是向低碳发展转型的机遇。《建议》的表述充分体现了党和国家对中华民族和全人类高度负责的态度，也充分体现了对我国参与应对气候变化国际合作的基本要求。

7.1.3 促进低碳发展积极应对气候变化

我国正处在全面建设小康社会的关键时期，工业化、城镇化正呈加速趋势，面临着来自资源约束、环境保护、气候变化等多重压力。随着中国经济实力的增强，国际社会要求中国承担更多的国际义务和责任的诉求也越来越强烈。在复杂多变的国内外环境下，加快转变经济发展方式，建设资源节约型、环境友好型社会，大力发展低碳经济，是我们在新的历史阶段解决问题、缓解压力的根本出路。

低碳经济，其核心就是建立一种低消耗、低排放、低污染的生产、生活模式。第一，我们要改变生产、生活观念，倡导生态文明观，每个企业、每个家庭、每个居民都要行动起来，积极践行低碳生产和低碳生活，决不能再走边发展、边排放、边污染、边治理的老路；要从生产的源头、消费的终端同时行动起来，建立一个低碳生产消费价值链，重构科学低碳生产消费价值观。第二，要加大低碳技术的研发和应用，发挥技术在节能减排中的核心推动作用，加快传统产业的改造、升级和新兴产业建设，尽快找到推动经济发展的新资源、新动力、新增长点，真正实现在发展中促转变，在转变中谋发展。第三，要加快低碳经济体制和机制上的创新，积极扩大国际合作，不断提高全社会整体应对气候变化能力。要建立、完善低碳经济相关立法，推动市场减排机制建设。要提高国际合作质量，充分利用国际资源为国内发展服务，努力形成一个互利共赢、共同应对的国际合作气氛和局面。

《建议》把"积极应对全球气候变化"作为加快转变经济发展方式工作的一个重要内容。《建议》要求："把大幅降低能源消耗强度和二氧化碳排放强度作为约束性指标，有效控制温室气体排放。合理控制能源消费总量，抑制高耗能产业过快增长，提高能源利用效率。强化节能目标责任考核，完善节能法规和标准，健全节能市场化机制和对企业的激励与约束，实施重点节能工程，推广先进节能技术和产品，加快推行合同能源管理，抓好工业、建筑、交通运输等重点领域节能。调整能源消费结构，增加非化石能源比重。提高森林覆盖率，增加蓄积量，增强固碳能力。加强适应气候变化特别是应对极端气候事件能力建设。建立完善温室气体排放和节能减排统计监测制度，加强气候变化科学研究，加快低碳技术研发和应用，逐步建立碳排放交易市场。坚持共同但有区别的责任原则，积极开展应对全球气候变化国际合作。"

7.2　积极促进气候变化融资

7.2.1　加大政府资金投入

财政部谢旭人部长指出：财政是党和国家履行职能的物质基础、体制保障、政策工具和监督手段。财政部门作为宏观调控部门，能否全面贯彻落实科学发展观，不仅关系到财政事业自身的科学发展，而且关系到财政职能作用的发挥，关系到经济社会的全面协调可持续发展。用科学发展观统领财政工作，把发展的第一要义，以人为本的核心，全面协调可持续的基本要求和统筹兼顾的根本方法，更好地贯彻和运用于财政工作的始终，既有利于财政自身的改革与发展，更有利于推动经济社会的科学发展。为此，要紧密结合经济社会发展的新形势、新任务、新要求，以及财政改革与发展中出现的新情况、新问题，坚持以科学发展观为统领，进一步丰富完善财政改革与发展的思路，使财政改革与发展始终跟上时代发展步伐，更好地促进科学发展和社会和谐。

近年来，财政工作不断加大财政政策调整力度，努力建立有利于科学发展的财税制度，在推进环境保护和经济发展方式转变方面迈出了重要步伐，取得了明显成效：第一，加快环境资源税费改革，逐步建立环境保护和可持续发展的税费政策体系；第二，调整财政支出政策，逐步形成节能减排和可持续发展的多元化资金投入机制；第三，深化资源环境有偿使用制度改革，健全资源节约、环境保护激励和约束机制；第四，完善财政转移支付政策．鼓励地方政府走可持续发展道路；第五，深化政府采购制度改革，促进环境保护和可持续发展技术创新（张通，2008）。

国家财政对应对气候变化和低碳发展的政策和措施在不断加强和不断发展中。例如：2010 年安排节能减排 500 亿元专项资金，比 2009 年增长 200 亿元；安排可再生能源发展专项资金 109 亿元，比 2009 年增长 30 亿元。这些资金为大面积推广节能高效产品，支持风电和光伏产业发展，支持节能减排重点工程，发挥了重要作用。

面向"十二五"的发展需要，财政工作需要继续注重政策前瞻性，加强科学化、精细化管理。

注重政策的前瞻性，就是要注重提前谋划，把握政策的主动权。财政宏观调控作为宏观调控体系的重要组成部分，当前及今后一个时期，要根据党的十七大精神，按照科学发展观的要求，牢牢把握"控总量、调结构、促协调"的目标定位，加强经济预测监测和分析，根据经济运行的发展变化趋势，把握财政政策取向。按照全面、协调、可持续发展的要求，加强和改善财政宏观调控。综合运用税收、预算、国债、贴息、转移支付、政府采购等多种工具，充分发挥财政政策在稳定经济增长和优化结构、协调发展等方面的积极作用，注重与货币政策、产业政策协调配合，控总量、调结构、促协调，不断增强财政宏观调控的前瞻性、及时性、针对性、协调性和有效性，不断提高财政宏观调控水平（谢旭人，2008）。

财政工作科学化、精细化，要求从财政工作管理科学化、精细化，到财政政策设计和实施的科学化、精细化。为加快转变经济发展方式，实施财政科学化、精细化管理尤为必要，以准确把握当前形势，切实提高政策的针对性、准确性、有效性，加强和改善宏观调控，促进我国经济长期平稳较快发展。

7.2.2　发挥市场机制作用

服务于加快转变经济发展方式的低碳发展和应对气候变化行动，需要大量的资金支持。2009 年 11 月，中国宣布到 2020 年单位 GDP 碳强度比 2005 年降低 40%～45%，非化石能源占一次能源比重要达到 15% 左右，增加 4 000 万公顷的森林面积和 13 亿立方米森林蓄积量等减排目标。实现这些目标，仅靠政府投入远远满足不了资金需要，必须动员全社会的力量。例如，《新兴能源产业发展规划》的规划期为 2011 年至 2020 年，据预测，在规划期内累计直接增加投资 5 万亿元，其中可再生能源达到 2 万亿元至 3 万亿元，风电占 1.5 万亿元，太阳能占 2 000 亿元至 3 000 亿元[1]。这些资金中将有大量来自商业投资。

气候变化问题的实质是发展问题，市场在发展中的地位和作用不断被强化。《建议》要求"加快改革攻坚步伐，完善社会主义市场经济体制"，为在气候变化融资工作中更好地发挥市场机制作用，提供了坚实支撑。

为促进市场的气候变化融资，应采取多种措施，例如：

建立有利的政策环境，通过产业政策、技术发展政策、金融政策、财政政策、税收政策、环境政策等专门政策和综合政策，提供明确的市场发展信号，引导和支持社会资金投入。

建立具有普遍意义的应对气候变化公共部门—私营部门合作伙伴关系，在应对气候变化行动中，加强公共部门资金对社会资金的带动和合作。

加强能力建设，如加强对气候友好技术的研发、示范和推广，加强金融机构对低碳发展和应对气候变化投资的机遇认识和风险认识与控制能力等。

提高公众意识，如强化企业的社会责任意识、建立适应气候变化的公众保险需求等。

碳市场的建立和发展是气候变化融资工作的一个新领域。《建议》提出要在我国"逐步建立碳排放交易市场"，为我国碳市场的建立和发展提供有力的政策支持。现在，我国尚处在建立碳市场的探索初期，迫切需要促进基础设施的建立和完善，在关注交易平台的同时，更重要的应是与实体经济紧

1　风电装机容量有望 10 年增长 10 倍 . http：//www.chinanews.com.cn/ny/2010/10－13/2582848.shtml

密相连的、针对碳排放和减排的测量、报告、核查体系的建立与完善，并在此基础上发展可交易的碳信用产品，利用碳市场发展碳金融，从而建立应对气候变化行动与资本市场的新连接。

中国清洁发展机制基金应在促进发挥市场机制作用方面发挥重要作用。经国务院批准，财政部、国家发改委等七部委（局）于2010年9月14日联合公布了《中国清洁发展机制基金管理办法》，为基金作为国家应对气候变化工作创新机制提供了授权，基金业务由此全面展开。基金将通过采取科学化、市场化、专业化的运作，支持和推动节能减排产业化，积极动员社会资源和力量开展市场减排、技术减排和新兴产业发展减排。

7.2.3　加强国际资金合作

应对气候变化和低碳发展的政策和行动，能够改善每个国家的相对竞争力，对重塑世界政治经济格局发挥重大作用。如果各国开展应对气候变化和低碳发展合作，将促进实现全球可持续发展。

资金问题是建立2012年后国际气候制度的一个关键内容，直接关系到国际气候制度的设计与运作，关系到应对气候变化国际合作行动的落实。公共资金作为气候变化融资的一个主要来源，其地位应得到加强，这是近年来财经领域国际合作正在发展的一项新内容。同时，来自私营部门和碳市场的资金，作为公共资金的补充，其作为气候变化融资重要来源的地位，受到越来越多的重视。

在2010年底在坎昆召开的联合国气候变化大会上，《哥本哈根协议》提出的2010~2012年的300亿美元"快速启动资金"有了比较明确的答案，但其中新的、额外的资金数量不足，并且，进一步的每年1 000亿美元资金问题仍然悬而未决。资金问题能否得到解决，不仅关系到2012年后国际气候制度的建立，而且关系到国际社会对应对气候变化国际合作的信心。

应对气候变化资金合作是国际经济合作的重要内容之一，其对应对气候变化和低碳发展的影响力，远远超越资金本身。我们积极推动资金合作，更多的关注点应放在资金作为载体所带来的知识合作，利用资金合作引进、消化和吸收国际先进理念和技术、发展方式和管理模式，为我国加快转变经济发展方式，实现经济社会又好又快发展服务。同时，在资金合作中，促进国际社会更好地理解和了解我国的应对气候变化和低碳发展的政策和行动，从而营造有利于我国发展的国际环境。

参考文献

［1］GEF/UNDP 中国国家环境履约能力自评估项目办公室．2006．中国履行国际环境公约国家能力自评估报告．北京：中国环境科学出版社

［2］蔡博峰，刘春兰，陈操操等．2009．城市温室气体清单．北京：化学工业出版社

［3］邓文勇．2007．公共财政理论与实践．北京：中国发展出版社

［4］付俊花．2007．推进产业结构优化升级的税收政策研究．经济导刊，2007（3）

［5］高鹤．2008．新形势下提升我国国际分工地位的对策．长春工业大学学报．20（4）：25～27

［6］谷德近．2008．多边环境协定的资金机制——中山大学法学文丛．北京：法律出版社

［7］何建坤，刘滨，陈文颖．2004．有关全球气候变化问题上的公平性分析．中国人口资源与环境，14（6）：12～15

［8］黄达．2009．金融学．北京：中国人民大学出版社

［9］金涌，王垚，胡山鹰，朱兵．2008．低碳经济：理念·实践·创新．中国工程科学，10（9）：4～13

［10］林鹭．2008．基于节约型社会的绿色财政税收政策研究．广西大学硕士论文

［11］李文．2008．鼓励我国生产性服务业发展的税收政策研究．税务与经济，2008（3）

［12］刘邦驰，王国清．2007．财政与金融．成都：西南财经大学出版社

［13］刘斐，高慧燕．2009．中国温室气体排放的历史积累和现状分析．节能与环保，2009（4）：14～15

［14］刘敏．2006．高新技术产业带发展中政府职能的特征与定位．云南财贸学院学报（社会科学版），2006（4）

［15］刘玉辉．2003．政府·企业·市场：蝴蝶效应与合谋博弈．理论前

沿，2003（18）：25~26

[16] 马海滨.1992.产业结构调整的财政对策.决策探索,1992（2）：1~19

[17] 孟耀.2008.绿色投资问题研究.大连：东北财经大学出版社

[18] 潘家华,陈迎.2009.碳预算方案：一个公平、可持续的国际气候制度框架.见：王伟光,郑国光主编.应对气候变化报告（2009）：通向哥本哈根.北京：社会科学文献出版社.201~224

[19] 彭高旺.2008.促进环境保护的财税政策研究.暨南大学博士论文

[20]《气候变化国家评估报告》编写委员会.2007.气候变化国家评估报告.北京：科学出版社

[21] 秦赣江,刘志烈,曾肄业.2008.宁波市发展现代服务业的财税政策研究.经济研究参考,2008（35）：47~57

[22] 曲格平.2000.环境保护知识读本.北京：中国环境科学出版社

[23] 宋萌荣,康瑞华.2009.社会主义与发展：改革开放30年探索和观念变革的主线.科学社会主义,2009（1）

[24] 苏明,傅志华,包全永.2005.我国鼓励节能的财税政策思路和建议.中国能源,27（2）：5~9

[25] 王卉彤.2008.应对全球气候变化的金融创新.北京：中国财政经济出版社

[26] 王伟男.2009.欧盟排放交易机制及其成效评析.世界经济研究,2009（7）

[27] 王曦.1998.国际环境法.北京：法律出版社

[28] 王曦.2005.国际环境法.北京：法律出版社

[29] 王治海,王宏宇.2006.对我国高新技术产业发展中政府定位的思考.新疆财经,2006（3）

[30] 温家宝.2008.关于深入贯彻落实科学发展观的若干重大问题.求是,2008（21）

[31] 温素彬,薛恒新,卢太平.2005.社会责任型投资研究.中国投资.2005（1）：12~16

[32] 肖坚.2008.促进节能减排的财政政策思考.地方财政研究,2008（5）：9~14

[33] 谢旭人.2008.落实科学发展观　推进财政改革与发展.求是,

2008 (5)

[34] 徐海燕．2008．对我国企业社会责任的法律视角探析．当代经济，2008 (12)

[35] 杨圣明，韩冬筠．2007．清洁发展机制在国际温室气体排放权市场的前景分析．国际贸易．2007 (7)：21~23

[36] 杨忠宝．2009．论科学发展观的可持续发展思想．中国科技信息，2009 (16)

[37] 张磊，蒋义．2008．促进节能减排的税收政策研究．中央财经大学学报，2008 (8)

[38] 张嫄，李腾．2008．促进产业结构优化升级的税收政策取向．知识经济，2008 (6)

[39] 张通．2008．加快完善财政政策促进环境保护和可持续发展．预算管理与会计，2008 (12)

[40] 章金霞，白世秀．2009．基于可持续发展的矿业企业社会责任履行内容的研究．中国矿业，18 (1)：22~24

[41] 赵桂芝．2008．主体功能区战略下我国财政转移支付均等化功效探析．社会科学辑刊，2008 (3)

[42] 郑鸿．2009．关于发展低碳经济的宏观思考．商情，2009 (24)：3

[43] 庄贵阳，陈迎．2005．国际气候制度与中国．北京：世界知识出版社

[44] 庄贵阳．2007．低碳经济——气候变化背景下中国的发展之路．北京：气象出版社

[45] 朱丽燕．2009．宁夏促进节能减排的财政保障机制研究．宁夏党校学报，11 (4)：61~63

[46] 邹骥，王克等．2009．低碳道路的技术转让和资金机制．见中国科学院可持续发展战略研究组：探索中国特色的低碳道路——中国可持续发展战略报告2009．北京：科学出版社

[47] Baranzini A., Goldemberg J. and Speck S. 2000. A Future for Carbon taxes. Ecological Economics, 32 (3): 395-412

[48] Enkvist P., Naucler T., and Rosander J. A Cost Curve for Greenhouse gas Reduction. The McKinsey Quartely, 2007 (1): 38

［49］ Global Environment Facility. 2008. Instrument for the Establishment of the Restructured. Washington D. C. Global Environment Facility

［50］ International Energy Agency. 2008. Energy Technology Perspective 2008 Scenarios & Strategies to 2050. Paris International Energy Agency

［51］ International Monetary Fund. 2009. World Economic Outlook 2009. Washington D. C. International Monetary Fund

［52］ IPCC, 2000. Methodological and Technological issues in Technology Transfer. Geneva International Panel on Climate Change

［53］ IPCC. 2007a, Climate Change 2007 Working Group I The Physical Science Basis. Geneva International Panel on Climate Change

［54］ IPCC. 2007b, Climate Change 2007 Working Group II Impacts, Adaptation and Vulnerability. Geneva International Panel on Climate Change

［55］ IPCC. 2007c. Climate Change 2007 Synthesis Report. Geneva International Panel on Climate Change

［56］ McKinsey. 2009. China's green revolution Prioritizing technologies to achieve energy and environmental sustainability. Report of McKinsey & Company

［57］ Stern N. 2006. The Stern Review on the Economics of Climate Change. Cambridge Cambridge University Press

［58］ Stankeviciute L. 2008. Energy and Climate Policies to 2020 the impact of the European 20/20/20 approach. International Journal of Energy Sector Management, 2008（2）252 – 273

［59］ The World Bank. 2009. World Development Report 2010 Development and Climate Change. Washington D. C. The World Bank

［60］ Tomlinson S. , Zorlu P. and Langley C. 2008 Innovation and Technology Transfer Framework for a Global Climate Deal. Report of E3G and Chatham House. London E3G

［61］ United Nations Conference on Trade and Development. 2008. Development and Globalization Facts and Figures 2008. Geneva United Nations Conference on Trade and Development

［62］ UNDP. 2007. Human Development Report 2007/2008. New York United Nations Development Program

［63］ UNFCCC. 2007. Investment and Financial Flows to Address Climate

Change. Bonn: Climate Change Secretariat (UNFCCC)

［64］ United Nations Human Settlements Program. 2003. The Challenge of Slums-Global Report on Human Settlements 2003. Nairobi: United Nations Human Settlements Program

［65］ World Economic Forum. 2009. The Global Competitiveness Report 2009 – 2010. Geneva: World Economic Forum

［66］ Zhang Z. and Baranzini A. 2004. What do we know about carbon taxes? An inquiry into their impacts on competitiveness and distribution of income. Energy Policy, 32 (4): 507 – 518